U0664230

不一艺人

崔家华
韩文文
车飞
马踏飞
潘飞

王国彬
邹迎晞
施宇峰
石俊峰

华雍
张羽
周逸夫

何为
刘冠

苏 丹 编著

中国建筑工业出版社

序 环艺的希望

这部文集的内容包含了环境艺术的研究和实践，也包含了用环境艺术来对很多重要的问题进行的研究和实践，特别是对当代艺术和艺术整体发展的未来进行的研究。

*

我们对环境艺术之所以有许多希望和期待，是因为环境艺术无处不在，这其中包含着对"环艺"本身特殊的地位和方向的一种关注和肯定，也由此引申到对于所谓的自然环境相关的人的未来生存方式的关心。

*

既然不同寻常，就有了很多的义务和责任。据我所知，苏丹老师率领像刘冠、王国彬这样的少壮一代一直在承担一个项目，就是把中国有环境艺术以来的情况作一个认真的总结回顾，并对由环境艺术引申出来的一些工作的意义作一些深入的发掘。但是他们从做这件事情开始，就特别注意不仅讨论做环境艺术的人，而是更多地讨论环境艺术在关心什么，实际上就涉及中国对环境艺术这件事情的一种长期的关怀和追求。

*

不言而喻，随着中国的崛起、经济的崛起，我们生存的环境如何用艺术的方法来改造、创作，从而突起而成其为环境艺术这样一个特殊的门类，本身就是中国改革开放的过程中特别奇特的一个方面。通过对环境艺术的回顾和检讨，其实也会关注和揭示中国的很多的问题。比如说我们会把环境设想、设计成什么样。有一段时间，我们会看到中国的环境朝一味现代化的方向去想象，又有一段时期要把环境推回到对自己的传统方式的回顾和怀想；有时要返回到自然，有时又要让环境表现出奇崛和辉煌。所有的这些事情，在如何设计环境、制作环境和修饰环境的过程中间，实际上都包含着中国的改革开放整体的过程，一个复杂而丰富的发展过程。这些问题通过这部文集得到回应、反映，同时也得到反思。

当然，我们更希望的是环境艺术有更加深远和更广大的推进和发展。

今天，环境正在经历一个更为深刻的变化。我们的环境不单纯是一个自然的环境，更不是只涉及城市或者建筑这样的人造环境。现在有了数字的环境——数字的环境是什么样子，我们不知道。我们最近请到了西方图像学的泰斗米切尔来华讲课，他就选择讨论今天在电子游戏中、在最新的当代艺术媒介中，或者说在新媒体艺术中，环境是如何转化为风景的。虚拟的风景不就是被人制造出来的虚拟的环境吗？像这种问题就给我们的环境艺术增加了一个新的视角和新的维度。

我们的环境艺术遇到这样的视角和维度，不应是回避它，而是应该去面对它。在接待米切尔的过程中，我们还有更多的讨论，这就是对环境本源和本体的重新定义问题。我们和米切尔的交锋集中在虚拟建造的环境到底是产生于物和存在，还是产生于无有存在。信息社会出现以后，数据是对人的问题的一种记录和算法，其本体不再与物质或事物有必然关联，它是和物质完全平行的两种形态，一般被称为非物质状态，非物质状态可以转化为物质，也可以不转化为物质。所以，这种状态从本体论意义上说不能再用"本体"这两个字来称谓，或者说在这个意义上指的本性或本质是更为上升（深入）的一个状态，即"无有存在"。我们用游戏艺术或者新媒体制造出来的环境，真的只能制作一个在现实中曾经"有"过，或者在人类的记忆和经验中曾经"存在"过的风景，或者是这些记忆和经验的组合、发挥？我们只是用我们过去的记忆和经验，再建造一个虚幻的、在意识上模仿世界的，甚至是幻想中的、经常称之为科幻的幻想世界的环境？虚拟世界中间的环境难道一定要遵循物理的定律吗？当然，模仿一个现实的环境是今天所谓人工智能和多模态大模型运作的主要的方面，但是——不是一切方面！因为中国的环境艺术除了过去我们经常强调的和自然的联系、亲缘之外，其实还有一个更为深刻的和本体的联系，就是《道德经》中老子所言"万物生于有，有生于无"。环境有可能是从"无"中建造出来的一种我们所不可知的状态，这个状态我们不能用过去有过的环境和今天的物理事实所限定的环境来规定，我们应该打开它的边界，让它有更广阔的发展的可能性。

中国也曾接受佛教的空宗的影响，会把环境看成是虚幻的，是人的妄见所产生的荒谬。这些问题也可以从现代意义上来讲：我们会用面对污染或者面对人的精神上的紧张和退化时所信仰和服膺的信念和思路来面对生态问题和世界的文明冲突问题，找到一种解释的方案。这只是事情的一个方面。但是从本体论的意义上说，如果未来的环境并不是我们过去有过的和现有的环境，而是我们人类根据技术发展的可能性建造的一个我们今天无法想象的环境，那么在我们的想象之外，如何来建造一个环境？它将是我们的未来世界，这个世界并不是现在我们大概能够想象得到的世界，因为我们的想法和境界被目前的情况所限，我们的知识和认识是有限的。但是我们的未来是无限的，我们的环境艺术的研究应该让有限趋向无限。

*

如果环境艺术能够从这样的一些问题着眼和着手，我们将会有更为广阔的未来，并不是因为我们希望会有更为广阔的未来，而是因为我们不得不走向未来……

朱青生

（2024 年 5 月 21 日在北京林业大学环艺所开所仪式上的致辞

2025 年 5 月 16 日改定代序）

告环艺同胞书

亲爱的同行们、兄弟姐妹们，老师们、同学们，广大室内设计师和景观设计师朋友们，还有紧锣密鼓复习中的考生们，大家好！

*

今年是 21 世纪的第二十五个年头，距 20 世纪 70 年代开始的中国改革开放也过去了接近半个世纪的时间。我们的国家从提出"实现四个现代化"到今天的"建设中国式现代化"这一奋斗目标的转变，反映了过去所取得的成就和当下面对的问题。在这个历史拐点，作为一个资深"环艺人"，我有许多话想要对大家说，难以自抑。这些思想自我踏入"环艺"之门就一直存在着，如今这经年累月的困惑终于形成无法阻挡的洪流，即将喷涌奔流。

*

暮去朝来滔不住，遂令东海变桑田。四十多年来中国的现代化浪潮之下，基础设施所取得的举世瞩目成就，离不开我们这些环艺人的努力工作，离不开我们的自强不息和自以为是。我一直以为 20 世纪 80 年代横空出世的环艺必然是肩负着某种使命，它是一种应时代呼唤出现的观念、方法和行业，具有强大的生命力和现实效用。事实上，在规划与设计，艺术与设计，工程建造与日常应用之间，环艺人一直发挥着不可或缺的媒介作用，更是扮演着强大建设军团的辅助者和预备队的角色。环艺曾经的辉煌是艺术与工程设计紧密合作的成果，工程设计血统对艺术创造的融入使得艺术家在历史的特殊阶段，拥有了介入社会主义现代化的建设身份和能力；而艺术对工程设计的引导，则发扬光大了艺术对人文精神的推广和普及作用，改变了波澜壮阔、摧枯拉朽的现代化刻板和冷酷的面孔。

*

环艺是艺术与设计交合的产物，一半是海水，一半是火焰。艺术需要情感的汹涌而设计需要思忖的冷静，艺术尊重人类的感知作用，设计则擅长知识的积累并侧重推理；艺术是修炼和觉悟的结果，它不可预期、总是突如其来，设计则是训练、经验的累积进而水到渠成。将这两种不同甚至有些对立的事物组合起来当是完美的，它能比较均衡地关照现实世界充满矛盾的各个侧面。环艺是设计学科中最早实现艺术与技术融合的专业，这是它的基因，不仅是一种关系荣耀的记忆，更是一种先进性内在结构的证明。一个拥有这种双重性格的专业横空出世对于现代化建设是非常重要的，它能够协助我们有节制地释放现代工业生产强大的能量，一边快速完成社会空间载体的建设，一边从容不迫地滋养人心。

*

如今快速现代化的步伐已经开始放缓，基础建设的热土渐趋冷却，环艺人终于完成了旷日持久的阶段性使命。一个庞大的族群将挥戈何方，这是一个因解决问题而产生的新问题。我们将刀枪入库、马放南山，还是继续踏上新的征程？懈怠、冷落、萧条接踵而至，这种由内而外的危机正在蔓延，我们甚至听到了一些对专业诋毁的谣言。自生自灭无疑是一场灾难，对我们的事业、族群，对整个国家都是。那么我们究竟是以静制动地观望等待，还是进行战略转移奔赴远方去寻找新的目标？这是摆在我们面前的紧迫问题。

*

十分确定的是，我们需要确立新的目标，我们需要开始一场新的长征。在伴随这个学科诞生的 20 世纪 80 年代末，崔健的专辑《新长征路上的摇滚》问世，其中一首《花房姑娘》爆红大江南北，歌中唱道："你问我要去向何方，我指着大海的方向……"这句歌词表达出一代人对现代性的迷惘。三十而立，四十不惑，而今中国的环艺刚迈过不惑之年，似乎懈怠开始，疑虑在再生。

*

虚无主义是消极的，不可靠的！我们必须行动，实现自我救赎。

*

身份认同

*

首先一个最具压迫感的、眼下的事实是当前环艺事业发展的停滞和衰退，国内城市建设热潮的迅速降温，引发了环艺人进行社会实践的空间急剧压缩。

这种颓势在设计机构的表现是人浮于事，昔日里车水马龙的设计院、设计事务所门口，如今门庭冷落鞍马稀。大师、大腕儿、设计明星、网红们一个个翘首以盼，缦立远视，而望幸焉；在艺术设计教育领域的反映是人才培养供大于求，许许多多学生一毕业就面临着失业，他们失落、惆怅，对未来感到迷惑和彷徨。

*

另有一个长期困扰我们但又难以解决的问题是：在现代社会规定的职业框架内，环艺人竟然一直没有"合法的身份"。现代社会是法治社会，职业身份需要被这个缜密的分工协作性的组织进行定义和分配。而环艺由于游走边缘的特性，使得僵化的社会系统无法对我们进行职业身份定位，一直以来竟然没有一种合法性的职业岗位对应着我们的工作，我认为这并非环艺人的问题，看起来更像是由现代社会本身的机械刻板所致。几十年来，环艺人大多活跃在相关法律法规所规定的职业边缘地带，我们弥合学科间的裂缝，填补分工严格所形成的"真空"，修正人文艺术和科学断裂所造成的瑕疵，努力让分裂拼合，使孤立相互融化；我们勤奋，任劳任怨；我们操劳，敢于担当，人居环境的建设中，到处是环艺人的身影。但我们又一直是重大项目工程设计中的配角，甚至没有最基本的名分。因为环艺人缺乏在规划和建设工作中的话语权力，也就没有了维护自身利益的保障机制。

*

我想这本来不是我们的问题，事实上现实需要我们。因为环艺是一个新生事物，环艺人是携带新观念和新方法的职业人类。在传统的行当中，我们像是突然出现的入侵者，无孔不入。对于规划、建筑设计和风景园林甚至家具业制造和产品设计，环艺的视角解决了专业盲区形成的各种问题。环艺人的工作琐碎杂多，工作对象多是现代职业体系消化不良的残渣。但是这种把残渣转化成营养的工作难道不够崇高吗？这种不公也是制度的刻板所致，正是因为职业制度准入的繁琐和职业宿主的傲慢甚至排斥令我们失去了明确的身份。我们在夹缝中生存却见义勇为，我们虽为灰色的人口却创造出丰富多彩的生活环境。这是一个多么荒诞的现实！我们期待社会改革的春风尽早吹来，让普照的阳光射进职业分割的缝隙。

反对机会主义

*

不可否认自环艺诞生之日起，环艺人中就存在机会主义。市场需求和职业训练之间的严重错位导致的人才匮乏，一度使得环艺成为众多拥有造型基础的人们追逐的行当，早期众多造型专业人员转行环艺，一方面是因为传统艺术人类族群在现代化早期所遭遇到的生存压力，更说明了这个行业巨大的市场潜力。然后是其他设计专业趋之若鹜般的投靠，鼎盛时期的环艺俨然是艺术设计众多学科中的带头大哥，一呼百应。甚至在那个最黄金的时代里，财会师、律师、医生、工程师都争相拥挤在学习环艺的路上，如同一支浩浩荡荡淘金的队伍，不可阻挡。

*

当时许多人从今天看起来许多优渥的职业转型环艺，概因看到了它广阔的市场，被它高效的回报所吸引。其实在那个所谓的"黄金时代"也是环境基础积贫积弱的时期，理论和技术都尚没成体系。但现实中却到处都是环艺人的机会，从厅堂馆舍的室内设计到欣欣向荣的社区景观营造、建筑装潢、家居设计、家具设计，到处都能看到环艺人忙忙碌碌、废寝忘食的身影。环艺专业具有见缝插针的能力和效用，于是许多人也就随波逐流见利而忘义，他们奔忙的身影中闪烁着机会主义的光泽。

*

统计环艺人的职业寿命对论证我们的过去是具有重要影响的工作，它将会在两个方面自证机会主义者的宿命。其一是理想高于一切，证明的是环艺人对自己专业的不离不弃，无论多么艰难，前途多么渺茫；其二是半途而废或浅尝辄止，终于功败垂成，逃之夭夭。虽说这两种情况都有，但第二种并不在少数，这足以说明机会主义对于一个专业群体的危害。因为只有持之以恒才能成就大业，那些能够坚持下来，一以贯之、孜孜以求的少数就成为我们关注、赞美、研究的对象。在他们身上我们看到了一种对专业的挚爱，正所谓不忘初心的持久力量。只有这些坚守者才能缔造环艺的学科体系，发掘出环艺的职业深度。

*

环艺或许是设计学科中一个最深、最大的无底洞，足够环艺人永无止境地探索。我们的探索是为了更好地服务社会，更准确地寻找到真相。在塑造环艺思想结构、践行可持续发展使命的道路上，必须反对机会主义！

*

使命

*

一个学科的诞生必定是基于某些现实问题的逼迫，这些问题或是物理的，或是社会的，也可能是自然科学方面的。但环艺所面对的问题多在于自然、社会、人之间的关系协调，其使命当是建设一个更加均衡的和谐的人居环境，在这个环境中尊重、友好、可持续发展将成为其维护的原则和发展的宗旨。

*

古人云："志不立，天下无可成之事。"环艺是一件伟大的事业，环艺人千里迢迢，使命在肩。环艺人必须要有理想，一个关乎理想社会环境营建的美梦。理想就是价值观笼罩下关于未来的幻象，理想是对现实不断批判下形成的思想模型，它将在不断修正中逐步完成。它会吸引理想主义者为此而奉献，无怨无悔。价值观是理想的基础，它既是情感的，又是理性的，是基于科学性认知的选择。环境的观念就是这样的，它宏观、整体，是追求和谐的立场决定的根本性视角。

*

环艺人的任务是艰巨的，艰巨在于其强调整体性原则：未来的环境艺术中的"环境"是指主体和其"环绕""拱卫""供养"圈的全部。环艺人的任务也是伟大的，伟大在于其方法和结果的艺术性：未来环艺化的过程将继续恪守依靠美术，体现美学的原则。但不同于早期的装饰性、唯美性的美学，未来环艺的美学是当代性的，它是多元的，并致力于追求和谐，是观念革命后的美学，它将依照可持续发展的理念摒弃唯美中腐朽消极的内容。

*

环艺人要缔造的是一个伟大的理想国，但不是乌托邦，它是建立在科学的幻想基础之上，并经历过艰苦探索和一定实证的，它将开创一个现实世界，在这个世界，人工环境和自然环境相互依存，彼此映衬。同时又顾及人类的文化情缘，使物质文明和精神文明在一定的空间范围内得到维系、加强。这一神圣使命将激励我们永不放弃，永不言败。

职业精神

*

无论在学科建设还是环艺事业的实施中，环艺人都在不断遭遇新的问题：在和自然的纠葛过程中，人类生存环境不断面临着新的挑战。比如 20 世纪 90 年代的沙尘暴，21 世纪初的都市雾霾，还在困扰我们的病毒……都是不同阶段里大自然给予我们的命题。它要求我们在人工环境的创造和自然环境的关系上，采取新的应对措施；在社会建设方面，我们也面对着将社会的分裂弥合，创造公共性社会生活和私密性个人空间共存共荣的问题。此外对文脉的梳理延绵，传统美学的运用和响应也都是环艺人要直面的问题。

*

从环艺学科建立至今，在不断的实践中环艺人早已铸就了一种可贵的综合性"专业人格"，包括科学的工程态度，对社会性工作的协调能力，以及审美和工程的平衡能力。这些能力的培养既具体地蕴含在专业的训练体系中，也熔炼于日常的复杂性工作中。我们所依赖的知识体系涉及工程学、自然科学和社会科学，是由一系列的知识和跨越传统学科分界的远见卓识支撑的。这就要求环艺人无论在学习还是工作中，始终以科学的、职业的态度去面对，以工程的方法去解决。这些都要求我们学习、学习、再学习，实践、实践、再实践。我们的成绩是书写在大地上的丰功伟业，这无疑是一种令人骄傲的职业。

*

职业精神是一个学科、一项事业忠实性的具体保证，它首先需要秉持的是按学科规律行事的理念，因为好环境的品质是有具体的量化标准的，这是不以人的意志为转移的客观存在。物理性的环境、品质，文化性的场所精神，社会性的和谐环境都需要科学的方法去维护、去修复、去创造。环艺需要属于自己的一整套工作方法，从发现问题到解决问题的程序、环节，再到所有的细节。同时职业精神还表现在施行计划的信念上，即永不放弃、永不言败的意志力，它和科学的方法相互配合，彼此支撑才是达到目标的有效途径。

*

艺术化的人工环境的构建是一个工程，也是一种态度的体现。唯有职业精神才能激励人们去完成这复杂的工作，从而营造出人类理想的家园。

思考

*

实践、实践、再实践是过去三十多年来环艺人的存在状态，成绩斐然。然而另一个客观事实是在整整四十年的大建设时代里，应接不暇的机遇和繁重的工作夺去了我们思考的时间，见招拆招成了环艺人应对时代命题的方式。这其实是一种被动的局面，即我们因长期不思考而缺少了对未来的预知能力和对当下问题的分析判断能力。因此每逢时局巨变，我们要么感到无比惶恐，以为大限将至；要么仓促应战，做垂死挣扎，毫无章法，以致乱中出错加速衰亡。这个可悲的事实告诉我们，丧失思考能力是一败涂地的真正原因。

*

不思考的历史也是造成今日环艺危局的一个量变到质变的过程。因为没有未雨绸缪就无法以发展的眼光去筹划专业可持续发展，没有长期的思考就不可能有觉悟的突然光临。此外，沉溺于技巧中的创新对于环艺的未来也是有害的，一切小打小闹式的创新都是权宜之计，一切按摩式的批评都属于道德败坏，因为这些是趣味而非根本，是娱乐而非批判。没有对环艺存在价值和意义的思考、求索，就没有真正的觉醒和积累。因此大厦将倾之时，反思当是环艺人的第一反应。

*

那么我们应该思考什么呢？这是一个更为深层次的问题。我想今天的思考，不应该是像以往实战中的那种具体的处理技术或处理形象的小问题、外围问题，而应当是关于环艺灵魂的拷问，是诸如我们是谁、我们从哪里来、我们将去何方之类的终极问题。

*

过去四十年以来环艺事业兴旺发达的虚火难掩釜底虚空的事实，思考是必要的。思考是探索事物变化规律的过程，思考也是应对变化的开始。人们常说："居安思危"，这也提示我们在大多数情况下居安就难有思危，于是积弊日深，而危局将至。"我是谁？从哪里来？到哪里去？"这是新时期我们要再一次扪心自问的三个哲学问题，是一个学科对自身重新认识、重新构建的开始。"我是谁"是现实中这个学科一直存在的问题，它反映出一种群体性迷茫——不清楚自己的历史角色，也不清楚自己的学科本色，也折射出我们应该仰仗什么样的知识结构，采用什么样的工作方法去解决问题；"从哪里来"的问题是学科溯源的催促，溯源很重要，一方面是以史为鉴能让我们修正思想上的残缺与方法中的瑕疵，我们需要踵事增华，在继承前人创业精神的基础上，不断创新，让我们的事业更上一层楼；"到哪里去"是一个关于本学科再出发目的的思考，它既是当下的又是长远的。

*

对环艺历史的梳理是我们再一次思考的开始。通过对历史客观的回顾和评价，我们得以寻找到环艺的初心，这既是关于艺术与设计的结合的宣言，也是对寻找环境意义的启蒙。我们应当从历史回顾中筛取典型性人物和事件、作品和话语深入剖析，这方是求索的正道。此外在新的历史时期，我们的思考还需积极面对新的挑战，与时俱进开创新的思维，提出新的应对方案。

*

突围

*

多年来我一直有一种忧虑，担心过快发展的环艺将被自身的重量所压垮。自20世纪90年代以来，环艺专业数量一直以几何级快进增长，并渐趋饱和。当临界点出现甚至拐点来临时，就意味着一个时代的终结。最近几年，我感到这个忧虑正在快速地向现实转变。

*

当下的环艺似乎陷入一种难以自拔的困境，而这个困境的结构层次是非常独特的，困住我们自己的并非外在的对抗性因素，而是内在的懈怠和多余的赘肉。几十年以来环艺人曾以自强不息、积极进取的姿态，突破了很多专业的限制，侵入到了规划、建筑、景观、公共艺术、乡建领域，取得了非凡的成就。而这一次遭遇的围困则是来自自身，是因城市化建设突然出现的停顿所凸显出来的自身结构缺陷。这种缺陷正是长期被动发展所产生的结果，在当前的环境中它所引发的问题犹如生理结构缺陷引起的窒息。正如自然界中许多水中挺拔灵动的水生动植物如水母、海草等，一旦进入陆地环境便如一摊烂泥一般难以自立。一个学科或许也是如此，环境突变下，适应环境的结构系统和符合新语境的表达方式都需要作出相应的变化。

环艺的破壁和突围都需要强有力的结构，结构是自生的，它和其对应的困境相关，体现出进化的能力。当下虽然环艺超大的规模不是在谎言的蛊惑下，在传销式的野蛮生长中发展而成的，但并不说明它和实用主义、工具思想没有关系，并不意味着我们已经塑造出一种足以支撑我们庞大躯体的结构。事实上，过去环艺的风鹏正举依靠的是市场的浮力和改革的季风，也就是说外在的市场环境因素是环艺曾经迅速扩张的关键。在自然界，结构的进化是在环境作用下完成的，恶化的环境往往催生出强悍的结构。如摇曳生姿的水草和秋风中的劲草，前者仰仗的是外在的浮力而后者凭借的是自生的结构。因此在当前的条件下，环艺的自我救赎要从自身的基因重组和逻辑梳理两方面入手，激活潜在的能力，融入新的、更加强悍的血统，让目标、途径、行动连贯统一，做到知行合一。

*

拥有强劲的结构是自立的开始，环艺需要自我搭建一个这样的结构，它是我们藉以突破重围的内在形式。新结构的原理形成之后还要有对结构的锤炼，因为一种结构类型的优化是在反复对抗和修正中完成的。这也是自生的一个过程，是生长的一个侧面。

*

我们要突自己的围，还要超越制约我们开展更广泛行动的外在条件。要看到转瞬即逝的契机，抓住它，不论是一只拉手还是一抹光明。

*

从来没有什么救世主，只有自己拯救自己。

目 录

环艺

中

" 其

的

不 ,,

啊弯圈，"环艺"的"环"

也许我们使用专业这个词来称谓"环艺"本身就是错的。环艺可能真的不是一门专业，它是一种观念和观念之下的综合性工作方法，用以解决现实中的环境问题。环艺是一个开放体系，如果横向来看，我们会发现它的知识和方法均来自不同的学科，始终具有跨学科的特征：比如实用美术、工程设计、植物科学、甚至信息技术……；竖向看去，这个学科建立三十多年以来，辗转于不同领域，建树颇多却又不拘泥于稳固疆域。它先聚焦于室内设计十年之久，之后又光顾起景观设计领域。而近些年又响起开放公共艺术和陈设艺术设计边界的鼓噪声，这些对专业边界拓展的试探誓旦旦声声入耳，令人意乱情迷。

我觉得"山不转水转"、"三十年河东三十年河西"这些老话挺适合环艺这个学科的。事实上"环艺"就是一群拥有跨学科的知识和环境艺术观念的人，每每根据当下社会和世界的需要不断地做出姿态和行动的调整，运用自己的综合性方法来为这个世界解决问题的实践。因而从表面上看去，这个学科内涵显得非常的不稳定，外延也不太确定。"不稳定"是指随着时间的流逝，它不断地变迁自己实践领域的历史事实；"不确定"是指没有人敢预测它的未来，因为未来我们将面对什么样的问题，不是我们能预测或决定的，而是环境说了算！这一点很令人迷惑却也无可奈何，因为在现实世界里环境为"大"。

"环"是这个所谓专业的一个内在属性，它是从主体低视角浏览四周进行发现和选择的行为特征，也是从外部观察主体各个侧面的行动轨迹。"环"还是一种从第三者的俯瞰视角所观测到的环艺工作方式——那种围绕着核心所进行的连续不断的行动现象。若是从望文生义的角度来演绎环艺中的"环"，不难发现它既是动词又是形容词，它反映着主体和主体赖以存在的周边事物之间的关系。"环艺"是由人主导的、环境中不断发生着的、改变环境的创造性行动。环艺的行动主体是一些掌握艺术和技术的人，他们存在于主客体之间，其职能侧重于改善、修复、创造性缔结二者的关系，达到化对立为融合的效益。环艺人观察、体悟环境的行动轨迹带有环状特征，因为唯有这样才能完整地认识对象；环艺人创造性的工作路径也是环状的，它机动灵活地游弋于主体的四周，着眼于整体性，做着牵一发动全身的工作。

环是空间生成的初始

"环"是一个环境的边界，是环境主体和周边事物所缔结关系的行动半径。"环"是一个表现环境内在结构的抽象性图式，但现实中的"环"并非二维性的，它是一种三维的空间观念。"环"规定了环艺实践的空间范围，也明确了其设计活动所采用的度量衡的类型和实践的手段。"环"是环艺人认领空间设计的范围边界，标志着行动的开始。

环艺人的实践穿梭于规划里、建筑内外、风景园林间，于是环艺设计的交流和表达必然采用空间性的语言，因为这种语言在以上提及的所有专业领域中具有通用性。"环"即是一个空间语言系统中的语汇，它具有独立的语意，也可以相互组合生成新的语意。

环是时间

"环"还具有一种时间的意味，"环"代表着时间的无限循环往复，其上的时间刻度首尾相接，如代表着度量时间的表盘。"环"在环艺事业的发展中往往喻义着单向生长，像大树的年轮。因为环艺的空间实践范围永远是变化的，也具有进化的属性。于是"环"的位置和大小也在变化。这是一个存在事实，即环动态的绝对性。

环艺设计影响下的环境连续性的变化不断生成新的空间，表现出环境主体在不同的背景中和时间节点关照的不同对象，缔结着新的关联。而时间的本质是变化，因此我们可以认为变化即是时间。如果"同时"意味着当下，那么一定存在着已经逝去的"过去""曾经"，和正在逼近的"即将"和"未来"，"环"就是一轮又一轮的环境变革过程。

环艺是戴了"环"的艺术或设计

"环"有节制、限制的双重含义。节制是主观性的、经验的、内在的，缘于环艺设计主体环境意识的作祟。环境意识是环艺设计主体的一种自觉，是理性的标志。"环"的节制性意识具有主动性，是理智驱动下的自我控制。

限制则来自外部，是外部条件对主体的时下困扰。如果说《西游记》里孙猴子脑袋上环状的紧箍隐喻着自我控制，那么用金箍棒围着唐三藏划出的圈圈就是外在因素形成的限制。环艺的限制有许多，包括地理条件、资源、文脉、传统观念、技术水准等。

环艺的设计是艺术与设计的结合，而这种跨学科的、混合性思维的工作是一种限定和节制状态下的创造性活动。环艺的主体在创作过程中也戴着"紧箍"，而念咒者是环艺人自身。因此，环艺虽不是一项节育的事业，但一定是节欲的。它倡导的是一种有限性的创造和克制的设计，循着天道，秉持着理性，期待着自觉。

环是一种完美的结构

环艺的价值在于营造和谐的环境，而环境的均衡与稳定取决于其内在的结构。自然的、社会的环境中都存在着内在的结构，那是一系列的相互依存、相互扶助所构成的关联。"环"是一种结构、功能、形式三位一体的抽象描绘，它从一种平面型的结构形式开始，它连续、均衡、中心对称且高效。其"环状"的边界由复杂多变的内部张力支撑而形成。

"环"也是复合型结构，环环相扣、环环相叠、环环相交就是"环"在环艺中呈现的复合形态，是立体的，多维度的。

"环"的中心是意识，它的本体是在意识暗示或理性引导下的社会实践之总和。环是每一处行动相互贯通后的结果，传递着认同和交流，它们体现了观念、方法的统一。

"环"虽内虚但有扩张的态势，它饱满、充满能量；它回应着理念，响彻云霄。"环"是动态的运行，展现了卓越的平衡技巧，它在运动中作用，旋乾转坤；它在运动中生成，闪闪发光。

"环"是个圈套

环艺的"环"也像个圈套，一连串的圈套。

首先环艺工作的对象像一种虚无，虚无之一源于环境问题的变幻无常，似乎永无宁日。我之所以不愿以专业称谓它，是因为在现实中，这项工作极不容易聚焦，工作对象具有多元性。环艺人所遭遇的挑战就是不断触碰该学科既有的边界，直到成功跨越脚下的界限直面下一个近在咫尺的问题。虚无之二在于环艺人所构想的环境未来一直是一个完美的幻象，而阶段性完成的现实总是对理想的一次次羞辱。

其次这个学科从不会给人们明确的身份，环艺人只能在不断变化的身份中证明自己卓越的能力。而即使环艺人证明了自己，充分展现了自己的能力，环艺人依然没有明确的职业身份。

经验告诉我们，未来即将面对的一个个环内无不高深莫测，它们是打着活结的绳索，是催命的符咒。唯有勇者才敢于直面这未知的一切，并义无反顾投身其中。

对于从事这项工作的个人而言，可能将要永远在风尘仆仆的路上。因为这项工作是无休无止的，环艺涉及的知识横无际涯，环艺人面对的挑战层出不穷。环艺人需要使出浑身解数去摆脱困境，首先要挑战的是自身。个人投身环艺事业某种程度也意味着中了环境的计，环艺人身在计中必须自强不息方能突围解困。

环艺的主体在于"环"

环境强调整体性，但环艺事业却在环境的边缘，这里是能量汇聚之处。实则是在暗示主体的存在。它的视角是中心性的，是在以本我为中心的环视状态。

环艺是一种革命性的环境观，相对于传统，它是倒置着的理念和行动。在这个过程中，主体的位置变成了虚无，而环即是其主体。它强调正在发生着的状态，一种生命的表征。所以，环艺是环境的自我革命。

二十年前开始，我就试图寻找或构建怀疑的核心，当时我认为这个学科建立之初应当是捕捉到了一些关键的，但随后在 20 世纪 90 年代的实用主义主张下逐渐迷失了自己。因此，我想重构或继续探索其应有的核心价值。然而，除了道德层面的进展以外，在方法上，我发现这个学科要么继续迷失，要么就是另辟蹊径换一套思维去认识这个问题。显然二十年以来，我不得不承认这样一个事实：我们很难找到属于环艺学科本体的设计方法和知识系统。

终于有一天我恍然大悟，发现这种中空的整体结构，也许就是一种独特的存在形式。而过去我们一直以为它应当有个环绕的核心，其实是我们的偏执和局限所致。学会驾驭这个中空之"环"需要观念的变革，要敢于直面"它就是空腔的结构"这样一个事实。

环艺的环不是自缢的绳索，而是自我拯救的一只环状拉手。

滚吧，环艺！

月明星稀，乌鹊南飞。
绕树三匝，何枝可依？
环艺的诞生始自中国改革开放，它是思想解放的一粒结晶，艺术和设计结合的产物。它的出现弥补了传统学科割裂造成的沟壑，曾极大助力了中国快速城市化的行动。另一个不争的事实是三十多年来本学科人口的激增，这俨然是一个庞大的群体，他们野蛮生长，在滚动中一轮一轮膨胀。环艺从 20 世纪 80 年代建立至今，早已渗透进中国半数以上的学校。它的宿主无所不在，从专业的艺术、设计学院到综合性大学，从素质教育到职业教育；一方面他们翻天覆地，敢叫日月换新颜；另一方面他们嗷嗷待哺，亟需搭建与时俱进的知识结构、掌握新的语言、使用新的工具……如今环艺将在新一轮的智慧城市、生态城市建设的浪潮中继续作为。

疯狂旋转的环艺在滚动中发展，如一只只炽热的风火轮；在转动中出击，如指哪打哪的乾坤圈。它裹挟着社会的能量和时代的热情飞速旋转。它滚滚向前，并在行进中不断释放灼热的光芒。

苏丹

2025 年 5 月 22 日于景德镇

设计 到底 是 一种
社会

香港设计机构获奖余波

《好大的一场陨石雨》一文发出后引发的震动不小，一些好友认为此文观点中肯，切中时下要害。还有许多微信平台和公众号后台联络，希望转载。当然之前也听到一些负面的消息说，个别参赛单位写信给深圳市领导，投诉本届评选结果水准欠佳，获奖作品的视觉呈现不够"生猛"。其实即使是食物，生猛的东西吃多了也受不了，会有副作用。生猛的环境就更需要警惕了，对人的精神状况无益。当代的环境设计问题就出在了胃口上，不注重涵养人性，倒是在形式主义的道路上末路狂奔，以至于越跑越快完全停不下来。

多余的、过量的、过剩的文化灌输和视觉表现都有一种罪恶在其中，会直接或间接发挥它的药性。直接性是指它造成的物质和人力的巨大浪费，间接性是指它对视觉的伤害和精神的不良影响。过度设计是环境中除了标语以外的另一种大喊大叫，反映出自私和缺乏自制能力。追求过度的视觉也会产生依赖，缓解这种症状的方式只能是采取更加过量的方法去刺激视神经和脑神经。

本次大赛获奖的项目之所以让人心旷神怡，首先就在于它们在对待形式态度方面的松弛。摆脱形式主义的纠缠，迈开大步蹚入广阔的社会学设计实践领域。外在形式的淡化标志着设计开始走向更加内在的、深入的境界。这时候审视设计的价值和意义，就不能只通过旧有的美学经验，而是应当更换一种社会学视角去透视。这是令人耳目一新的设计实践类型，标志着室内设计从商业模式出走，义无反顾。

什么样 的
角色

结果向社会公布之后，我也对本届获得大奖的一些机构进行了一番了解，从而更加确认了我们当时在评奖现场的判断并非草率行事。这些获奖机构的确不是靠运气，更不是靠投机取巧，而是多年坚守设计的社会学价值和意义的一份回报，正所谓实至名归。

其中香港的设计机构"元新建城"（Groundwork）长期以来坚持设计的社会学研究，他们不仅平视社会，在社区环境中考量政治，而且深入其中寻找社会建构的破绽，试图通过自己的分析和实验找到解决问题的办法。积善成德而神明自得，积土成山，风雨兴焉。在本次大赛中该机构斩获一金一银两项重奖，令人瞩目。而且我们看到在长期的研究和实践中，他们已经形成了行之有效的方法论。他们的工作成效在于设计团队的组合中有了社会学的方法和心理学专业的支持，同时该机构擅于和政府职能部门进行沟通，表现得既科学理性又不失感性人情。

近来因为这个小机构获奖的原因，我又通过各种渠道了解了他们另外一些项目介绍，发现这个设计机构的设计项目许多都具有典型的社会性，而且在设计过程中他们采用了和大多数商业设计项目截然不同的方法和策略。他们承接的项目包括街区中即将被政府取缔的大排档、社区中的幼儿乐园设施设计，还有类似于本次获奖作品"甦屋"的家暴庇护所"光房"。每一个项目看上去都是那么平易近人，而隐没在视觉背后的缘由和结果又都是那么温暖。在"排档创新"项目中，这个团队通过学科背景交叉的团队组织和智慧且恰当的策略，最终在技术和行政两个层面解决了这个窄迫的民生问题。"游乐空间"项目貌似一个城市美学方面的案例，实则也是社会学研究方法应用的实践。项目是通过政府采购竞标获得的，问题的调研和排查是全社会范围内的，解决问题的方法、应用的元素是通过社会调研得到的。这几个项目无论是项目来源还是设计方法都具有典型性，也反映出这个团队的价值取向。

设计师的职业属性

设计师的职业身份具有多重属性，在不同的环境条件下会表现出不同的特质，凸显其作用。技术属性是一种基本能力的支撑，也是这个职业的本质性边界。一个设计师只有具备了综合运用各种技术方式解决问题的能力，他才有可能被认为是专业型的。就空间设计领域而言，需要设计师掌握的技术知识有很多，比如说"结构""建筑物理""构造""人体工学""材料工艺"等。服务属性是一种基于社会视角的评价，这一点也具有普遍性，因为绝大多数设计成果就是一种人提供给另一种人的服务。这是人类利他行为的一种具体表现形式，但是服务型设计不仅是指设计所具有的这种普遍性的"服务性质"，而是指把"服务"作为一种终极目标的设计。这是理念上发生的质变，自发性地转变成为自觉性行动。传统的设计观念是技术性的，强调解决问题的功利性。而当代设计强调的是通过设计的媒介作用所传递的社会情感联系。这种媒介性质就是社会性，各种设计工作每时每刻都存在于社会之中，它们从方方面面进行着社会建构的工作。

至于人们津津乐道的设计之文化和艺术属性，我觉得此乃夹带的私货，属于锦上添花之事。谓其为私货，原因有二。其一是对文化的解读和艺术的表达本身有鲜明的个人色彩，大多数情况下都属于个人性的表达。其二是设计师的职业实际上是应社会的需求而出现的，它的自由程度非常有限。绝大多数背离需求的设计活动都会夭折，极度自由的设计行为是极少数设计师的权力。

社会是个矛盾体

社会是人类个体生存的载体，它由个体与个体、个体与群体结构而成。现代社会是一种经过设计的复合体，这个设计初衷是理想主义的，意

2019 年深圳环球设计大奖赛室内组金奖作品，由元新建城团队设计的越南餐厅（Gingko House：The Power of Social Architecture）
图片来源：深圳环球设计大奖赛组委

元新建城团队在排档创新项目中的社会调研工作
图片来源：元新建城

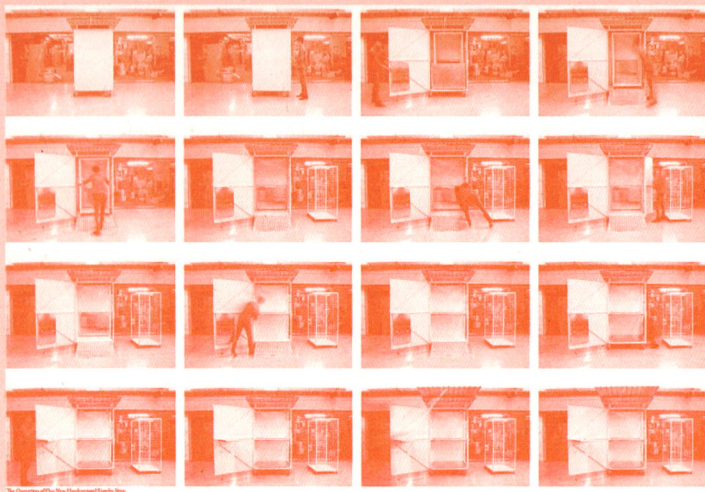

排档货摊展开步骤
图片来源：元新建城

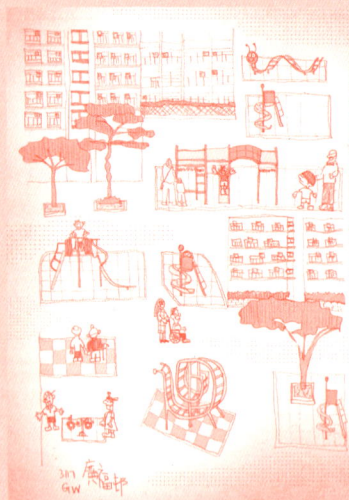

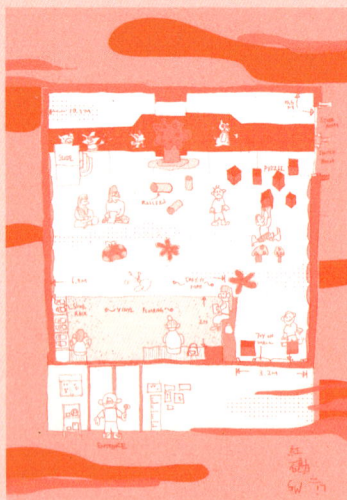

香港各地儿童游乐场调研笔记，此为元新建城与香港建筑署合作研究的项目内容
图片来源：元新建城

志由上而下传递，问题自下而上解决。但是实际上现实的社会中永远充满了错综复杂的关系，这些关系还是一种颇具生产力的母体，先是不断产生问题，然后不断建构解决问题的关系。设计这个事物就是这种自生性具体的表现，它因现实问题而产生，又体现了各社会组成之间的协作关系。

如果感性地看待社会，我们会发现它还是一个矛盾体，这种矛盾性主要表现在它和人的关系上。当社会对于群体性的人温暖的时候，它或许会对个体的人表现出冷漠。反过来说当一个社会只关照一个阶层、一个群体或个人，那么这个社会就是一个残酷的社会。因此社会的复杂性就在于它面对的对象是多元的，层级是丰富的，它从一个温暖的社会突然转向苛刻的社会是一件非常有可能的事情，只需要变更对象就有可能得到截然不同的反馈。因此一个稳定的、良好的社会在于平衡，在于它拥有一种能够自我调节的机制。

设计的社会性不言而喻，好的设计对社会的促进不在于口号而是行动，尤其是针对空间的行动。在和社会学的交集方面空间设计尤其有代表性，因为社会的存在具有空间性的特征。因此城市规划、城市设计、建筑设计、风景园林设计都有明显的社会实践特征，因为这种种科学性的研究和计划都在试图改良社会的载体，让它更适合社会变革的意图。

用设计反哺母体

社会是个体的母体，而且个体在社会面前几乎是个永远长不大的孩童，需要关怀、呵护。比临终关怀更加重要的是日常的和生存有关的事务，它们由点点滴滴共筑而成。绝大多数时候社会在修正中进步，政治家的理想抵达人民手中化为福祉的最后一段距离也许是最漫长的。和其他设计相比较，室内设计就是解决人类生活和空间末端关联问题的工作。

室内设计从私属性渐变为具备公共性可能已经是个不争的事实，借助专业知识和艺术手法塑造公共空间就是一个被认可的传统，也是一个曾经的开始。当下室内设计群体通过开放性的政务渠道介入公共事务，显然是这个专业社会行动的升级。在针对社会福利事业的设计服务工作，以及恢复或重建集体性的美学记忆等方面，室内设计都大有可为。我个人认为在大规模城市化渐入尾声之际，人类对城市的建设将进入一个新的形态之中。空间的修正将替代变革，这是现实和理想的频繁交锋，之后空间将以一种妥协的姿态出现。而这个漫长的过程中，室内设计就是新社会和新的空间形态诞生的助产师。

约瑟夫·博伊斯认为"社会雕塑"概念不一定只局限于艺术家，他也说过"人人都是艺术家"这句至理名言，所以我想设计师在社会建设的过程中一定也会发挥应有的作用。空间的改造有的时候出于私利，比如现实中许多侵占公共利益的违建都是这种类型，这种做法无疑会动摇人们对于人性和社会的信心，历史上礼崩乐坏的败相都会写在空间的形态中。公共空间的塑造出于公众利益的目的，但是这是比较传统的做法。"元新建城"的方式方法独特且有效，他们从私有的空间入手，通过重重艰难的过程把它们的性质转化为一种介乎于公共和私有之间的灰色属性，然后利用它们去弥补、缝合社会的裂痕。

关于美学的问题

"元新建城"这样的机构是室内设计界的新生力量，也许代表着未来。但是在未来的发展中会遭遇质疑，它被传统势力诟病的焦点就是"所谓的美学问题"。因为在他们设计的结果中看不到令人眼花缭乱的视觉形式，他们所作的巨大努力基本上都在和社会的相互倾轧中化为乌有。他们的成就就是把"有"化为了"无"，因此这种社会学视角下的设计采用的方法就是"减法"。减法的设计是观念的创新，属于当代艺术美学范畴。

相反的是我们常常看到，传统的美学范式经常成为这种设计方式消解的对象，因为现实中存在的问题往往就是所谓的美术积习形成的痼疾。在元新建城所设计的幼儿乐园项目中，这个团体针对性解决的问题就是那些遍布香港社区的"暴力型"儿童游乐设施。这些工业产品大行其道所高举的旗帜之一就是经验中的儿童美学。这种符号化的滥用就是粗糙和暴力的结合，除了破坏环境视觉品质以外，在环境美育方面贻害无穷。而经过科学调研和理性推导出来的形式完全出乎经验体系

排档货摊灵活的组织方式
图片来源：元新建城

元新建城团队设计的排档货摊
图片来源：元新建城

街道上改造后的排档货摊
图片来源：元新建城

元新建城团队设计的排档货摊
图片来源：元新建城

观察分析孩子们喜爱的游戏设施形式与尺度
图片来源：元新建城

之中，与其称之为"反美学设计"，不如说是设计美学迭代的表现。

元新建城还有一些作品是专注于传统文化研究的，在形式处理上也显得极为谨慎。比如"顺德——大门味道"是一个古建筑和传统社区保护传承项目，静态的建筑遗产和动态的生活方式都得到了重视，同时注重促进传统生活方式与当代的因素相结合。在这个项目中"空间美学"依然是一个工作的主旨，但"空间美学"的边界扩展了，民俗的、装饰的、空间组合关系以及社区对外部社会环境的开放度等因素都在空间营造中得到了统合。在这些看似保守的工作中，我们依然看到了社会学研究的基础。我们看到在这个项目中，他们在做一种极为复杂的社会学研究和修复工作，把物质文化遗产和非物质文化遗产作为一个古老的社区积极融入当代社会的上马石，让文明的香火绵延不断。

在当代艺术领域，美学体系的建构和社会学研究工作之间的关系是一个充满争议的问题，一部分学者认为完全用社会学研究的工作替代艺术创作的方法是错误的，会将当代艺术导向歧途；而另一种针锋相对的观点则认为，社会学视角是当代艺术创作重要的特征之一。我个人认为，当代艺术在未能讲清楚自己身份的情况下，它应当接纳社会学研究，正是这种视角和方法才为艺术创作注入了无限的活力。对于当代设计，社会学研究因其科学性、现实意义而更应成为设计本体的重要组成。室内设计商业化的历史也并不能把它和社会义务完全割裂，因为习惯和本质完全不同。室内设计空间属性决定了它在塑造一个新型空间的时候，一定会和现实社会相遇，不论是宏观层面还是微观层面。

苏丹

2019 年 5 月 26 日

完稿于苏州

设计中的"诗意

设计总体来说是直接性的，直奔问题亮剑而去，技术在其中扮演着明确的角色。但设计中的诗性依然存在，它是残留在设计中古老而又高贵的血统，是艺术性表现的基因。诗性首先是文本的，它的语言结构兼具逻辑性和跳跃性双重特征。文本中的诗性对技术具有诱导作用，它能把刻板、单调、乏味的技术转化为灵动的、自由自在的感受。而忽略技术的诗性仅仅只是文本，对设计来说就是空洞的、没有实质意义的。当下优秀的设计必定是二者完美的结合，它往往在语言上是轻的，在行动上是重的、繁琐复杂的。

最近看到有使用者对一款躺椅的赞美：

"喜欢这摇摆的感觉
我会把我的床换成它
我不想起身离开这把椅子
坐在 RE-VIVE 上就像坐在一片叶子里
我感觉像鸟巢里的蛋
它让我觉得像安睡于摇篮的婴儿
像在椅子上瑜伽
它像对我百般顺从
……"

这些赞美和褒奖反映出这款名为 RE-VIVE 的设计产品至上的品质，是设计中的诗性通过使用者的语言反射而表达出来的，反映出它在用至臻至美的技术呵护着人性。

和

技术

技术的福祉

RE-VIVE 座椅的舒适得益于复杂技术的集成，这也是未来家具设计无限可能的示范。技术哲学家阿诺德·格伦（Arnold Gehlen）曾经说过："技术是人类肢体的延伸。"他认为由于人类是一种"未特化"的动物，因此人类需要创造技术以弥补自身的不足。

技术在工业时代的早期和后工业时期在产品生产中的表现不尽相同。早期的技术是单一的，人类创造技术是为了获得自己过去期望却遥不可及的东西，如速度、力量、感知这些超常规的能力。由此人类的精英们发明创造了一系列改变自身能力的技术，飞驰的火车、翱翔的飞机、下潜的舰艇，还有望远镜、雷达这些欲穷千里目，不必再登高的东西。早期的技术还是傲慢的，这种傲慢体现在人类总是迁就技术的能力并常常付出巨大的代价。如为了火车的驰骋，我们会大规模修建铁轨，空港和码头也是如此，不仅耗费人力物力还占用巨大的空间。

后工业时期的技术首先是谦和的，它通过不停的自我修正和迭代更新在逐渐地修复和人的关系。今天的技术是精细而又复杂的，但又是如此低调，技术总在试图隐身，隐藏自己的体积、隐藏自己的形态。仔细打量一下技术发展的历史路径，我们会发现技术开始在形态上追求一种"无"的境界，即为人提供更好的服务的同时消隐自己。最后一点是技术的忠实依然如故，这是它恒久不变的品质，是获得信赖的基础。

因此我们仍然要像过去一样为技术高唱赞歌，在设计领域也是这样。文化的、地理的、美学的经验固然是人类处理设计问题的重要资本，但是唯有技术的革命才是真正影响设计形态发展的关键。和艺术的诗性和跳跃性不同，技术的过程是笨拙的、艰苦的、啰哩啰唆的，像为了形成一个拱券而砌砖的过程，一块一块安放、一层一层叠摞，最终的跨越、优美就是建立在这不断的重复、不停的延展之上。眷顾人性是技术努力的终极目标之一，是当代设计的价值取向。今天，个人的感受是如此的重要，以至于为了创造一种新的符合人性的感受，在技术的集成和应用方面我们可以不惜代价。

Natuzzi 设计工厂
图片来源：Natuzzi

RE-VIVE 座椅
图片来源：Natuzzi

2013 年 Natuzzi 成功开发了一款座椅——RE-VIVE，它的开创性表现在人类第一次用这样一种简括的形式满足了坐、倚、躺、晃动等多种身姿下的休闲习性。它创造了一种突破性的坐感体验，同时因为能令坐在其上的人可以根据舒适性要求不断调整坐姿，也会协助身体适度运动以帮助体内血液和氧气的流动。

这是一款健康的、人性化的产品，面世后不久，即获得了国际家具界多项殊荣。在 2013 年 9 月 16 日到 19 日巴黎国际家具展举办期间，RE-VIVE 经过专家的严格审核后，获得了"家具技术最佳改革奖"。在德国科隆又荣获由德国设计委员会颁发的 2014 年"室内家具创新奖"。这款座椅成功的核心是功能开发和人性的关照间紧密的互动，而完成这种理想的则是背后强有力的工业技术。

文本中的诗性

技术是中性的，而诗意是美的开始。当代设计首先具有文本性，这是理念的生成过程，它从解决日常生活的困顿到精神境界的升华出发，如同一边从沼泽的泥潭深处汲取营养，一边在雪山的巅峰承受阳光。人性的解放与控制是一个好设计的起点，站在这个起点上重新审视一些传统的生活方式也是创新的开始，并且这也是技术应用和实验的开始。对于坐具而言，发生于其上既有的行为模式需要重新解读，然后才会提升其设计的意义和价值。另一方面，功能的拓展与融合也是创新的重要途径。对于一款座椅来说，功能的叙述就是文本，叙述中的发现和拓展就是创新，创新的得体和精准就是诗性。

坐具的几种关联行为模式：

躺着与坐着

躺是人生姿态的起点，并且是漫长的。这个漫长的过程或许是因为从躺着到坐立之艰难，或者是由于人性对躺的依赖。躺着也是人生姿态的终点，除去那些意志坚定的高僧可以坐着终结人生以外，绝大多数人都是躺着进入人世以外的下一个"行程"的。因此当人躺下的时候需要的是爱、包容和佑护，婴儿用哭闹索取母亲的怀抱恋人用关爱讨取躺下之后的贴切与欢娱。"坐"是社会性的行为

《武侯高卧图》卷 （明）朱瞻基

《五同会图》卷（局部）（明）

《韩熙载夜宴图》卷（局部）
（五代）顾闳中

《韩熙载夜宴图》卷（局部）
五代）顾闳中

《韩熙载夜宴图》卷（局部）
（五代）顾闳中

《翻跟头》杨炳森

《桐阴清梦图》轴 （明）唐寅

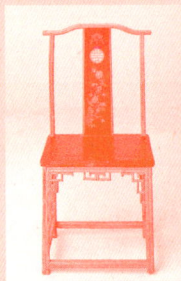

中国古代坐具经典样式：圈椅、扶手椅、官帽椅、靠背椅

中国古代坐具经典样式：坐墩、方杌、交杌

中国画中的坐具

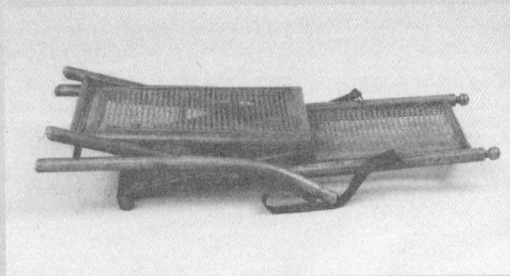

20 世纪 20 年代橡木可折叠手扶躺椅

交谈、等待、观望都以坐着的姿态进行，"坐"是一种外观的状态，是积极的、外向的。因此坐具比卧具更注重形式，它具有礼仪性、文化性的要求。

半躺半坐

半躺半坐是一种古老的习惯，在松弛中保持警觉。西方城堡中的国王下榻之处就是那种倚靠着睡眠的床具，这是时刻处于防范意识中的姿态。中国传统家具中的罗汉床就很好，它是介乎于床榻和禅椅之间的一种家具，人在其上或坐或卧怡然自得。罗汉床因为兼具两种功能属性，陈设范围也扩大了几倍，入得卧室，也进得书房或厅堂。

打滚儿

即使躺下来也还不是舒坦的极致状态，据说有时候打两个滚儿是一种身心的释放。打滚儿解决的不仅是身体的舒适感问题，也包括社会性的约束带来的压迫感。朱自清的散文中就提到过在春天的草地上打滚儿的欲望；艺术教育家张仃一生中打过两次滚儿，尤其卸任退休后的一次可谓惊世骇俗；我还听说一位落魄的政治家经常在家里的炕头打滚儿，据说他相信这种释放可以包治百病。

摇

摇是一种晃动的状态，它的运动路线往往是单向的重复，要么是循环重复一个圈，要么是来回重复一段对称的弧线。古人读书时摇头晃脑其实就是脑袋以脖子为轴划圈圈，据说这样可以消除疲劳增强记忆。当然，摇头晃脑这个动作跟坐具之间并没有直接的联系，站着跳着的姿态下都可以完成。需要借助坐具才能实现的"摇"一般来说走的是一条弧线，往返之间的尺度会有意识地克制着，节奏上也会极有规律，整个流线过程看起来不急不躁、从容冷静。在这种状态下，人总会不自觉生出几分怡然自得的慵懒来，甚至在一倾一仰的单调重复中意识抽离，不知今夕何夕。

事实上我们在坐具或卧具之上也的确不会从一而终，有人用摄像头监控过自己熟睡中的姿态，动作之大、姿势之多娇出乎意料。而人坐在椅子上的表现就更加不安分了，正襟危坐只是一种社会性的表达方式，就人性而言，应当是不拘一格的。针对那千姿百态的行为方式，我们确也已经设计出各式各样的坐具样式，品类不可谓不丰富，形态更是难以计数。那些流传悠久而迢遥的，更是各具独一无二的秉性。

像是回旋于"躺""坐"之间的躺椅，作为在床和座椅之间的另一种家具，充满了一种迷人的暧昧的气质。它在精神上倾向于床这种根本性的卧具，但在显性的表达中似乎在遵循着座椅的规范。躺椅仿佛是刚柔相济的杀人利器，它的两种属性一直在相互搏杀，一会儿是装腔作势杀死了随心所欲的本心，一会儿又用人性的懒散击败了社会状态下的矜持。

坐具中摇椅也是一种极具个性的样式，它是个动态平衡装置，不求安稳但求舒适。摇椅制造出一种干扰性的节律，即用一种单向重复的摇晃来麻木坐在其上的人，使其飘飘欲仙，令他昏昏欲睡。但是建立这种动态中的平衡是需要技术来完成的，精心的设计，精密的制造工艺。摇椅的出现对人来说也唤醒了一种遥远的记忆，这种身体的记忆虽然是下意识的，但是它温暖、安全，令人感到像重回母体。

摇动的躺椅几乎就差一点便是摇篮了，它戳穿了摇椅的虚伪和克制，让人性重新附体。但问题来了，躺在椅子上的人若想真正放松自己又如何摇动躺椅呢？自己照顾自己是一件很操劳的事情，如果真的很辛苦那又何必摇动自己呢！永动机是不存在的，但是就是有人不信这个邪，他们要借助技术来实现这种可能，利用技术来捕捉和转化人体运动所产生的能量，让它们成为带动摇椅的能量。一位中国家具界的资深人士曾经号称他制造出来的可以摇动的躺椅，只要躺在上面的人有呼吸，摇椅就一直可以晃动下去。我不信，躺了几次试图让躺椅静止下来，它微微晃动的感觉很奇特，催人入睡。但我宁愿相信这是地面振动或空气流动所致。支撑这款摇椅灵敏度的就是工业技术，工业的精加工技术规范超越了手工时代，因此这款摇椅在中国传统木器制造体系中一枝独秀。

RE-VIVE 座椅的创意在于它把人类在不同类别家具上的多种行为模式汇聚于此，可以适应以上所罗列的、人们在坐具和卧具上（中）呈现的多种姿态的要求。同时，它还是一种"动"的家具，开发出了一种能对使用主体的意识作出及时反应的技术系统，即可以自我调节以适

Natuzzi 产品设计开发
图片来源：Natuzzi

应人的意念。并且在文本的层面，创意者提升了每一种行为在生命、人性、社会方面的意义。

技术这个东西

对于人的适应性而言，技术是个被动的事物。本来人的主动性适应能力有时候是在被动状况下完成的，二者都被动的话，这不啻于一种惩罚。婴儿的座椅是一半主动一半被动性适应的，所以要有一根带子把他牢牢控制在上面。刑具属性的家具是完全被动性的，比如大讲阶级斗争年代常常提到的老虎凳。这种家具背离人性，要求被使用者不能适应又在逼迫下去适应，结果就是伤害。技术对于"坐"这种行为是一个外来的支撑，它的目的是让物去适应人。基于这样的目的，人选择适合的技术并运用它。技术是人类肢体的延伸，技术潜能巨大而且忠实，它能弥补人类的不足。在"坐"这个问题上也是如此，好的坐具和卧具就是要成为一个稳定的、细致的、妥善的安置人性的物件。

追求舒适性是人性中的一个自然部分，这一点也应当是所有倡导人性化家具的人应该坚守的。在创造舒适性目标的指引下，开发技术、集成技术是一条重要途径。同时，舒适性还和材料有关，和灵敏度有关。一个完美的舒适度体验必然是以上因素协调配合的结果，这个过程也一定是费时费力的。

Natuzzi 为了开发这款 RE-VIVE 座椅，共投资 300 万欧元进行研发，耗时 30 多个月。在这个富有挑战性的项目的研制过程中，Natuzzi 选择了新西兰的 Formway 设计公司作为合作伙伴。该公司一直有着"新西兰最好设计公司"的声誉，他们一道把尖端的技术和意大利优良的工艺完美地结合起来，实现了超越传统座椅对使用者行为模式限定的梦想，帮助用户体验到了一种"完全自由"的境界。

在产品设计中用户体验的"自由"，其代价是巨大的，前期研发过程中必然充斥着各种各样为摆脱现有条件"束缚"的技术与工艺的实验。RE-VIVE 座椅具备极高的技术含量，它完成了二百多项专项质量检测。比如其核心承重支柱模拟了人体脊椎形状，材料选用了美国杜邦公司研发的高强度玻璃纤维，自重轻、牢固耐用、灵活度高；摇摆式滚珠轴承设计，可以依靠流体力学运动来实现摇摆；高密度海绵坐垫使用了聚氨酯海绵，质量轻，耐用；结构底座为铝合金材质，高压铸模成型工艺，轻巧精细……

结语

回顾不算太长的设计历史不难发现，人类的设计成果总的趋势是在向着越来越轻的方向发展着。这种趋势不可阻挡是由设计的属性决定的，功利性、效率、效益之间的逻辑关系使然。我们希望以最小的物质代价来获得最大的功效，减掉多余的物质意味着节约，体现着精确。

这一点对于所有的设计者都是一个最大的挑战，因为寻找到一种解决问题的方法以及支撑它的技术已经是非常复杂的事情了，而隐藏这种庞大的数据和复杂的技术体系，让形式主义不动声色地表现出这些卓越的能力就更加艰难。因为一方面物质在减少，另一方面技术的复合性在增加。在这一增一减之间寻求平衡是未来产品设计的主流方向，它预示着更多的学科交叉、更复杂的技术集成，当然还有艺术和技术的融合。

就一把躺椅而言，它的最高境界就是依靠一种形式去适应多种功能，用复杂的技术满足人性之中众多的需求，最后用一种简约的形式包容这个技术系统。

苏丹
2019 年 7 月 28 日
完稿于中间建筑

"破碎的自

米兰国际三年展设计博物馆是米兰的文化地标，位于森皮奥内公园的西侧，这个场所对于米兰在 20 世纪的发展具有重要的意义。庞蒂（Ponty）、基里科（Chirico）等大师都在此留下了不朽的印记。米兰设计界的精英在情感上依恋这个地方，一楼的咖啡厅是这个特殊族群聚集之地，每一次在这里逗留都会遇到许多特别的人。这里也是令人迷恋的瞻仰之地，每一年都有大人物在此展示自己对意大利设计历史的梳理成果。从 2007 年开始，我就不断地来此"朝拜"，这里的展览不仅深刻而且富有诗意，许多展览令人难以忘怀。

2019 年，本人非常有幸再次以策展人身份参与第 22 届意大利米兰装饰艺术和当代建筑国际三年展（以下简称米兰国际三年展），并且是作为总策展人协调清华大学、同济大学设计创意学院、上海大学美术学院三家共同组织中国国家馆。上一届我曾作为联合策展人，与米兰新美术学院、多莫斯设计学院共同策划展览"21 世纪人类圈：一个移动的演进的学校"。

米兰国际三年展设计博物馆排队等候入场的观众

然"之三解

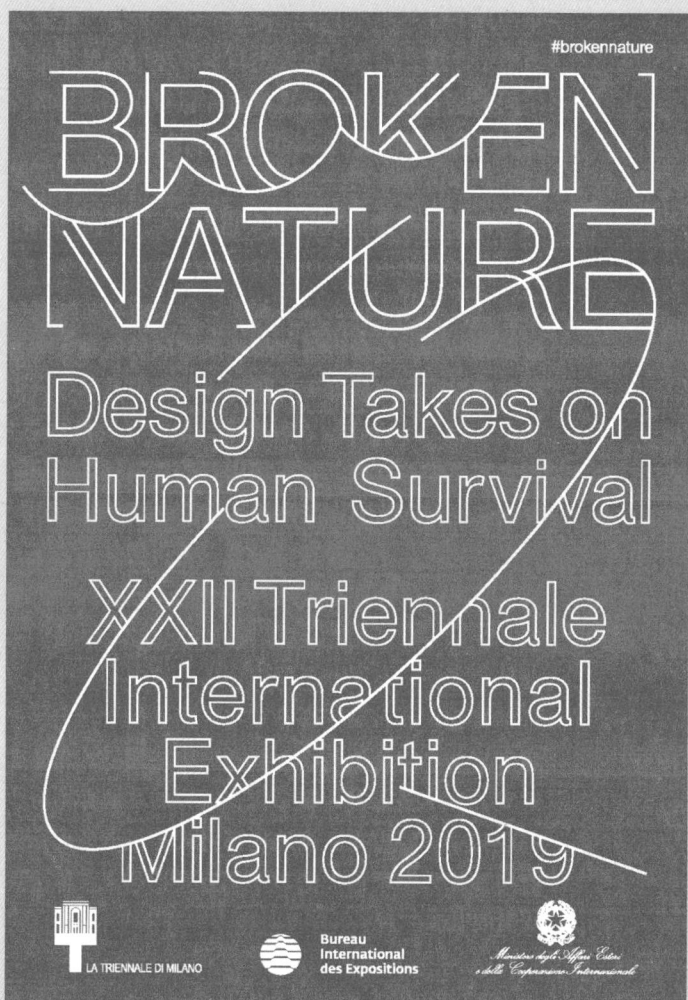

第 22 届米兰国际三年展主题"破碎的自然——设计为人类生存"
（Broken Nature: Design Takes on Human Survival）

米兰国际三年展创立于 1923 年的蒙扎，并于 1933 年迁往米兰，主要致力于探讨当今社会亟待解决的问题，在国际设计史上具有重要地位，是全球范围内的设计盛会，也是国际展览局备案的国际重要展览活动，由意大利米兰三年展基金会组织筹办。

第 22 届米兰国际三年展的总主题为"破碎的自然——设计为人类生存"（Broken Nature: Design Takes on Human Survival），展览板块分为国家馆和主题馆，本届展览共有 22 个国家设立国家馆。展期自 2019 年 3 月 1 日至 9 月 1 日，长达半年。本届三年展试图通过设计联动人类当下之所长，以应对人类与生存环境的关系的问题。通过展示全球不同国家采取的措施和重要研究机构正在进行的探索，向世界展示设计如何提供解决我们时代问题的新思路。

优秀展览的命题往往从现象出发，或提出一个本质问题以寻求答案。所以从总体的内容方面需要客观罗列诸多的事实，并展示解决问题的可能性。展览不追求最终答案，而是通过对问题眼花缭乱的回应进一步强调问题。当今世界上最重要的展览就是人类智识阶层一次一次吹响的集结号，那些处于各种边缘状态的艺术家、人文学者，实验状态中的建筑师、设计师、科学家，以及研究机构总是最踊跃的参与者。本届展览亦是如此，各板块内容的涉及远远超出了我们对"设计的定义"牵扯到的范围。世界各地的各种机构和组织所从事的生物学研究、科学遥感、化学实验在设计意识的奋勇掘进之下，和人类日常生活形成了贯通。这种贯通非但不是伤害，反而是一种学科之间的弥合。

总体上来说，本届三年展表现出了这个品牌所具有的先锋性和影响未来的雄心。而在展览理念和文本关系的设计上，还是有许多令人深受启发之处。它依然是设计界的珠峰之巅，认真品味后有一览众山小的感觉。对于整个设计界来说，这样的高地必不可少。因为唯有从美学的趣味中挣脱出来，果敢地面对人类社会的大命题，设计这个事物才有可能成为一项伟大的事业。而概括起来，各个展区回应命题的方式大致有如下三种：

之一为"应对"。应对目标就是问题所在，而问题的曝光和揭露是首要的。然后就是通过展示正在进行的研究和社会行动，表现不同领域、不同国家采取的措施，体现正向解决问题的思路和方法，反映能力和智慧。国家馆比较热衷于这种方式，以此表现一个国家的责任意识和应对危机的能力。这种展览方式的逻辑清晰，问题导向由宏观到具体，措施手段针对性强，最终结局圆满。

澳大利亚国家馆的展览内容来自悉尼科技大学（UTS）创作的"Teatro Della Terra Alienata"，该设计是对近年来发生在大堡礁的大规模珊瑚白化事件作出的回应。2018年，澳大利亚政府决定将大堡礁——这一地球上最大生物体的保护工作外包给大堡礁基金会（Great Barrier Reef Foundation），这是一家由大型矿业和保险公司、银行以及航空公司提供支持的慈善机构。策展人认为目前对大堡礁的保护是由技术官僚策动的，他们所谓的监控和自然景观修复手段掩盖了大堡礁所面临的真正问题，即全球对化石燃料的依赖和无限制的增长需求，以及当地经济对采矿、水力和集约化农业的影响。展览将这些技术集中起来，描绘成一个意在分散注意力的剧场，提醒人们关注这一问题，放弃现有的矿物开采技术和基础设施，将大堡礁从资本主义掠夺性的领域中分离出来。

俄罗斯国家馆的主题为"莫斯科河的时代"，以莫斯科河的时代变迁为内容，探索人类与河流的关系这一古老命题。展览以简洁明快但又不失设计感的呈现方式将莫斯科河从1919年至未来2119年的故事娓娓道来，展现了不同时期人们对于河流的不同认识。从大坝闸门锁住自然流量改变而来的主航道，到现在后工业时代，人们为了修复同河流的关系，构建的全新"双赢"模式。在寻找恢复性设计的过程中，设计者收集了许多关于如何以尊重的态度来对待河流的想法，这些想法同展览的另一部分——对于河流潜在未来的描述一起，构成了展览的主要内容。展览的另一大特色在于其展陈的设计手法，即完全采用环保性的纸质材料，来凸显对环境的尊重。

之二为"修复"。许多展览内容为修复被破坏自然的个案研究，展示了修复工作面对的环境复杂性因素和有效方法。个案的展示和宏观的策略相得益彰，表现了当下人类的觉悟和业已进行的努力。"修复"内容对主题的回应也是正向的，顺应逻辑推理，属于正能量的传播。

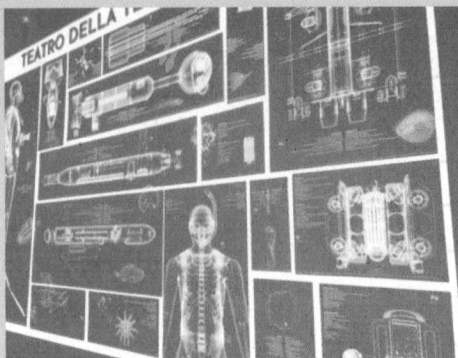
澳大利亚馆《异化之地的剧院》

奥地利馆《氮气分离的厕所》

俄罗斯馆《莫斯科河的时代》

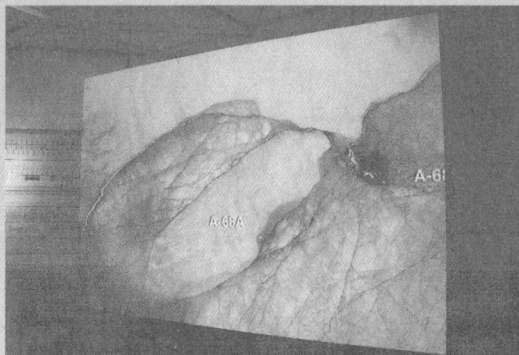

不断变化的图像

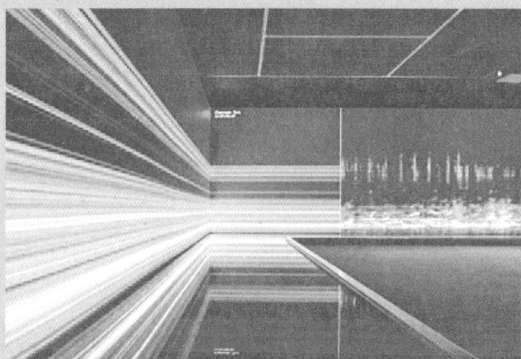

伟大的动物管弦乐

植物的国度

奥地利国家馆聚焦我们这个时代最紧迫却最容易被忽视的环境问题之一：水域氮污染问题。展览以多媒体嵌入的方式展示了来自维也纳著名设计工作室 EOOS 开发的革命性尿液分离马桶系统。该设计可用于修复日常生活中的氮循环系统，从而建立沿海水域的生态互动，将污水处理系统和农业生产结合在一起，为全球氮污染问题提供系统的解决方案。

之三为"破译"。本次展览也有许多板块似乎并未理会命题的指引，而是我行我素，专注于某些研究领域。如生物学、材料学的研究，生物学领域的观测和表达。这种心无旁骛的科学研究更像是在展示研究的过程，而不是汇报行动的成果，似乎有跑题的嫌疑。但我认为这种方式更像是一种当代设计的展览，发现胜于总结。因为历史地看，总结大多是片面的、武断的。这种沉溺于发现的方式也是对"破碎自然"的一种回应，即破译自然的密码。而破译自然的密码才是洞穿自然表象的关键，因此我以为这种科学研究是响应主题的一种高级形式。

在主题展的开端部分，NASA（美国国家航空航天局）提供的"变化的图像"展项尤为引人注目。作品以可视化的方式将世界级的环境问题如洪水、冰川融化等在时间维度上呈现出来，让人们近距离感受到这些离日常生活如此遥远的环境是如何日复一日、年复一年地不停演变，以此唤醒人们对环境问题的紧张感。

"伟大的动物乐团"是主题展的特色展项之一，由巴黎当代艺术基金会委托，音乐家和生物声学家 Bernie Krause 连同英国工作室 United Visual Artists（UVA）共同完成创作。通过一个巨大的声音、影像装置，还原动物王国的极致魅力，使参观者沉浸在大自然的无限声场当中，享受视觉和听觉的双重盛宴。

特别展项"植物王国"带领观众以全新的视角审视植物。该展项由植物神经学家 Stefano Mancuso 策划。植物存在于地球的时间远远长于人类，它们在给我们带来各种资源的同时也可以指导我们规避各种灾难，它们拥有比人类更加强大的环境适应性，同时庞大的物种构成决定了其独有的内在自组织性，尊重并审视这些特性将为人类带来全新的视野。

第 22 届米兰国际三年展中国馆现场

第 22 届米兰国际三年展中国馆清华展区观众

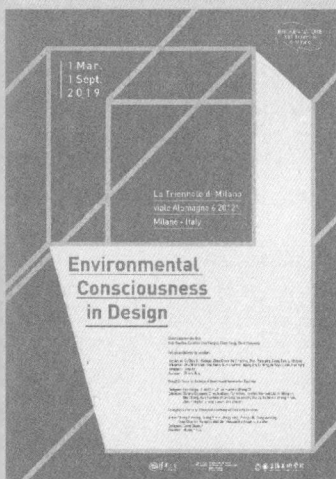

第 22 届米兰国际三年展中国馆"设计中的
环境意识"（Environmental Consciousness
in Design）海报

族群——我的亲人和朋友（My Relatives and Friends）
作者：李海兵

寻居——千禧年代住宅（Millennium Residence）
作者：周艳阳，汪于琪，司于衣

个体与家族——家的形状（The Shapes of a Family）
作者：向帆，朱舜山

极限住宅（Extreme Residence）
作者：徐卫国

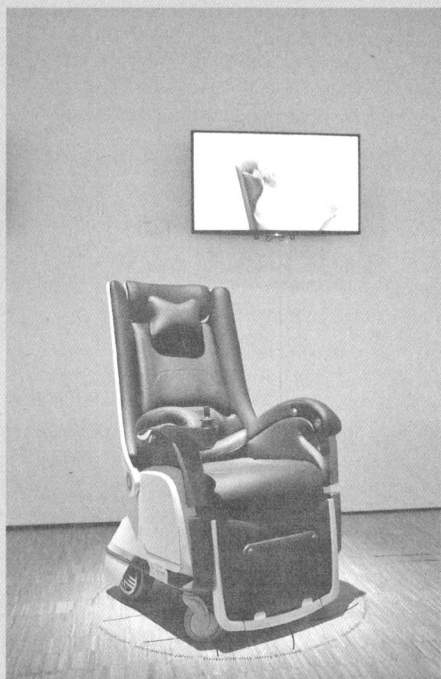

独立的家具——智能辅助椅（Smart Assistive Chair）
作者：赵超

来自麻省理工学院媒体艺术与科学实验室（MIT Media Lab）的 Neri Oxman 教授带领她的团队展示了他们最新的研究成果，该团队致力于探索数字设计、制造技术和新材料的研发，并构建这些技术在人与环境之间的弥合作用。此次参展的作品以黑色素这种生命王国中最为常见且久远的物质为对象，重新理解其作为颜色产生的基础色素的作用，探索通过对过程和环境进行控制以产生新颜色和结构分布变化的可能性。

中国馆面积约 200 平方米，是本届三年展中面积最大的国家馆。主题为"设计中的环境意识"，三家院校分别从自然、社会（社区）以及个人的层面对主题作出阐释。

清华大学展区主题为"我们从哪里来？——中国家庭流变"（Where are We From, the Development and Change of Chinese Family），重点关注个体与家庭之间的关系，引导人们重塑家庭。现代主义和家庭的式微，其根源是对人的抽象。住宅的商品化和消费意识，以及人对公共生活需求的增长，都是造成家庭和社会关系走向板结的环境因素。围绕着在意识形态之热潮冷落之后，如何构建人类未来的居所，即如何营造一个个属于每一个个体本我意识存在与身体颐养的"家"之问题，清华大学组织了七件作品参展。

20 世纪为人类历史进程带来的发展变革从规模和深度上均史无前例，仅数十年来，中国家庭面貌就发生了巨大的变化，并表现在不同时期的家庭结构、人物面貌、住宅陈设等方方面面，而这些变化又通过家庭影集、录像等方式得以记录和保存。作为特邀参展艺术家，李海兵的影像作品呈现了家庭文化的社会学底色，是展区中唯一的具象图像，为叙事铺陈了浓郁的历史文化背景。

周艳阳的作品通过个体在北京这样一个超级大都市中寻找暂居之地的叙事，展示了这一过程中所发现的潜在信息网络。这个信息网络是自组织的、低等的神经系统，但正是依据它的存在，那些在都市中流动的个体或家庭才得以找到暂时的居所。同时通过这些展示的信息，我们能看到人的流动和家的建设之间潜在的危机，如同流动的沙漠和绿洲的关系一样。伴随着不断移动所产生的快感、新奇，个体的灵魂也在流亡，高级形式的安居是不存在的。

向帆的作品展示了十几年来她对中国社会家族发展历史形态的研究成果。家族和家是整体和局部的关系，寻访中国古老的民居，这种证据俯拾皆是。个体的家庭是家族大树上的一只果实，它结在具体的枝杈上，家族的每一个分支都曾经是个体家庭在社会漂移中的重要载体。而主干和支干的关系体现了时间中的社会环境、自然环境的变化。"家族树"抽样采集了从隋唐到明代三个帝王家族和一个普通家族的大数据资料，在技术上采用当今最为先进的 RT 算法，最终视觉化了几个家族的家谱图像。它为每一个个体"我从哪里来？"的追问提供了解答的线索。

徐卫国和他的团队朝着另一个方向假设，然后利用传统的空间计划和当代的计算机技术，对都市人类关于"家"的物理形态的极限进行研究。"极限住宅"是一种策略，体现了设计的价值，但是它折射出来的却是人类生存环境灰暗的未来。这也促使我们对设计这个事物进行重新打量，设计也许只是解决问题的一种能力，但只有能力是不够的，人类生存还需要智慧。

人对空间的适应与控制通常会借助到一些工具，随着年龄的增长，人体机能与行为诉求发生变化，而这种变化也会直接反映到人对于工具性能的具体要求之中。老年人是每一棵家族树最新分枝上的主丫，也是该分枝的开拓者与精神核心，他们在空间行为的参与过程中对于工具的依赖尤甚，并表现出更多细节性的诉求。赵超和他的团队设计的作品是一款已经投放市场的老年智能助力起身座椅，通过多种功能模块的开发，全方位适应并照顾老年人的生活方式和生理心理诉求。

居家环境的场所精神建立在具体而又综合的物质基础之上，气息也是重要的因素。家居的个人化以及适度的社会属性，会形成每一个家居空间氛围与气息的复杂化。气息是敏感的、恒久的，它是情感的重要依据。同时气息不完全是抽象的，在许多时候它也是非常物质化的，这种物质化的表象是文化性的具体显现。徐迎庆和他的团队在此展示了国际领先水准的气味识别技术，这是让未来家居空间灵动的可能之一。

世间所有的生物中只有人类才会把"生"与"死"做如此巧妙的解释，这种构想也必然投射到现实的空间中，或者为装饰，或者为装置。

体味识别——闻所（TriNose）
作者：徐迎庆，路奇，彭宇，高家思

家中的家（Home in HOME）
作者：苏丹，张荐，华雍

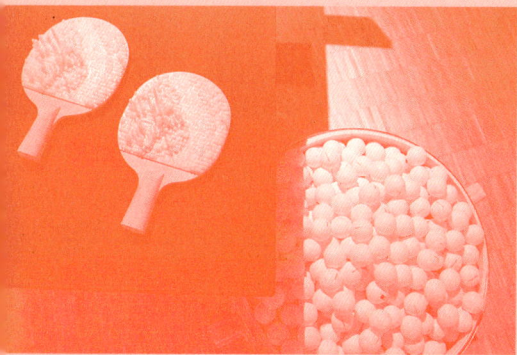

乒乓
作者：娄永琪，Aldo Cibic，周洪涛，赵华森

上海大学美术学院展区作品《百鸟林》（A Forest of Birds）
作者：章莉莉

策展人苏丹教授在中国馆

上海大学美术学院展区作品《自然的守护》（Guardian of Nature）
作者：董春欣

"家"和"冢"字形相近，只是一个为阳宅、一个是阴宅。我做的这个小盒子，试图将二者在空间关联方面的对称性转变为嵌套性，让它收纳生命中永恒的东西，从牙齿到毛发，从灰烬到声音。这个小盒子的内在空间构造也是一个阳宅的缩影，是记忆的居所。它外在的形式既像摆渡之舟，又像一个发音的喇叭。摆渡之舟司职空间之间的沟通，喇叭担当灵魂对话的工具。

在社区研究的层面，同济大学设计创意学院展区提出了主题"乒乓：城乡社区营造——为我们共同的未来"（Ping Pang: Urban\Rural Community Building for Our Common Future）。并以"设计丰收（Design Harvests）"和"NICE2035"为案例，探讨如何充分利用设计和设计思维，实现城乡动态平衡与可持续发展。

同时，以艺术装置作品《乒乓》来诠释本次展览主题。包括一张由阴阳太极图案演化而来的乒乓球台，一对表面装饰3D上海地图和手作芝麻薄饼——分别代表"城"和"乡"的乒乓球拍，以及两蒸笼乒乓球，意指从城市文明走向城乡交互是人类应对可持续发展挑战的切实举措，而这一过程以及社群的营造需要像打乒乓球一样，通过对话和交互，实现动态的平衡。

回归到自然，上海大学美术学院以"进退之间的设计：以上海崇明生态岛为基础的考察"(Design between the Forward and Backward: The Case of Chongming Eco-island, Shanghai) 为主题，探讨设计在索取资源和反哺自然之间的平衡作用。在"生态优先"的发展原则下，设计能否既提供环境持续的活力，又使人内心获得长久的安宁？通过"自然之进退——鸟类保护""人之进退——民宿营造""传统之进退——非遗传承""产业之进退——2021年中国花博会"四部分作品来阐释主题。

中国馆的策展理念是我近二十年以来的思考结果。我身处于一个边缘性的学科——环艺专业，能够接触到各种各样的相关学科以及形形色色的改造环境的人群。我意识到环境的复杂性，也发现环境问题的出现正是由于我们对环境理解的片面所致。我一直想重新界定当下的环境概念，因为我发现环境就是一个变色龙，时间和文化传统对它影响

SLIDE

10.1M

10.6 M

ROLLERS

PUZZLE

6.8M

SAFETY MAT

SHOE RACK

VINYL FLOORING

2M

TOY ON WALL

3.2M

ENTRANCE

紅
励
GW

非常巨大。因此环境既总体又具体，既抽象又形象。它的属性中含括了自然的、社会的和人的因素，不仅此消彼长，而且纠缠不息。2013年和 Michelangelo Pistoletto 在 Biella 的会晤是非常重要的一件事情，从他的作品中我得到了重要的启发。他把环境的复杂性和各因素之间的纠缠性用一个图形作了精彩的阐释，令我茅塞顿开。

因此清华、同济、上大三个参展机构分别担当"人""社会""自然"的阐释工作，体现出我们对环境概念在当下的理解。当我们蛊惑设计所具有的神奇作用的时候，必须要认识到环境意识的重要性。唯有它的存在和内化，方能使我们放弃偏执，并采取多层次的行动去处理面对的危局。

2019 年 3 月 1 日，第 22 届米兰国际三年展中国馆正式开馆后，得到了各界好评。"信息量大""互动性强""勇于探索"是我们听到的来自观众最多的评价，十分令人欣慰。毕竟用国际化的设计语言来讲述中国的多样性故事，引发人们对环境的思考是我策划中国馆的初衷。我也非常认可意大利著名建筑师、米兰新美术学院和多莫斯设计学院科技总监 Italo Rota 教授对中国馆的评价，他说："Great Humility, Great Humanity, A Universal Message On Which Reflect（极致的谦逊，极致的人性，展览反映出了一种普世的信息）。"

两只

悬臂椅

在"设计乌托邦"——1880 年到 1980 年百年设计展览的第一板块中，有两把椅子非常引人注目。它们之所以如此，并非因为它们拥有多么鲜艳的色彩和怪异的造型，而是因为二者竟然如此相像，如出一辙。如果从其中单拿出一把，恐怕即使是专家也会把设计师和作品关系弄混。并且如果你仔细观察的话，会注意到在这两把椅子的周围还散落着几款结构形态类似的作品，比如在同一侧靠近入口的第一把椅子是大名鼎鼎的路德维希·密斯·凡·德·罗（Ludwig Mies Van Der Rohe）的作品，和它相距最近的一个"岛屿"上是里特维尔德（Gerrit Thomas Rietveld）的 Z 形椅（Zig-Zag Chair）……

这两款椅子均以弯曲的不锈钢管为结构主体，座板和靠背以藤木和竹编处理，看着轻盈且对比强烈。它们共同的地方太多了，包括材料、结构样式和整体造型。把它们并峙在一起展出，是这个高大上展览故意卖弄的一个破绽。这难道是相互抄袭不成？孰先孰后？无疑这将引发人们的注意、思考，甚至好奇。

这两把椅子由两位历史上著名的设计师设计，一位是马特·斯塔姆（Mart Stam），另一位是马塞尔·布劳耶（Marcel Breuer），二人同属现代主义早期的风云人物，并且作品诞生于同一历史时间点。更为关键的是他们首创的悬臂式座椅支撑结构，对后来其他设计者一系列的作品产生了影响，于是关于他们的创新点和谁为首创就成了问题焦点。而这一点的确是策展人故意布设的一个迷局。

和 它们的

"设计乌托邦"展览现场
摄影：骆佳

野
种

256CS 号先生椅，1927 年，1970 年诺尔
国际制造，美国
摄影：骆佳

塞斯卡椅，1927 年，约 1980 年佳维纳公
司制造，意大利

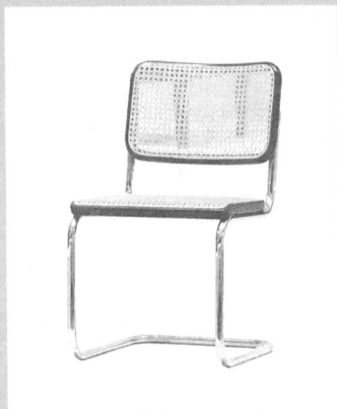

S33/S32 椅，1927 年，1975 年索耐特公
司制造，奥地利
摄影：骆佳

左侧为 S33/S32 椅，右侧为塞斯卡椅
摄影：骆佳

Z 形椅,1934 年,1973 年卡西纳公司重制,
意大利
摄影：骆佳

F40 沙发，马塞尔·布劳耶，1931 年
1979 年泰克塔公司制造，德国

马特·斯塔姆 1899 年出生于荷兰，是现代主义建筑的重要领导者之一，也是现代主义家具设计历史中一名极具代表性的设计师。马塞尔·布劳耶是包豪斯学院的代表人物之一，被誉为极富盛名的现代建筑设计大师和家具设计大师。如果单从中国设计界对世界现代设计历史的认知来进行一般性评价的话，后者的名气显然要远大于前者。因为简版的历史学习就是如此大大咧咧，把轰轰烈烈的复杂历史发展看作几个代表性人物的努力。事实上，历史的洪流是一大群人"狂欢作乱"的结果。就像马拉松，领袖不一定在每一个阶段都处在领先的位置。风云人物、风流人物，骨干和精英轮番领衔，最终干翻了传统势力，开辟了新天新地。

1926 年定居于柏林的荷兰建筑师马特·斯塔姆，用商用煤气管和接头处的小零件设计制作了一把没有后部椅子腿支撑的椅子，正是这把椅子奠定了他在设计史中不可动摇的地位，并引出了一段佳话。斯塔姆设计的这把椅子，被大多数人看作是有史以来的第一把悬臂椅。所谓悬臂椅，就是在支撑结构选型和设计上，打破了传统的靠直立的椅子腿来支撑主要荷载的一种家具的结构方式。斯塔姆设计的这把椅子，主体结构完全由一整条弯曲的钢管构成。这条闭合的不锈钢管在经过一连串令人匪夷所思的连续变形之后，形成一个精巧的结构形态。它看起来动感十足，又轻盈飘逸，一反传统座椅四足稳扎稳打的保守姿势。这一革命性的设计依靠这个结构不俗的抗弯能力，承受坐椅子的重量并保持平衡。从设计史的角度来看，这把悬臂椅对于 20 世纪早期的家具设计产生了重要的影响。如果稍微归纳一下的话，我以为斯塔姆的这把椅子的革命性意义至少有如下几点：

结构形式的创新；
新结构对钢管材料抗弯性能的检验；
简约美学的具体阐释；
自然意识和工业制造的融合。

几乎就在同一年，马塞尔·布劳耶也展开了对钢管悬臂椅的探索实验，同时布劳耶也认识到金属材料在家具上的使用，会给使用者带来触觉上的隔阂，这种冷漠感是工业化早期的"附带产品"，需要一代英才依靠自己的才艺去予以祛除。由此他开始考虑采用其他手感更好的自然材料进行结合，由此改变现代工业材料，如不锈钢钢管这样的材料因其冰冷而导致的和人性所产生的距离感，并最终也设计出一款完美的作品，只是这款椅子和斯塔姆的悬臂椅高度相似。于是问题来了：他的设计创作是受到了斯塔姆的启发，还是纯属偶然的撞衫？

布劳耶很快就为他的这把椅子申请了专利。这个行为自然引起了斯塔姆的不满。双方最终对簿公堂。结果德国联邦法院判决斯塔姆最终赢了官司，但布劳耶的作品还是被公认为是 20 世纪 20 年代所有悬臂椅设计实验中最精良的代表。

有趣的是钢管这种新型的材料和构造形式所产生的结构上的创新，反过来对于传统材料的再利用起到了重要的启发。因此在这个家具展中，我们又看到了荷兰的设计师里特维尔德使用木材做的那一款 Z 形椅。这把椅子通体由木材制作，四段板材由上至下依次三折组成一个 Z 形结构形式，该椅外观浑然一体、雕塑感十足。这个结构构想大胆，利用了木材抗弯的材料属性，胆大妄为地去挑战形体上冒进所带来的风险。但是由于 Z 字形转折太过突然，在力的传递上必然产生一些问题。于是，当我们俯下身来仔细端详的时候，就会看到里特维尔德在两处转折的关键部位悄悄嵌入了两个三角形的木块。而这两个三角形的木块像一个转换器，也像一位出千高手暗设的机关，变相地调和缓冲了锐角转折的突然性，有效解决了转折角部弯矩过大的问题。

说实在的，我本人对里特维尔德这款 Z 形木椅还是有一些成见的。尽管这把椅子的造型让我惊叹，但这并不是设计价值观念下的认同，而是从艺术的角度，我为他的果敢无畏感到震惊。我一直认为里特维尔德不是一位职业的设计师，他只是一个有思想的艺术家。一把椅子对于他来讲，更像是一份讲稿，而不是设计作品。但凡讲稿，总是为了表达自己的某种主张——如果主张明确、石破天惊，那就可以做宣言使用了。

相反，一些职业设计师的出场，就会让我这样的人心悦诚服。意大利设计师马可·扎努索（Marco Zanuso）所设计的那款由藤木制造的椅子——"马丁格拉 2 号椅（Martingala Ⅱ Armchair）"显然还是沿着悬臂椅的方式进行结构的处置，一长段找不到接缝的藤条被强有力的工

马丁格拉 2 号椅，1960 年，1969 年
阿尔弗莱克斯公司制造，意大利
摄影：骆佳

马丁格拉 2 号椅细节
摄影：骆佳

萨尔苏尔摇椅，1962 年，
1969 年博尔特洛诺瓦公司制造，意大利

"连续"系列藤编扶手椅，1963 年，
1970 年博纳齐纳·皮耶兰托尼奥公司制造，
意大利

"连续"系列藤编扶手椅细节
摄影：骆佳

业手段扭曲变形，形成一个闭合的结构体，然而在解决了主体结构支撑的核心问题之后，马可·扎努索展开了他那令人眼花缭乱的结构延展的能力以及形式的附加能力。在我看来，这款椅子的设计非常像一个中国古营造的木构架体系，层次分明，有条不紊。或是像当下网红的、越南建筑师武重义（Vo Trong Nghia）处理竹木建筑那样有条不紊地逐一处理结构支撑、加固和界面围护等功能。更有一种音乐感，这个音乐感的主旋律是结构主义的，次要的稳定系统和最终的覆盖系统，更像是对主旋律的分解与重复。

曾经设计过巴黎奥赛美术馆的意大利建筑师盖·奥伦蒂（Gae Aulenti），在1962年设计过一款"萨尔苏尔摇椅（Sgarsul Chair）"。这件用弧形胶合板作为结构的木椅把历史悬臂椅的"摇摆"表征强化为设计作品的特征。于是主体S形的结构被拆分成一个由两部分组成的组合式结构，最终整体木框架内的两侧都有了一个滑道。而靠背支撑结构和橄榄形的落地支撑部分之间的巧妙组合显示了这位女性设计师炉火纯青的技艺，这款椅子的结构处理堪称艺术与技术相结合的典范。它也展示了这一时期意大利设计师们对现代主义批判、丰富、解放的雄心。

吉奥·庞蒂（Gio Ponti）的一款"连续"系列藤编扶手椅和马可·扎努索的类似，但是它的结构感更加强悍，这是建筑师的职业趣味。吉奥·庞蒂一直声称自己是一位从建筑到勺子都设计的建筑师，这次展览中他的德扎扶手椅、超轻椅都表现出对细节的把控能力。然而这些细节的处理方式是古典主义的，是建筑构件细节处理的延伸。可是"连续"却不同，它是结构主义的，像一个精彩的结构装置，支撑结构和围护结构之间的衔接体现了建筑师扎实的古典主义修养和现代主义意识。传统的皮革绑扎工艺在这款扶手椅中的应用，预示了一个新的时代即将拉开序幕。

此外，意大利设计鬼才乔·科隆博（Joe Colombo）也有一款用管状组合作为结构主体的扶手椅，并排的五支漆成黑色的钢管蜿蜒辗转，构成支撑结构，同时也是扶手，造型生动。这款有几分科幻感的形态，令我想到欧洲科幻电影崛起的时代。他造型中的工业感早已不再是现代设计早期不锈钢式的透明性炮制出的幻影，而隐喻了一个晦暗无底的深渊。

1957 年设计师阿切勒·卡斯蒂格利奥尼与皮埃尔·加科莫·卡斯蒂格利奥尼（Achille and Pier Giacomo Castiglioni）的一款佃农椅，由黄色的农用拖拉机座椅和十字弩形铬钢底座组合而成。为保持平衡，在十字弩形底座上安装了一个横向木制部件，这个看起来有点像犁的部件也参考了传统农业用具。这把椅子充满活力，既是两兄弟趣味和实验精神的写照，也是根系时下生活环境的产物。

现代设计的历史是一个创意无穷的过程，可谓星汉灿烂、精彩纷呈。早期的理性高执也会导致一定程度的思维近似。加之工艺和材料的相同，在一些特殊时间节点上出现相似有一定的必然性。追踪这种相似性是研究历史重要的方法，这是对血脉和传承的追溯，进而可以弄清"我们从何而来"的问题。创意撞船会偶尔发生，就像天宇之间流星们相互的碰撞，电光火石，轰鸣振聋发聩，不是佳话胜似佳话。

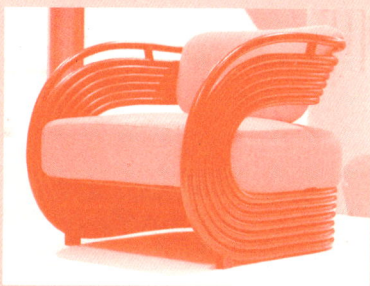

条带扶手椅
摄影：骆佳

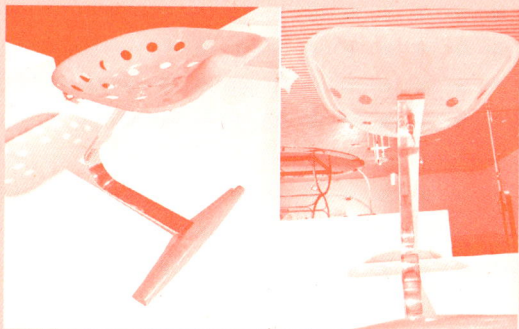

佃农椅，1957 年，1980 年扎诺塔公司制造，意大利
摄影：苏丹

环

艺

崔家华

中国城市规划设计研究院 注册城乡规划师

2005—2010 鲁迅美术学院 环境艺术设计系 获文学学士学位
2010—2015 清华大学环境建设艺术咨询研究所 项目负责人
2015—2018 清华大学美术学院 环境艺术设计系 获设计学硕士学位
2016—2018 米兰理工大学设计学院 室内设计专业 获工学硕士学位

将批判的环境意识送还给城市

——规划院环艺人小记

因讲座结缘

» 从 2021 年末开始，我暂且告别了从事三十多年的大学本科和研究生教学工作。最近计划出版的一本《设计的课》已渐近尾声，内容主体是有关设计教育的十二个讲座，是从 200 余场讲座中挑选出来的。粗略算一下，听过讲座的人数肯定不下万人。我坚信讲座中的只言片语会影响一些听众对目标的选择，崔家华就是因一次在鲁美的讲座而结缘的，他先是在我的工作室做设计，后来跟着我读完了硕士，如今在中国城市规划设计研究院从事规划设计。崔家华是个有定力的年轻人，十几年来我眼见他一如既往地上进，一如既往地思考和实践，一如既往地"批判"。用什么样的尺子去规划非常重要，而在我看来，他的尺子就是"批判"，通过对环境和自我的批判，获得观念和方法。

苏丹

2022 年 2 月

前言

» 许多院校的环境艺术专业，是不刻意划分室内、景观与家具的界限的。有人称之为"学科混沌"，殊不知，正是这种流动的暧昧，孕育了我们对"内外皆境"的深刻体悟——专业的疆域，本就如水墨般氤氲开合。而今，当建筑、艺术与科技的边界正在消融，这种"不设限"的基因，反而让我们更早触摸到时代的脉搏：真正的环境设计，终将走向一场无界的共创。

> ※ 环境为大，包罗万象。人为再创，需因借无数，应无分别心，一切皆有可用之处。

» 在设计实践的开放疆域里，我逐渐形成了对"大大益善"的执着追求——因为更大的尺度，意味着更深远的环境介入，更宏阔的创造可能。每每面对大尺度空间的挑战，那种重塑环境的强烈冲动便油然而生，令人沉醉其中、欲罢不能。

» 2018 年，从美院环艺系研究生毕业之后，我选择告别深耕了 13 年的环艺专业，转而投身城市规划行业，开始新的职业征程。如今七年过去了，回过头来看这段经历，环境艺术设计的专业特点，赋予了我能够适应城市规划领域的特质——其艺术性培养了我的敏锐感知和批判性思维，其工程性锤炼了我解决复杂系统性问题的能力，其开放性使跨学科知识的融合成为本能，而环艺专业的基本功则更加直接，让我能够快速地"依葫芦画瓢"，理解新领域的逻辑框架，从而迅速融入城市规划的专业语境。

» 在环境艺术人的精神谱系中，最令我珍视的，是骨子里那股不驯的批判力——它既流淌着艺术血脉中的反叛基因，又沉淀着专业磨砺出的环境思辨。当面对功能至上的城市规划时，我们既不能像艺术家那般任性挥毫，也不能沦为技术的奴仆，如何在规划的铁律与艺术的锋芒间走出第三条路？这或许正是批判型环艺人的终极命题——用叛逆的思维，建造不妥协的现实。

» 好在，城市本身就是一部部流动的批判史——它的肌理镌刻着对抗，它的空间孕育着辩驳，每一次规划都是对现状的批判，每一处更新都是对传统的再诠释。

我在 5 个"单位"染上"批判味"

» 我的"叛逆"性格，是在学习和设计实践中逐渐养成的，我将自己"染上批判味"的关键环节，锁定在五个"单位"：画室、美院环艺系、设计事务所、美院工作室、城市规划院。

» 如果没有高考之前的美术训练，我很难建立批判的审美。
» 如果没有大学阶段的混沌体系，我很难肆无忌惮地纳新。
» 如果没有事务所时的溯源求真，我很难触及"形"的本质。
» 如果没有硕士阶段的回炉再造，我很难快速扎进研究状态。
» 如果没有转而投身进规划行业，我很难察觉学科开放的魅力。

在画室——批判式审美

» 国内高考前的绘画教育和普通的基础教育很不一样。在高考前的绘画教育中，批判意识是被鼓励的，画室里推崇奇思妙想，甚至奇装异服也无伤大雅。这种氛围让青春期叛逆的孩子们很早就察觉到自己的特别之处，从而培养出一种难得的自信——而这种自信在普通中学生中间并不普遍。也正是这种成长经历，让艺术生们拥有了笃定地按照自己想法前行的不竭动力。可以说，环艺人的批判性有很大一部分来自这一早期的独立思考训练。

> ※ "艺术生们"是现当代中国的一种特殊人类，这既缘于他们精神需求方面的特别之处，也和他们有别于千千万万同龄人的求学路径相关。

» 绘画最大的特点在于，每一幅作品都是实实在在的创作成果，这就要求创作者必须建立起自己的艺术表达方式和创作理念。但从学画的一开始，必须经历的就是一场血雨腥风般的批判。先前掌握的、自以为是的审美标准几乎被全盘击溃，然后缓慢地、摸索着构建起新的来。基础绘画实际上是关于在白纸上构建完整叙事的训练方式，

2004 年 11 月，画室连老师带队，从熊岳到北京看印象派画展

对虚实、主次等关系的处理是突出重点的良方。如果把画画仅仅当成是对客观世界的描摹，就曲解了其本意。学画的过程更像是在学习一种通过主观意识解读世界的逻辑，像与不像，只是绘画里与真实世界重合的极小部分逻辑，不是艺术家们的终极目标。接受过这种教育的学生，会非常在意"我"的标准，他们的主体意识开始萌发。

» 在画室里，总能看到这样的场景：学生们会在画画过程中以及画完之后相互点评作品，浅尝辄止的评价往往不受待见，批判得鞭辟入里才能令人折服，然后被批判者将其转化为更新思想、创作更佳作品的动力。

※ 这应该并非普遍现象，绝大多数考前教育也都是一门心思追求升学率，玩套路的把式。所以听崔家华介绍的这段经历令我惊讶不已。这种景象和认知，许多名牌院校也不过如此吧。

只是往往还嫌别人的批判不够过瘾，还要自我批判，直戳痛点。在《环艺人》的前期交流中，我再次感受到了互相之间这种坦诚的互动。

在美院环艺系——开放的边界

» 环境艺术设计或许是美术学院中最具工程特质的专业。早期的画法几何课程像一把规训的钥匙，试图为艺术生打开理性思维的大门——这常让桀骜不驯者心生抵触，但后续课程的多样性终会给予补偿：从空间构成到材料实验，每门课都保留着艺术表达的出口，每项训练都暗藏认知突破的契机。那些曾被简单归类为"技法"的透视与轴测图，后来都显露出更深层的设计哲学。就像文艺复兴时期的建筑师们通过透视法则重构了城市和建筑理想，彼得·艾森曼则将轴测图的二维特性转化为三维建筑的生成语法——技法从来不只是工具，它潜移默化地塑造着设计者的思维范式。

※ 但凡技法均是有原理的，科学性原理最终会促成科学性思维方式。画法几何是空间的数学表达方法，它因精准而生动。

» 环境艺术设计的课程体系以基础课程夯实学生通用能力，通过平行展开的专业课程模块拓展专业素养。这种设置消弭了室内与室外的传统分野——从居室到城市形象，各类空间课题如平行宇宙般并列展开。每个设计课题都像一次急促的探险：尚未完全消化前一个空间类型的逻辑，就必须跃入下一个全新场景的挑战。这种跳跃式的课程架构塑造了环艺人特有的思维弹性：

※ 平行性课程设置有其蛮横的力道，它塑造出不屈的个性和宽泛的接受能力。这种训练方法对应了环艺人在现实中艰辛的处境，因此具有合理性。

面对开放的设计需求时，他们习惯在不同尺度、不同功能的空间思维中自由切换。看似碎片化的专业训练，最终在实践层面熔铸成一种跨界整合的能力——这或许正是环境艺术设计最本质的专业特质。

» 鲁迅美术学院环艺系的文增著教授在毕业设计指导时曾说过一句耐人寻味的话："我们这个专业最大的特点就是不求甚解。"这句看似自嘲的评论，恰恰道破了环艺教育的本质特征——一种建立在"知识广度优先"基础上的培养逻辑。

※ "知识广度优先"

这种教育理念的形成有其深刻的历史背景：在中国城市化高速推进的大建设时期，设计市场急需能快速应对各类项目需求的"全能型"设计人才。环艺专业正是为满足这一需求而诞生的，它刻意回避对单一领域的深度钻研，转而培养学生在建筑、室内、景观等多领域的快速适应能力。其教育智慧在于：先在学院中搭建广泛的设计认知框架，将专业深度的探索留给实践去完成。这种"先广后专"的培养模式，塑造了环艺人独特的知识结构——他们或许不是某个细分领域的专家，但往往是最擅长在不同设计需求间灵活切换的跨界整合者。

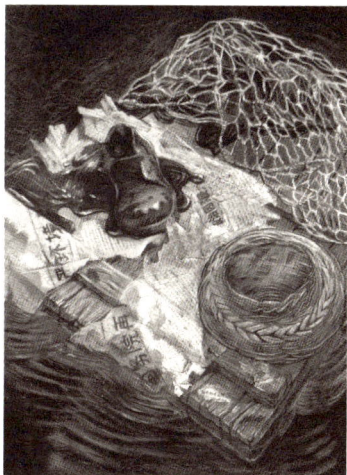

大一素描作业《渔者"凯旋"》——当时自认为带有"环境意识"的批判性作品

2010 年本科毕业时

2006 年，鲁美 2005 级环艺（2）班合影

在事务所——溯形而上

» 在室内设计中，装饰是个绕不开的话题，但当时能接触到的大多数室内设计都不太讨论装饰之中的逻辑，加上之前接受的现代主义思想，一开始，我对装饰并不感冒，直到在事务所跟随苏老师做第一个项目——民族文化宫的改扩建工程，其中关于室内装饰纹样的完整叙事和建构逻辑，对当时的我有着十足的震撼力。

※ 民族文化宫改造竞赛中，我带领团队击败强劲的对手，荣获优胜，根本在于团队对图案和政治及文化作出了具有说服力的逻辑推理，同时图案的应用层级对应了空间。从这一点来看，此次设计竞赛虽然较量的是图案，但实际上却是在寻找图案之间的理性规律。

在"为何如此"的讨论面前，那些"感觉对"式的装饰语言很难显现出说服力。装饰的叙事力量在军事博物馆改扩建工程等一系列后续项目里持续体现着，曾接受现代主义反装饰思想洗礼的我也逐渐放下了对装饰的芥蒂，开始慢慢理解后现代主义的装饰动机究竟为何。

» 追求精致和完美，是作设计的基本门槛，是每一个室内设计师必须具备的技能。但从事设计的经验告诉我，这通常就是

民族文化宫改扩建工程，2010 年

寻找自我突破的最大桎梏，就像文艺复兴所经历的一样，不来一次歇斯底里的放逐，很难让人从精致与完美带来的天然快感中走出来。在事务所的第二年，苏老师办了一场小规模讲座，题目是"当代设计师的野性证明"，

> ※ "当代设计师的野性证明"是针对学院式和商业性设计的腐朽的一种批判性宣言，本质上是对"唯美"和"套路"的质疑，同时也试图唤醒设计界对身体因素的重视。

其中对当代设计师的野性的解读，每每回味起来，都有不同的收获，常为我在工作中寻求想法上的爆发提供方向指引。

» 没有哪一种批判是以"鲁莽"取胜的，与"野性"作伴的，是"敏锐"。"敏锐"是带有时间维度的"细腻"——去捕获那些仅成立于此时、此地特质。眼睛是沉迷于视觉趣味的器官，日常看到的那些有趣的"细节"常常只是现象，"敏锐"则是针对现象背后本质的探寻。在 2014 年春天跟随苏老师设计的安徽省美术馆室内项目中，我学习到只能用形而上的思考才能破解形式谜题的方式，比如同是粉墙黛瓦，苏州民居精致细腻的城市小资情调，与皖南山水中民居的大开大合，精神气质完全不同。

» 苏老师的事务所往往保持着一种开放的氛围——在这里，思维的方向性远比机械的努力更重要。用身体的忙碌掩饰思考的惰性终将徒劳，但若找准认知的突破口，一小时的专注甚至可能迸发出几天的工作成效。这种专业训练本质上培养了一种"超越形式"的思考能力——它使人不囿于表象的塑造，而是直指空间组织的底层逻辑。也正因如此，我才能很快地从设计实践转换回学校的研究工作，也为日后从事城市规划埋下了伏笔。

回美院环艺系——"深挖洞、广积粮"

» 在我重返校园读研之前，不少前辈都提醒我，事务

当代设计师的野性证明
苏丹 2011.5 ★
MASCULINE
身体思想气质知识
力量技巧攻击抚慰
实践文本冒险因循
批评阿谀对抗接受
征服顺从革新传承
草创解读建设改良

苏老师 2011 年的讲座《当代设计师的野性证明》对"野性"内涵的解释

所的设计工作与学术研究截然不同，强调做研究需要严谨克制，甚至暗示我可能难以适应。然而，进入苏老师工作室后才发现，学术研究固然需要深度挖掘，但最初担忧的"社会痞性"反而成了无谓的焦虑——真正该警惕的，是学术视野的局限与研究锐气的不足。这段经历让我明白，设计实践的野性或许正是突破学术窠臼的珍贵养分。

※　同上。

» 苏老师的微信昵称是"宋江"，有挥旗、指明方向的意味，我猜他希望学生们都像梁山好汉一般，各怀绝技。苏老师从来不限制学生们的发展方向，并且鼓励大家跳出专业限制，从事自己喜欢的方向，因此，工作室的兄弟姐妹们在不同的领域活跃。苏老师的批判，抽离某种身份的界定，不局限于明确的专业和领域，视野宏大，涵盖社会、国际、人类等多个方面，增加了对世界理解的维度。

» 苏老师为我精心规划了跨学科的选课方案——除了专业设计课程，更要求我选修人文学院的"科技伦理"、社科学院的"集体行为与社会运动"等课程。

※ 设计教育中应当有精英式的训练模式，其中思辨能力至关重要，对影响和决定设计成败的基本概念，对方法和工具应用的范围和力度都要进行重新的再一次的审视。这就是社会伦理、技术伦理观念的开启，会使受教育者受用终生。

这些课程让我领略到多元学科视角下理性批判的锋芒。而苏老师主讲的"景观形态研究"则彻底重塑了我对"形态"的认知。这门课以形态为切入点，从自然、社会与技术的三维视角，探讨人类对空间的介入与干预，虽然以景观为主要载体，但研究边界始终开放。课程先通过经典案例追溯形态所反映的本质，再引导学生开展小组课题研究。十余年来，这门课孕育出无数从形态切入的深度研究，印证了"形态"绝非肤浅的表象，而是一个承载着复杂系统关联的认知维度。

» 在意大利的游学经历，让我真切体会到环境艺术设计专业在国际教育体系中的差异化特质。米兰理工大学的课程设置是典型的老牌建筑院校的方式，最直接的差异体现在课程节奏上：核心的 Studio 课程贯穿整个学期，试图以长周期模式培养深度思考能力，但其研究视角仍主要集中于室内设计范畴。颇具启示的是，在新兴的米兰新美术学院（NABA）的课程中，我意外发现了与环艺专业类似的教学模式——其跨学科的课程架构颇具实验性，在短周期的设计课中，既保持了专业深度，又展现出令人惊喜的视野广度。这种对比不禁引发深思：在设计教育国际化进程中，我们该如何平衡专业传统与学科创新的关系？

> ※ 和那些名声显赫的传统教育机构相比较，NABA 的训练体系是当代性的，这个学校汇聚了欧洲最具有思想和活跃度的一批教师，他们除了在课堂上采用开放性问题和综合性手段对学生进行训练之外，每个特立独行的教授还在学生心目中留下了背影。

在规划院——批判式融入

» 作为环境艺术专业的实践者，在参与城市规划工作时，我深刻体会到专业认知与现实诉求之间的张力。规划领域对环艺的理解往往在"视觉优化"层面，这种工具化的角色期待与实际的环艺内涵形成了鲜明对比。在实际项目中，我既感受到专业壁垒带来的局限，也愈发清晰地认识到：真正的挑战在于如何将艺术思维转化为可操作的城市语言——我们的空间叙事能力不应止于表面美化，而应成为连接功能需求与人文关怀的创造性纽带。这种认知差异带来的职业阵痛，恰恰推动着我重新思考环境艺术介入城市发展的方法论。

> ※ 城市规划所创造的生活美学虽是宏观的，但最终评价却是微观的，即环境美学的审美方式，让个体浸入到规划师主导的空间体系中，去创造，去共创，去生活。以环艺的视角介入规划是可行的，有效的。

» 两种专业思维也有着根本性的差异：环境艺术拥抱创作的不确定性，像培育有机生命般对待每个空间；而城市规划则追求系统性的确定答案，需要构建严密的逻辑闭环。这种思维方式的碰撞持续挑战着我的专业认知。更现实的困境在于尺度的跨越——从曾经熟悉的微观场所营造，突然面对数百平方公里的大地图景，那些曾经得心应手的设计语言突然失效。在反复的图纸修改中，最煎熬的不是加班本身，而是在方法论缺失状态下的摸索，就像在迷雾中寻找坐标系却始终找不到基准点。这种专业转型的阵痛，或许正是突破认知边界的必经之路。

» 经过这些年高强度的工作实践，我刻意通过多项目并行、跨专业协作的方式突破自身局限——每年同时推进多个项目，与不同背景的团队深度合作，这种"自我祛魅"的工作方式虽然带来异常忙碌的状态，却有效避免了专业视野的窄化。回望这段历程，真正产生实质影响的，还是那些融入环境批判意识的项目实践。有趣的是，在与景观设计团队的合作中，我发现自己展现出过度的"全面"了（在艺术语境中，"全面"往往意味着特质的模糊）。这让我不得不重新思考：在追求专业广度的同时，如何守住环境艺术最珍贵的批判性与先锋性？这个自我诘问，或许正是下一阶段突破的开端。

2016 年米兰国际三年展"移动的课堂"，清华大学、NABA 和 Domus 学院联合策展

细品环艺的 5 道醍醐味

» 在最初构思书稿时，我曾颇为自得于自己从室内设计转向城市规划的跨领域经历，认为这是一次颇具勇气的专业跨越。然而，在与众多环艺背景的同仁深入交流后，我才惊觉自己的所谓"跨度"在他们天马行空的职业轨迹面前简直不值一提，相比他们的大胆转型，我的专业路径保守得近乎乏味，甚至可以说从未真正离开过舒适区。这个认知让我陷入深刻反思：原来我一直在用过于狭隘的标尺丈量自己的专业版图，严重低估了环境艺术设计领域与生俱来的跨界包容性和可能性。这次顿悟让我重新审视所谓"专业边界"的虚妄性。

» 环境艺术的实践者们正在以多元化的专业姿态活跃在各个领域——这本身就是环艺学科生命力的最佳印证。当我站在城市规划的维度重新审视环艺专业时，那些曾经习以为常的学科特质反而显得愈发清晰可贵。有趣的是，这种认知并非来自所谓的"专业跳转"，而恰恰印证了环艺作为开放系统的本质：它本就没有固定的边界，又何来"跳出"之说？就像水融入大地，环艺的思维模式早已渗透进我的城市思考，在看似跨界的实践中持续生长。这种专业身份的流动性，或许正是当代学科发展的新常态。

» 环境艺术的思想内核呈现出独特的辩证结构，其本质特征可概括为五个维度：空间维度上体现环境整体性，方法论上保持体系开放性，思维深度上追求哲学批判性，观察角度上坚持先锋实验性，表达叙事上则拥抱大众话语体系。

环境意识——学科命名的暗示

» 环境艺术设计这一专业名称本身便蕴含着去中心化的空间理念，它超越对单一物象的关注，转而投身于更为复杂的环境系统建构。

※ 在传统的"环境"观念中，存在着一个主体，而环境则是分布在主体周围的相关事物之总和。它的对象是分散的，即环境设计对象具有不确定性和复杂

性。而当下随着我们自我革命的进行，主体也不复存在了。主体融化在整体环境之中，而环境即是整体。

相较于西方建筑强调单体造型的传统，东方建筑智慧更注重空间组合与环境共生，这种基因决定了环艺专业天然具备东方的、融入环境的创作动机。

» 苏老师在《当代艺术展览的空间因素》中揭示的当代艺术的环境意识颇具启发性。罗丹的革命性突破在于拆除雕塑基座，这一举动消解了艺术品与环境的界限，拉近了艺术与观者的距离。这种从神圣化到日常化、从权威性到互动性的转变，不仅预示了装置艺术的发展路径，更折射出当代艺术"祛魅"的本质——艺术走下神坛，成为与环境共生、与思想共鸣的有机存在。

» 在专业名称演变过程中，"环境艺术设计"到"环境设计"的转换值得深思。前者保留的"艺术"维度至关重要，它既包含主动设计的有为之举，亦蕴含顺应自然的无为智慧；而后者则可能将专业局限在功能主义的框架内，这种差异恰恰体现了东西方环境观的深层分野：

※ 这个转换已是历史公案，但它的"恶"正在发酵并产生严重的危害。工程、艺术、科学是环艺的三大支撑体系，去掉一个的学科结构已无法拥有"自生"的机制。

东方智慧追求"虽由人作，宛自天开"的境界，而西方思维更强调人为干预的必要性。

» 从本质上看，设计是解决问题的实践，而环境艺术设计的特殊性在于它要求创造性地解决问题。在当代语境下，创造性思维的价值可能超越问题本身——这种带有艺术特质的思考方式，正是专业保持生命力的关键。特别是在城市更新领域，当城市建设从增量扩张转向存量优化时，环艺专业不执着于终极完形的特质，反而能孕育出碎片化空间中的意外趣味。这些生长于城市缝隙中的创造性介入，或许正是对抗城市同质化的一剂良方。

开放体系——从"不求甚解"到"不设限"

» 文老师提出的"不求甚解",并非指浅尝辄止,而是环艺专业多接口思维的体现。它的价值在于:先广纳信息,再精准聚焦。这一过程可分为四个阶段:快速网罗信息,敏锐识别方向,深入研究深化,最终工程化落地。这种"开放→筛选→深化→转化"的路径,构成了环艺独特的价值输出方式。"不求甚解"的**本质**是开放体系,它赋予环艺快速抓取信息的能力,但深度挖掘仍依赖扎实的基础教育。美院学生的通病在于基础教育参差不齐,导致后期深挖能力差异显著。因此,早期思维能否被充分激活,决定了未来专业能力的上限。

» 环艺设计面对的是高度不确定的对象,因此方向选择的开放性比过早的专精更重要。

※ **要习惯开放,并在教育阶段培养其适应开放性的基因。**

这一学科没有"学科包袱",无论是个人经验还是集体智慧,只要有用,皆可吸纳。过去的环艺是技术层面的"八爪鱼",未来则需升级为思维层面的"八爪鱼",在保持广度的同时深化思考,随时准备切入新领域。学科的发展趋势是不断放大接口。传统上,环艺对接建筑、景观等相邻专业,但随着市场变化,它必须拓展至生态学、社会学、人类学、地理学等更广阔的领域。这种去边界化类似于当代艺术的思维解放,但环艺更聚焦于对环境问题的实际干预。

» 大建设时期环艺专业"啥活儿都能接"并非虚言,而是教育体系培养的必然结果。它的课程设置广泛而不深入,但从业者凭借经验积累,能迅速跨领域上手——雕塑、标识、空间装置,皆可驾驭。

《加莱义民》,奥古斯特·罗丹,1884—1886

关键在于：先快速拉广角捕捉信息，再用专业敏锐度锁定核心方向。当代艺术早已拆掉学科围墙，成为最无边界的思想领域。尽管有人批评它偏离传统，但艺术的本质始终是对当下的回应——从史前洞穴壁画到教堂宗教画，再到今天的装置艺术，无一不是时代的映射。环艺同样如此，它的生命力在于不断吸收新思维，并转化为环境设计的解决方案。

批判精神——基因深处的回响

» 环艺人源自艺术背景的批判精神，本质上是一种永不满足的创造性反叛——他们以艺术家的敏锐直觉解构既定的空间秩序，用画笔挑战钢筋水泥的霸权，将每一处墙面都视为需要被质疑的权力宣言。

这种精神根植于现代艺术的反叛基因，从包豪斯的功能质疑到大地艺术的生态觉醒，环艺人继承的不仅是形式语言，更是那种不断叩问"谁的空间？为谁设计？"的尖锐立场。他们用空间素描本记录主流审美的暴力，用模型推演资本如何塑造我们的行走路径，最终将艺术家的独立批判转化为设计者的社会责任——不是装饰既有世界的表皮，而是重新想象构建环境的可能性。这种批判不是书斋里的哲学思辨，而是必须直面施工图、预算表和用户反馈的实践智慧，在艺术理想与现实约束的张力中，磨砺出既锋利又可行的设计锋芒。

» 环艺专业"怀疑一切"的精神，是一种贯穿设计全过程的批判性思维范式。这种思维不仅质疑现有的解决方案，更从根本上挑战问题的前提和边界。环艺人首先会解构设计任务书中的"理所当然"——他们追问空间需求的真实性，考察甲方提出的功能要求是源于真实痛点还是行业惯性；他们挑战学科定义的边界，思考环境设计是否必须依附于物理空间，或是否能以非物质的维度重构人与环境的关系。在设计过程中，这种怀疑精神表现为对工具和方法的持续反思：参数化设计是否沦为数字形式主义？用户调研的数据能否真正反映复杂的行为模式？当涉及评价标准时，环艺人会质疑主流审美的权力结构，剖析"好设计"背后的文化偏见和商业逻辑。最具深度的怀疑则指向问题本身——他们将"如何设计一个广场"转化为"城市是否需要广场"，通过这种元层级的追问，揭示潜藏的社会议题和权力关系。这种彻底的怀疑不是虚无主义，而是通过不断叩问"问题的问题"，打破思维定式，在解构与重构的循环中，推动设计向更具创新性和责任感的维度发展。

清奇视角——"我"与"无我"并行

» 我选择从环艺转向城市规划领域，主要基于三个考量：首先，我希望借助更广阔的平台实现艺术理想，将美学理念融入城市；其次，我深受约瑟夫·博伊斯"人人都是艺术家"的思想启发，相信每个专业领域都能成就独特的创造性表达；最重要的是，我秉持社会主义价值观，始终坚信设计应当服务于大众福祉，通过科学的城市规划提升城市环境品质，让艺术真正走入城市生活。

» 关于艺术化的问题解决方式，我的理解经历了从"这幅画由我来画必然与众不同"到"这件事由我来做必定独具特色"的认识升华。这实际上体现了当代艺术的批判精神内核——在普遍不被看好的事物中发现独特价值。在设计实践中寻找"自我"，绝非简单地将个人风格强加于作品，而是将经过专业淬炼的个性化思考方式融入设计过程。

※ "专业淬炼"可以让"环艺人"不再泛泛而论，也不会因个人化而导致功能的破损。"专业淬炼"是品质的保证基础，它建立在一系列知识积累、工具使用、练习和实践经验的基础上。

思想是永恒的，而表现形式越是具体，距离思想的本真就越远。

» 这种"在平凡中发现非凡"的视角，与当代艺术追求创新的基因一脉相承。有趣的是，城市规划领域往往刻意回避规划师的自我意识，这实则构成了一种悖论。虽然规划界常批评建筑师在城市中表达自我，但规划失误却鲜有人问责——时间跨度长固然是因素，集体决策机制更成为责任分散的温床。然而，集体决策真能规避一个时代的局限吗？

» 我正在尝试的，是将思想化的自我意识，通过专业化的方式融入城市空间的重构之中。这种尝试不是简单的个人表达，而是建立在严谨的专业知识体系之上，将艺术家的敏感性与规划师的系统性思维相融合的过程。我始终相信，真正有价值的城市规划既不能是完全客观的技术操作，也不该是纯粹主观的艺术创作，而是要在两者之间找到辩证的统一。在这个过程中，我会将个人对空间美学的理解转化为可量化的设计指标，将对人性尺度的体察具象为功能布局的优化，将批判性的艺术思维升华为更具建设性的空间解决方案。这种"专业化的自我表达"不是要标新立异，而是希望通过独特的视角发现那些被常规思维忽略的城市可能性，在尊重科学规律的前提下，为冰冷的规划数据注入人文温度，最终实现既符合公共利益又具有创新精神的城市空间重构。

大众叙事——"说人话"

» 波普艺术以最直白的大众语言重构了艺术叙事的方式——它将超市货架上的罐头、好莱坞明星的脸庞、连环画中的气泡对话框这些消费社会的日常符号，直接转化为艺术的视觉词汇。安迪·沃霍尔用丝网印刷复制的玛丽莲·梦露，就像流水线上批量生产的商品，消解了传统艺术的高贵光环；罗伊·利希滕斯坦将漫画格子放大到画布上，用机械印刷的网点告诉人们：艺术可以像早餐麦片一样触手可及。这种创作刻意采用广告式的鲜艳色彩、工业化的复制手法、通俗文化的现成图像，彻底打破精英艺术与大众文化的界限。波普艺术家们不是俯身"教化"大众，而是平视着拾取大众生活中最熟悉的视觉碎片，通过艺术化的重复、拼贴与夸张，让人们在会心一笑中重新审视那些被视而不见的日常美学。这种叙事智慧让艺术从美术馆的白盒子走向了街头巷尾，用商业社会的视觉语法，讲述着属于每个普通人的时代寓言。

约瑟夫·博伊斯在巴黎，1985

» 在当下这个信息爆炸的大众传播时代，环境艺术设计本质上是一门精妙的叙事艺术，它必须遵循最朴素的传播法则——用最简单直接的方式"说人话"。每一个成功的环境设计作品，都是在用三维的空间语言讲述动人的故事，这个故事要让每个走进其中的普通人都能自然而然地读懂。设计师需要像嗅觉敏锐的侦探一样，捕捉那些能打动人心的元素，创造出让人起鸡皮疙瘩的叙事体验，而不是沉迷于自我表达或专业术语的堆砌。

> ※ 环境艺术的美学体验形式就是强调"浸没""进入"，即身体和空间环境的互动，这种互动既是被动的又是主动的，它是一个环境唤醒身体的愉悦过程。

» 传统规划常以"合理框架"为出发点，但过度依赖框架反而会扼杀创新。在与优秀规划师合作时，常常让我困扰的正是这种预设的条条框框——它限制了拥抱不确定性的可能，也阻碍了通过深入研究才能发现的反常识结论。新文化运动、媒体革命等浪潮已经证明，决策者越来越倾向于大众视角，这是全球趋势。我们要做的不是用经验主义束缚设计，而是用大众能共鸣的方式，让空间叙事真正鲜活起来。

将批判的环境意识送还给城市

» 城市的诞生和发展始终伴随着对现有社会、经济、政治或环境状况的批判性反思和主动改进。

> ※ 从另一个角度来看，城市即是一个超级复杂的人工环境，这个环境也是产生问题的机制，城市不断暴露的问题是其进步、演化的动力。规划、建筑、环艺因问题而得以存在，并不断寻找环境中的问题，解决之后才能进入和环境对弈的下一回合。这是一场无休无止的拳击比赛。

哥本哈根批判"汽车霸权"，对现代交通模式的根本性质疑，重新定义街道属于人而非机器；新加坡批判"自然与城市对立"，拒绝"钢筋混凝土森林"的宿命，用技术重构生态与城市的共生关系；深圳批判"增长至上主义"，拒绝"牺牲环境换 GDP"的发展逻辑，探索弹性规划和可持续城市化。中国古代城市的规划与建设虽多受礼制、风水或军事需求主导，但仍能体现出对前代或当时社会问题的批判：汉长安城通过对城市规模与功能的节制，批判秦代暴政，形成"与民休息"的典范；隋唐长安城的网格里坊和集中市场，是对"混乱无序"的六朝旧都的批判；北宋批判并破除唐代压抑商业活力的"里坊制"，建立"街巷制"，从而走向影响后世的开放街市。

» 在持续演进的城市批判思潮与具体规划实践中，我致力于将环境艺术的专业视角与个人思考相融合，探索批判性环艺思维在城市尺度的创造性转化。这种实践不仅拓展了环艺学科的边界，也是将批判的环境意识送还给城市，因为城市本就是批判的。

从设计环境，到顺势而为

» 自工业革命以来，人类建设能力实现了前所未有的飞跃。然而，工程规模越大，就越需要审慎权衡人工干预的限度——须以自然为本，在建设过程中充分尊重原有生态。

※ 任何规划都是一次人与自然讨价还价的过程，所以规划师人格需要分裂，因为他一方面代表人类和他自己，另一方面也是大自然的代理人。

任何过度的人工改造，都可能对自然生态系统造成难以挽回的破坏，类似的遗憾在近几十年的建设中比比皆是。这要求我们在大尺度的环境建设中，始终秉持"顺势而为"的生态智慧，在发展与保护之间寻求精妙的平衡。

» 2019 年，我在规划院首次作为项目负责人参与大兴国际机场周边的大地景观规划研究。如何在数百平方公里的土地上，系统构建机场周边的景观体系成为核心挑战。当谈及"大地景观"时，我常不免为能在广袤天地间挥洒创意而心潮澎湃，然而当这份雀跃涌现，批判的环境意识让我按捺下心头的激荡，让思绪沉淀下来重新审视。

» 在华北平原数千年的农耕文明积淀中，大地景观逐渐凝结成独特的空间诗篇。大兴机场所在的京畿地区，其网格状的农田肌理堪称人地关系的典范之作——南北朝向的农田肌理、防风林带的生态智慧、因势利导的水系脉络等，共同构建了一个融合生产效能与生态韧性的农业景观系统。这既体现了"道法自然"的东方智慧，又展现出令人惊叹的形式美感。从高空俯瞰，这些交织的田垄林网犹如一幅巨型画作，其不经雕琢的几何韵律，竟与现代抽象绘画的构成美学不分伯仲。"大地连途、平田万顷"的壮阔景象，正是华北先民与自然对话千年留下的生态杰作。

» 同时，受北京主导风向影响，大兴机场的飞机多南进北起。当飞机以3°俯角由南进近时，同为南北向的农田林网在相对运动中形成流动的线性景观；而当飞机以16°仰角向北起飞时，快速抬升的视角将网格状农田转化为一幅徐徐展开的立体画卷。特别值得注意的是，起降航线与林田肌理保持同向，当飞机近地飞行时，整齐的农田与林带在舷窗外流转如梭，宛如一场"大地琴弦"与"钢铁羽翼"共同演绎的时空之舞——象征未来的飞机起降特征与千年历史的农耕肌理形成了独特的视觉交响。

※ 这个思路很特别，让规划具有诗性，首先规划者得有诗意。这种美好的欲念，是一切枯燥、刻板转向灵动和优美的根本。

» 有了这样的判断之后，接下来的设计工作便是无比自信地修复破碎的林田肌理，因为没有什么比这个更自然、更历史、更接近大地的本意，同时又更契合机场未来的图景。我惊诧于自己居然可以保守得如此批判！

» 北京城北倚燕山如屏，南展平原似卷，呈"北收南展"的空间韵律。在这一宏观图景中，大兴机场造型舒展的航站楼与跑道，既延续了千年古都的中轴线，又完美融入永定河畔的平原肌理，从而构成了一套完整的空间叙事：让大兴机场成为展示华北平原人居环境之美的国家门户，使现代航空枢纽与传统农耕景观在"北收南展"的首都城市格局中和合共生。

大地之形，不止于形

» 自大地景观研究伊始，我始终保持着对大地肌理的敏锐感知——从解析景观形态入手，溯源其背后的自然与人文逻辑，最终将其转译为未来城市的空间语言。正是这种与土地对话的环境哲学观，为我的规划实践提供了独特的方法论：让城市如同自然生长般，与其环境基底共生息。这种从景观形态切入研究并快速形成判断的方式，在许多规划同行看来或许过于直接，甚至略显冒进。下文将以太湖流域多尺度规划实践为例，展现我如何在不同尺度中坚持这种"以形为始"的思考路径——即使它可能不符合传统的规划范式。

30000 平方公里看湖链

» 太湖流域河网如织、湖泊棋布，流域水系以太湖为核心，上游主要由西部山区水系及洮滆平原水系构成，下游以密集的平原河网为主。回溯至第四纪更新世末，太湖流域呈现完整的古海湾环境。此前由于流域地势平缓、水流缓慢，因此很少有人提及上下游湖体水质的强关联度。在现代和古地形的基础上，我以湖为主体，提出"太湖流域核心湖链"的概念：上游为滆湖、洮湖，中游是太湖，下游为阳澄湖、金鸡湖等湖群，形成一条西北 – 东南向、与长江并行的水系廊道。从流域生态治理的角度看，"湖链"上游的洮、滆两湖人口密集导致污染累积，直接影响太湖水质，因此应当是流域治理的关键区域。由于这是完全基于景观形态作出的判断，所以当时受到很多规划同仁的强烈反对，但在随后的生态论证中，流量和水质等微妙的参数变化均指

华北平原的大地景观肌理

向这一判断。要知道，如果没有形态作先导支撑，微妙的参数变化是很难仅通过数据比较得出关联结论的。因此，在常州"两湖"战略规划中，团队提出将湖链间区域作为生态控制区限制城市开发。

200 平方公里看圩岸

» 通过对长荡湖的深入研究，我发现沿岸分布的人工圩塘系统仍保持着原始的自然肌理特征，且呈现出显著的空间分异性：西岸圩塘呈渐进式向湖心延伸，东岸圩塘则呈现细胞状分布格局，源于农田的改造性开挖，而南岸圩塘在保留河港入湖自然格局的同时完成了滩荡改造。这些圩塘系统本质上是当地居民长期生产活动中形成的适应性景观，体现了人地关系的渐进式调适过程。值得注意的是，两湖区域保存如此完整的漫滩系统在生态学上具有特殊价值，作为水陆交错带发挥着重要的生态过渡功能。然而，这些专业判断必须建立在细致的景观形态分析基础上——脱离形态特征的圩塘研究将丧失其本质差异的辨识度。这也解释了当前"退圩还湖"工程存在的根本性问题：将多样化的圩塘系统简单划一地改造为开阔水域，不仅违背了区域生态本底特征，更将对太湖流域整体生态系统造成难以估量的负面影响。

5 平方公里看河湖

» 常州宋剑湖的城市化进程呈现出典型的价值认知冲突：村民将相对较宽阔的带状湖体打断、改造成鱼塘，决策者们则认为其因水面规模太小而难以形成有特色的城市景观。面对拓宽湖面的规划压力，我从湖体的特殊形态切入，提出宋剑湖独特的枝状水系构成其空间基因的核心价值——宋剑湖实为"河湖"，湖体枝状延伸的拓扑结构，融合了河流的线性特征与湖泊的开放性特质。进而提出首先以疏浚"直荡"主河道为切入点重塑水系骨架，再延续"因水成市"的传统水乡智慧，与枝状水系联动布局高品质创新区城市组团，并构建弹性水文系统，通过季节性水位调控，在雨季重现"发水出蛟"的历史景观。这一认知从形态切入的转变，成功推动了从"规模扩张"到"品质重构"的规划范式转型，使宋剑湖通过精准的空间干预重获新生。

大，还要更大

» 在河南襄城县的规划调研中，四座古城门的匾额令我震撼——东门书

"风传东鲁"，南门为"汝水通津，襟山带河"，北门有"瞻望京阙，北通燕赵"，西门是"××眺嵩，西扼陕川"。这些镌刻在城墙上的地理宣言，展现了古人营城的宏大格局：

※ 文化语言中的地理折射出古人营建城市时的地理观念，涵盖了交通、政治、军事、文脉等多方面的考量和权衡。这种宏观性的、讲求均衡的智慧应当在当下的规划中予以传承。这种选址和营建活动中的空间观对今天依然有巨大的启发。

他们以城门为坐标，将县域空间纳入整个中原文明的脉络之中。这既让求"大"的我在历史长河中觅得知音，更促使我反思自己还是时常受制于行政边界、地理要素等视野局限——规划从来都需要有将城市置于区域文明坐标系中思考的能力。

» 在江苏东台滨海战略规划中，时间维度给了我更深刻的启示。黄河夺淮的生态影响跨越八百年时空至今仍在延续，宋代以来，东台的海岸线持续向海推进——这种沧海桑田的巨变让我意识到，城市规划必须建立在大历史观的坐标系中。从环境艺术擅长的形态认知出发，我逐渐构建起融合生态演进与人居发展的动态框架：城市不是静止的容器，而是参与自然演替的有机生命体。

※ 自然也是伴随着时间轮转而发生着变化的，风和水即是最为重要的动因。

海洋之森——流变的生命体

» 在南京大学张永战教授的学术指导下，我们对滨海生态系统的认知实现了质的飞跃，这种跨学科的视野拓展让我开始以更宏大的时空维度重新审视城市规划的本质。江苏东台条子泥湿地的"潮汐森林"景观，实则是多重时空尺度共同作用的杰作——在空间上受20万平方公里海域的潮汐动力塑造，在时间上可追溯至1194—1855年黄河夺淮带来的泥沙沉积，经东海与黄海双潮波系统持续雕琢而成。这片充满生命律动的潮沟体系，至今仍然保持着动态演变的自然本性。

» 然而近年来的快速围垦工程粗暴切断了潮沟脉络，不仅导致"潮汐树"大面积消失，更可能激活处于衰亡期的古潮沟，引发难以预估的生态连锁反应。我逐渐认识到：海陆边界本质上是动态的生命前沿，简单拆除堤坝或固守现状都非明智之举。基于此，提出"动态共生"的修复策略：通过模拟自然潮汐节律，重建泥沙输移与植被演替的生态过程，让新生的海岸线既能延续"向海生长"的自然禀赋，又能为生物提供可持续的栖息地。

» 这一实践也对传统保护理念提出挑战：当大地在潮汐作用下持续生长时，固化的自然遗产边界管理是否持续合乎时宜？

　　　※　可持续规划理念即蕴含着运动和发展的时空观念，和大自然的律动保持和谐，才能做到真正的可持续性。作为百年大计、千年大计，城市规划需要建立这样的动态环境观。

条子泥的案例启示我们，真正的生态智慧在于读懂自然的语言，在动态平衡中寻找人地关系的永恒之道。

地球之灵——物种的中转站

» 条子泥湿地生态价值极高，作为东亚–澳大利亚候鸟迁徙路线（EAAF）这一全球受威胁最严重候鸟通道的核心枢纽，维系着包括极危物种勺嘴鹬在内的17种IUCN（濒危物种）红色名录物种的生存。这片独特的潮沟生态系统不仅为全球仅存约500只的勺嘴鹬提供了半数个体的重要栖息地，更孕育着丰富的底栖生物群落，构成滨海生态的关键基石。然而，随着滨海湿地持续退化，候鸟被迫改变万年演化的迁徙路线，鱼类溯游通道也被密集的养殖塘坝阻断，导致整个滨海生命网络面临分崩离析的危机。

» 面对这一挑战，我们提出"经纬共生"的生态修复理念：通过重建鱼类溯游水网与修复鸟类栖息林网，编织"双网织碧锦"的生境网络。这一策略既为勺嘴鹬等旗舰物种预留迁徙廊道，又确保底栖生物获得繁衍空间，最终实现"陆海展灵境，两海汇桑田"的生态愿景——在陆地和海洋之间展开的滨海地带，以及东海、黄海潮波交汇冲积而成的新生地带，每一条生命都能在这片动态海岸找到属于自己的生存坐标。

» 这一创新实践以水网为经、林网为纬，将环境艺术的创作维度拓展至生态修复的宏阔画布——在数百平方公里的尺度上重构生命网络，为全球滨海生态系统的韧性治理提供了创造性范式。

人居之境——动态的共同体

» 在沧海桑田的变迁中，海岸线见证了一场跨越千年的共生之舞。宋代先民筑范公堤并煮海为盐，明清时期黄河夺淮带来的泥沙将海岸线向东推移 60 公里，开启了废灶兴垦的新篇章。新中国成立

常州宋剑湖水体变化情况示意图

后，人工促淤让海岸线又向东延伸 10 公里，盐碱地上崛起的黄海森林公园与生态养殖基地，诉说着人地关系的又一次转型。然而，硬质化的围垦工程正在割裂这种微妙的平衡——潮间带失去了自然的韵律，人类与海洋的对话被混凝土阻断，世界级的潮汐森林景观在开发中渐渐模糊。

» 面对这一挑战，我们构想了一个时空交叠的共生未来：在城市，生态旅游集群将重新连接人与海洋，打造具有国际水准的深度体验目的地；在乡村，湿地康养、森林疗愈与渔村文创将编织成多元共生的网络。这不是简单的退守或前进，而是在读懂自然韵律的基础上，寻找一条让发展与保护共舞的新路径——让新生的海岸既能延续千年的共生智慧，又能谱写属于这个时代的生态乐章。

» 因此，当环境艺术纳入时间维度考量时，人居环境设计必须建立相应的动态响应机制——这种时空交互的规划思维，正是大尺度空间设计的核心要义。

敬畏自然之律，无畏纠错之勇

» 至今未曾踏足过石家庄的我，却有过在短短七日内，凭借技术分析阻止这座省会城市向滹沱河河床不合理扩张的经历。

» 滹沱河，这条被历史称为"恶池"的奔腾之河，其"善崩、善决、善徙"的特性早已铭刻在华北平原的记忆中。↘

> ※ 古人总结的滹沱河性格，是由地理环境决定的，降雨量、地形地貌、地质条件等都是铸造"恶池"性格暴虐的成因。这不仅仅存在于历史中，也存在于当下和未来。

从明清时期屡治屡败的治水尝试，到李鸿章"直隶之水以永定、滹沱为最巨"的慨叹，无不印证着这条河流的桀骜不驯。太行山东麓特殊的地质构造塑造了其狂暴性格：上游陡峻山地与下游平缓冲积扇形成的巨大落差，加之全球气候变化带来的极端暴雨，使其成为华北最不稳定的水系之一。河道千年摆动形成的南岸砂砾石地质层，与石家庄主城区地质单元的鲜明对比，无声诉说着自然之力的伟岸。新中国成立后的人类治水工程彻底打破了这条河流的天然韵律。1958年，岗南、黄壁庄水库的建设虽然制服了短期水患，却使下游河道陷入长期断流。通过时序影像分析，我清晰地看到：20世纪60年代农田开始蚕食干涸的河床，七八十年代采沙与建设活动加剧，到90年代，河道已六年无水，城市建设大举入侵。这些影像揭示的不仅是地表变化，更暗示着被忽视的深层风险——极端气候下的暴雨威胁与被掩盖的地质隐患。

» 面对这一复杂局面，我通过卫星影像与地形分析，识别出具有不同地质稳定性的台地：高台区为历史稳定河岸，低台区为摆动河道。↘

> ※ 科学手段介入环境分析将是未来环艺学科的重要手段。20世纪晚期环艺的浮现是工程与艺术结合的结果，而它的未来将积极地拥抱科学，这是环艺的必由之路。

基于这一认知提出的"三台五岛"方案，否定了盲目滨河开发的思路，为城市与河流的共生提供了空间框架。这种快速响应的技术干预，在中规院时有发生，如1987年，深圳机场最初选址几乎确定在今天的深圳湾白石洲位置，但在国务院民航工作会议上，中规院向总理及与会各部门力陈利弊，建议机场改选在黄田（即现今的宝安机场位置）。中规院的这一建议最终被采纳。这一决策转变基于对城市可持续发展和环境保护的长远考虑，避免了深圳城市布局的重大失误。

» 这两个跨越时空的案例共同诠释了规划的本质：真正的专业判断应当超越当下局限，在动态变化中把握永恒规律。从环境艺术的视角看，河流的本质在于流动，人为截流虽然改变了地表形态，却无法改变其深层的地质逻辑，任何固化其状态的尝试都终将付出代价。

> ※ 环艺的再出发就是要增强环境意识，并且先要加深对"环境"的认知，要意识到环境的崇高、伟岸、神秘、永恒，需要谦卑地承认人类设计、工程的局限性。

通过现代影像技术，我们得以解读华北平原上细微的高程差异，这些自然的密码比任何主观判断都更为真实可靠。石家庄的未来，不在于与滹沱河的对抗，而在于让城市与自然在动态平衡中找到永续共存之道。这次未临现场的干预经历，让我更加确信：优秀的规划，始于对自然规律的谦卑认知。

当谈及"公共空间"时，我们在谈什么?

"社区"——社群的庇护所

» 我对"社区"与"社会"概念的理解，源于苏老师景观形态研究课程中的启发——社区是具有共同价值认同的群体空间载体。

> ※ 这段文字中提到的课程是我在清华美院讲授了近二十年的一门课程，授课方案包括讲授、讨论、调研等环节。其中，注重引导学生思考讨论最为基本的一些"概念"，比如文中所提及的"社区"。讨论会使学生的认知进入深层次，这对于学生未来设计贴近本质具有深远影响。

» 从这一视角看，小区是社区的一种具体形态，但社区的内涵远超物理空间的居住单元。"社区"是人类文明最温暖的容器，既是物理空间的聚落，更是精神归属的坐标。它如同社群的庇护所，以街道为脉络，以广场为心脏，在钢筋水泥中编织出人情往来的网络。真正的社区超越地理界限——清晨菜摊的寒暄、邻里钥匙的托付、树下棋局的欢笑，这些细微的日常仪式共同构成了抵抗现代性孤独的堡垒。当数字洪流冲击社会肌理时，良好的社区空间就像古老的榕树，既提供遮风挡雨的实体荫蔽，又以共同记忆的根系滋养着群体认同感。它既是孩童蹒跚学步的安全边界，也是游子乡愁里的月光坐标，在快速城市化的浪潮中守护着"附近"的温度。

» 在成都，这种社区精神与河流紧密相连。都江堰流淌千年的水脉，早已写入这座城市的基因。即使三米宽的小河，也承载着成都人骨子里的亲水情结。我们在太平寺机场片区和成都影视城的规划中，延续了"因水成势"的古老智慧——让城市组团顺应水网自然生长，将川西林盘的生态基因转化为现代空间语言。然而，随着城市发展，许多小河变成了内向的水道，失去了组织社会场景的活力。在成都影视城的设计中，我们重新唤醒这些水脉的价值：自西北向东南的水网不仅划分出建设区与乡村产业组团，更通过滨水场景的创新设计，实现了从农耕景观到现代功能的诗意过渡。这种规划既尊重了成都"水城相融"的人居传统，又为影视社区注入了新的活力。

» 河流不仅是自然要素，更是社区形成的纽带。现在的挑战在于：如何让这些流淌在城市中的血脉，重新成为连接人与人、过去与未来的生命线。成都的实践告诉我们，好的城市设计应当像都江堰一样，既遵循自然规律，又创造人文价值，让水流继续书写这座城市的社区故事。

成都影视城——营建滨河场景，链接"公园影都"

公共空间与城市更新刍议

» 作为一名坚定的社会主义者，我始终认为公共空间的本质在于其社会属性：不仅是权属意义上的公共领域，更是能激发公共活动、促进社会交往的活力载体。

> ※ 公共空间不仅是一个空间形态的指称，表面的开放性只是其最基本的特征。要深刻理解"公共"的多层次含义，要意识到空间对人的行为模式塑造的反向作用。从这个意义上来看，空间不仅仅是社会的容器，也是社会建设的发生器。

评判公共空间优劣的标准很简单：不在于"花枝招展"的表象，而在于是否真正激活了市民的公共生活。基于这样的认知，自2024年起我陆续参与了北京多个公共空间项目，并成功中标数个重要案例。作为连接政府与社会的技术纽带，我先后担任东城区永定门外街道、大兴区魏善庄镇和东城区崇文门外街道的责任规划师，深度参与基层治理实践。在西革新里、崇外、青龙等项目的公共空间营造中，始终秉持"为大多数人谋取公平城市环境"的社会主义规划理念，通过空间设计促进社区交往、增强邻里认同，让公共空间真正成为培育社会资本的孵化器。这些实践让我更加确信：优秀的公共空间设计，必须超越物质形态的雕琢，直指社会关系的重构与公共生活的复兴。

> ※ 形态研究课程中，约瑟夫·博伊斯是一个重要的内容，特别是其"社会雕塑"理论。看来这种启发已经打开了学生们的设计思路。

» 环艺专业背景的城市更新实践者，因其独特的跨界视角而展现出特殊优势。他们既具备艺术设计者对空间美学的敏锐感知，又拥有环境学者对生态系统的深刻理解，这种双重素养使其能够超越一般的技术理性，在物质空间改造中注入人文温度。环艺训练培养的形态思维能力，让其善于从场地肌理中解读历史文脉与社群记忆，将看似陈旧的建筑元素转化为承载集体认同的叙事载体；而对材料、光影、植被等环境要素的专业把控，又能将生态理念转化为可感知的空间体验。更重要的是，环艺教育塑造的系统观照能力，使其在城市更新中既能着眼微观场所的细节营造，又能统筹宏观尺度的功能重组，在保护与发展的张力间找到创造性转化的可能。探讨深层的"空间转译"，这种兼顾物质环境改善与社会关系再建的复合思维，正是当下城市更新最需要的专业素养。

结语

» 当前城市建设正经历转型阵痛期，粗放式的蓝图规划已成过去，精细化实施成为新常态。这恰与环艺专业的背景形成奇妙呼应——当城市更新聚焦公共空间重塑时，环境艺术的基因更能让我以"微观体感"衔接城市的"宏观格局"。

» 另外，在 AI 重构设计行业的当下，基础技术门槛的消弭恰恰凸显了人文价值的不可替代：未来的核心竞争力在于用批判性思维解决复杂问题，用创造性视角重塑空间叙事。这正是环境艺术背景者的优势所在——我们擅长在"艺术感知"与"工程逻辑"、"个体关怀"与"系统思维"之间自由切换。

» 同时，学科壁垒的消融正在催生新型专业范式。与其固守传统技能，不如保持"专业游牧者"的开放心态：

※ 环艺学科的边界是动荡摆动的，这是时代的需要，而每每新生成的边界总是社会新能量积聚之地。这些领域是新的"战场"，是环艺人新的用武之地。而每一次的迁徙，也进一步充实着专业的内核，即我们"通收一切，永无止境"。

今天以艺术家眼光审视空间情感，明天用工程师思维优化功能空间；时而哲学思考人地关系，时而具体推敲建造细节。这"弹性认知"恰恰是应对不确定未来的最佳姿态——当所有既定经验都在失效时，跨界融合的思维能力将成为破局关键。毕竟，未来新的课题都尚未有标准答案，而我们的价值，正藏在这种"无界思考"的创造力之中。

崔家华

2025 年 4 月 19 日完稿于北京

韩文文

中国建筑设计研究院室内空间院副院长
室内空间院四所副所长
教授级高级工程师

2001—2006 北京工业大学建筑学院 建筑学系 获建筑学学士学位
2007—2009 清华大学美术学院 艺术学硕士
2009—2025 中国建筑设计研究院

中国建筑学会室内分会理事
中央美术学院校外导师

筑象成境

——走在创造美好生活的 路上

设计院中的大生产

» 室内建筑师韩文文曾是我的学生，她毕业后的十几年里，我对她的职业情况知之甚少，但近两年来听到越来越多的来自同行对她的赞誉倒让我开始关注其工作状况了，因为学生工作出色，曾经的导师自然也有几分自豪。

» 她此次的成绩汇报应当说是非常华丽的，在并不长的十余年时间里竟然完成和参与了近200项工程设计项目，而且这些项目看上去无论品类或是规模还是完成程度都令人赞赏。由此我开始重新审视老牌儿国有设计院这样的生产机构之所以强大的问题。

» 曾几何时，历史悠久、兵强马壮的国有设计院，大多在室内设计领域的传播系统中逐渐淡出大众的视野。首先，这种体制内的机构不太会鼎力推举个体，它强调的是整体的配置和协作能力；其次，它的价值观在于技术标准的制定和推广，而非网红效应和视觉属性；最后一点是令人生畏的，那就是作为设计生产机构，工作量是一个衡量个体的重要指标，所以大院的式微反而在于它的朴实和扎实，在于它的"与世无争"般洒脱。在这样的机构之中，每一个个体都会得到货真价实的千锤百炼。

» 但是，当平实的个体偶遇朴实和扎实的国有大院时，只要他（她）有足够的耐心和超强的韧性，这些个体的成长速度绝对是令人叹为观止的。大院里繁重的工作量是其中个体质变的诱因，这变化虽然缓慢、沉着，但那种成就和荣耀又仿佛突如其来，让一个朴实无华的设计工作者迅速走红。所以说国有大院自有其骄傲的资本和可爱之处，因为轰轰烈烈的大生产所创造的那种炽热的氛围，对于个体的铸造具有无比强大的功效。

» 大型设计院是典型的现代化生产性机构，它的部门规划和岗位设置都是严谨又精确的，如同一部品质优良的机器，其中每一个齿轮都是高品质的，唯有此，这部机器才能高速运转，发挥出令人生畏的效力。同时这种机构也需要大量的永不生锈的螺丝钉，可丁可卯完成本职工作。技术集成、工艺汇总、质量把控制度、空间设计完成度这些特质是空间类工程美学中必不可少的。再加上这种大机构善于把握大项目的原因，逐渐形成了一种大院项目的美学类型。

» 一般来说女性设计师驾驭这种美学不太容易，需要付出更多的努力。但我看到韩文文在大院中做得很好，这也说明其性格很适应设计院这种设计机构的工作方式。尽管在她的自述中似乎有诉苦的嫌疑，但是认真阅读上下文并浏览那些闪闪生辉、大放光芒的工程图片后，我们都会发现这种表面上的诉苦实乃透露了一种骄傲的心迹，她俨然已经是一片精确的齿轮，随着大生产的节奏在运作，既是一个被带动者，又是一个带动者。她的作品已经具有了"大院"的美学特征，那是一种技术美学和工程美学浸染中散发出来的光泽。

» 读书的时候，韩文文曾跟着我做过两个项目。第一个是环艺系工坊空间改造成阶梯教室的小型设计，那是一个功能性很强的项目。空间要从平坦空旷的形态改造成为地面逐渐升起的阶梯形，要保证视线的连贯性，同时还要兼顾它的"反覆"利用。她在这个项目中的表现让我意识到她所具备的工程设计的素质。这一点相较于美院大多女生，是一个非常明显的优点。另一个项目是她和另外三个学生随我参加上海双年展，虽然获得了唯一的最佳创意奖，但整个过程并不顺畅，因此在硕士毕业的时候，我支持她选择中国建筑设计研究院，我坚信她的品质和大院的品质是般配的，一定会修成正果。

苏丹

2021 年 5 月 7 日

北京·清华园

入门

» 学习建筑的初衷，源于我与强烈希望我从事与艺术相关职业的妈妈的折中选择。

» 20世纪70年代，妈妈是眼镜厂的工人，后来因为热爱绘画，就成了厂里的美术师，在没有任何设计教育背景的情况下甚至开始设计眼镜造型或者在全国各地的展会作展示设计。再后来有机会，她在职进修了中专、大专，最后在中学成为一名美术教师。她所在的中学是区里垫底的差学校，但真的会有一些艺术感觉相当好但家境和学习都跟不上、被其他老师放弃的学生，这时候，妈妈就会竭尽全力辅导他们，有几个甚至考上了当时的中央工艺美院。

» 可能是自己被艺术救赎同时又帮助了其他人，尽管绘画水平有限，但她对艺术是虔诚的炙热的。所以从小学三年级开始，她就让我练习素描，她非常希望我能从事与艺术相关行业的工作。但对于画画这件事，我一直都是非常被动甚至可以说有点不情愿。我从小好动不好静，最自在的事情是在由生活用房与厨房以及二者之间的室外"客厅"同为单元、横纵生长构成的空间矩阵中——爸爸工厂宿舍区与背后当地农民的田地里奔跑穿梭。夏天聆听田野里水渠灌溉干涸土壤的哗哗响声与喝到水时"滋滋"的土壤"叫声"，冬天在一望无际但脚下全是玉米秆硬硬的根子间奔跑：这些都让我痴迷不已。而工厂宿舍就更有意思，在平面上面对面设立的居住空间与厨房空间阵列成串，而它们之间的室外"客厅"兼通道，看似不太合理——在生活上也非常凑合，但却形成了一个非常热闹的公共空间，

※ 空间的规划和设计是主观性的，但在现实中它的状态不一定是按照计划而来的。使用权交予到使用者手中后，是他们说了算。我想韩文文所描述的两排平房之间的空地，或许是为了给住户晾晒衣服用的，但在孩童们眼中却成了撒欢儿的乐园，并深刻地镌刻在他们生命的记忆之中。

每天饭点儿，各家人穿梭在起居室与厨房之间，炒菜声夹杂着嬉笑怒骂声，热气腾腾非常有趣。而在平时，尤其是下午没课放学在家，整条胡同便

成了几个孩子的院子，窄长方形的蓝天白云，既近在头顶又好像永远遥不可及的美梦。这可能是生命最初"空间"对我性格的影响和塑造。

» 搬到楼房之后，对门姐姐是个学霸，后来她考上了清华建筑系，随后又读了哈佛大学建筑系。于是建筑学这个文理兼修、动静皆宜的专业满足了我和妈妈共同的诉求。而且"建筑师"这个身份本身也充满了魅力，有种莫名的精英感。填报志愿时，因为是女孩，父母不让我去外地上学；在北京当年以我的成绩比较符合的学校是北京建筑工程学院（现已改名叫作北京建筑大学）和北京工业大学，我在填报志愿的最后一刻选择了后者，最主要的原因是在我小的时候，爸爸为了激励我好好学习，曾经跟我说过大学里都有天鹅湖，所以就算没有天鹅湖，我也很难接受一个大学竟然基本上是围绕着操场而建、基本和高中的空间构成格局相似的事实。

※ 大学里都有天鹅湖的说法，不仅励志，还有环境美学意味，比"书中自有黄金屋"的传统说教高级。

现在看来的确非常感性而且幼稚，但对于空间的想象又一次影响了我的人生。

» 考上北工大之后，对绘画没有兴趣成了我作为建筑学专业学生心头的一块大石头。因为感觉建筑师首先要画得一手好画，这是基本功。直到上研究生后某天下午一个同学给我展示他儿时得意之作时，苏老师突然轻轻地说了一句："这篇可以翻过去了，设计其实和绘画没有直接的关系"，我当时心头多年的大石头豁然落下。我在心里很感谢苏老师。

※ 现代设计教育注重理性思维训练，注重团队合作，不再过度倚重个体全面而又卓越的能力。并且"画画"并不能代表艺术天分，也不能代表艺术方法的全面。很多设计专业的人在"画画"上寄托了太多的希望，这在我看来是一种"迷失"。

» 而有关绘画的另一个事让我感悟很深。大一去山西雁门关写生的时候，有一天到了写生地点已接近傍晚，同学们都着急赶在夕阳下山前画上一幅，但只有一个同学（陈振江）坐在一段老城墙上发呆。当时我们美术基础课的朱岩老师路过时，分别看到了努力画画的我们和坐在城墙上的陈振江，我心里还想，这不得批评一下他偷懒呀！结果在晚上例行点评作业的时候，朱老师说："陈振江今天坐在墙头，是在'养'，有时候也不着急画很多。"他说的话很有深意。夕阳古村，城墙上坐着一个体察古今岁月流淌的青年的画面，让我意识到空间是要体会的，除了五感还有时空的感受；对空间场所敏锐的感知力，也是建筑师的基本功。

> ※ 感知场所的能力是一种素质，可以通过训练加以培养。写生、调研、踏勘都是一种训练方法。

同时他让我放松下来，认识到绘画是一种情绪表达，当没有足够情绪的时候就可以不表达，当然这也受制于技法水平——如果天然对绘画没有兴趣的话也不必逼迫自己一定要用这种语言。北工大的朱岩老师虽然不是什么知名画家，但他对于我们这些刚踏入设计门槛、艺术造诣颇浅的非艺术类理科生来说，有着极其重要的作用。他用自己的方式鼓励我们，让那些之前不会画画的同学也有学好这个专业的信心。

从绘画到空间

» 本科就读于北京工业大学建筑学院建筑系、硕士求学于清华美院环境艺术设计系，按说是标准的学院派和"肆意"扯不上关系。但回顾本科的课程设置与学习状态以及随后跨专业的求学经历，确实呈现了一种强烈求知欲下的茫然与突围。

» 课程设计的核心是贯穿五年的设计课程，包括大一的建筑初步，从大一一直延续到大五每学期两次的设计课，以从基本的工程制图、绘画到专业化程度越来越高的

大一雁门关写生（后排左一朱岩老师，右二陈振江，第二排左一韩文文）

建筑历史、建筑构造、建筑物理、建筑声学等的知识技能课为填充；另外是一些艺术选修课程比如艺术史、摄影等。知识技能课程除了建筑史之外都比较枯燥，从建筑基础到屋面防水，从二力杆到悬臂梁，从声学实验室到测绘高程，虽然都一一学习但因未与核心设计课程在内容上有效融合，大家也就基本为了应付考试学完了事。然而建筑学这门需要用身体感知的学科，如果将这些基础知识完全抽象化，比如只是从书本上习得材料的颜色属性、构造方式，就非常遗憾了。

> ※ 建筑学这个具有鲜明实践性的学科随着学科的发展，存在着文本化的危险。学科的主理者们试图控制它的话语权。首先就是建立语言的权威性，将一切都予以图式化或语言化，以为有理有据就可以流芳千古。

工作之后与中央美院联合办学参观他们本科毕业展时被震撼到了。每一个学生都做了一个长宽高均为 2 米的木构实验，千奇百怪，非常有趣。我想有关建构逻辑、形式表达诸多问题都会在这个过程中得到验证和锻炼，这让我非常羡慕。

> ※ 在实践中建构属于自己的逻辑是正道。

» 相比于知识类课程，大设计课是师生们更重视的课程；设计课程模式为调研、开题科普、一对一改图。比如幼儿园设计，老师会先让大家自行调研已有的幼儿园，然后在开题课上告诉大家幼儿园的基本空间构成以及一些案例；接下来就是大家从"一草、二草、三草（三次设计草稿）、上板（正式绘图）"

> ※ 草图是专业构思的图形，连续性的草图就是设计思想的轨迹。建筑学的草图训练，没有模式，只有要求，很好。

每个阶段给予指导；最终交作业背对背打分。在这个过程中，同学们虽然会在和老师一次次的密切交流中学习到很多，但得到的指导也会高度个人化，甚至因为每次给个人指导的时间只有每周一次课的 1/20，其余就再也没有有关学术或建筑理论课程的安排了。无法得到系统的理论指导与传承，这的确是一个比较大的遗憾，但也有一些对我影响颇深的老师与课程。

» 记得大一的建筑初步课，第一学期末的作业是要求用 10 厘米 ×10 厘

米 × 30 厘米的纸筒做有关光的设计。这个逆光角度窥视 10 厘米 × 10 厘米的光孔，是个很有意思的命题。这个突如其来有关光的思考，对我来说是个重要的启蒙，通过某种方式，赋予原本与我无关的事物某种形式、某种意义，这让我感觉很神奇，甚至在某种程度上激发了我的自我意识。我感觉设计对于我的意义不止于一种职业技能，而是全面唤醒我的自我意识并将所有对生活对自然的热爱表达于其中，可能这就是造物的快乐，当然这是后来的感悟。

» 作为新生，我还不是很会思考，但的确相当认真地不停地迸发想法与自我否定。因为"建筑是凝固的音乐"这句话从我选择这个专业开始就不断听到，所以最终我用了一张硬卡纸中间刻出了音符的形状，再在其前方 3 厘米处附上有一定角度的硫酸纸膜，对着阳光移动观看，就会看到音符虚实大小的变化。交作业时，熊瑛老师看到我的作业之后非常激动，当着同学的面跑过来握着我的手说："未来的大师啊"。这虽然纯粹是调侃和玩笑，但给予我极大的满足，也让我对未来更有信心。熊瑛老师是一个大眼睛、皮肤白皙的女老师，有王菲的气质。我们班的同学都很喜欢她，也许就是因为她总能在恰当的时候给予具体并不空泛的鼓励，对于我们这些刚踏进设计艺术大门、踌躇满志的学生来说，这很重要。尤其是对那些高分且没有艺术学背景的同学，更为重要。

» 到了大二，李艾芳教授要求我们每周在她的课程设计上交一张钢笔画，她会一边用非常温柔和充满爱的语气鼓舞我们："画得真好，你们班以后肯定能出大师"，一边走到每个人的座位上言辞刻薄地批判我们画的草图。李艾芳老师是老哈工大的毕业生，学院派范儿十足。我第一次画图的时候还不会用草图纸，我就沿着平面图的大小裁了一块手绢大的纸，没完全垂直对正就直接画了——现在想起来真的非常不像样子。到了课上，我还沉浸在她对我钢笔画表扬的喜悦中时，李老师走到我的桌子旁边坐下来，看了一眼说："糟糕，太糟糕了……怎么一根柱子都没有，还是个歪的图……"我现在还非常清晰地记得当时极大的心理落差，以及从中午哭到夕阳晒到脸上热乎乎的时候的感觉。不过这种来自学院派教授的规训，现在看来是非常宝贵的，基本的草图技能让我可以更从容地表达。

» 这样具有个人魅力又有专业素养的专业课老师的确不可多得。也正是这样，有关前沿建筑理论、建筑思潮的学习全靠老师的个人水平，而大多数的老师只会在一对一的改图过程中零星传授一些。这也让我觉得有些遗憾。所以同学们在课程设计过程中会在图书馆中翻阅大量精装大开本的大师集选和中外文期刊，甚至逐渐演变为某种形式的提炼与演绎。这和快题设计倒是有些接近。但这也给了我很大的自由空间。当我看到扎哈早期消防站设计中既有解构主义的疯狂又有现代主义的理性后，在软件模拟空间还不普及的时期，我感觉已经无法仅通过二维草图清楚表达设计思路，干脆就用软卡纸做空间体块推敲，同时推进功能。我最喜欢用软卡纸做模型，这种材料有硬度好造型，随便粘粘钉钉就可以表达想法，我慢慢找到了建筑设计的乐趣。我记得当时有一个建筑系馆的课题设计，我用一个黑色卡纸做基底，白色卡纸做体块分析，一会剪掉一块，一会加上一块，一会把一个盒子用几根牙签模拟柱子艺术造型悬空架起。雨棚是方形的，不够灵动；剪成三角形……粗糙但很有效率甚至有种建造的感觉。从二维平面生成空间的单维度思考进化到三维二维双维度思考，这个基本功的训练为我在未来室内设计行业中从空间维度思考问题打下了很好的基础。但在这个过程中，老师也只是就形式谈形式，<u>甚至让我迅速掌握了先做造型再塞功能的快题设计方法</u>。

※ 快题训练是莫名其妙的，为什么要快？这个问题回答不出来，围绕它建立起来的方法就更可疑，甚至是可恶。

» 另一个缺失便是设计表达，其训练途径最主要的就是评图。因为没有评图环节，每次的分数很抽象，而对于设计的评判标准不是非对即错的，其模糊性需要通过设计者的宣讲以及不同评判者从不同维度进行提问与答辩来明晰，在这个过程中，设计者的表达能力、思辨能力，甚至针对进入设计市场之后的设计"销售"能力都会得以提升。这些是无法通过自学锻炼和提升的。

» 而这个从形式到内容到学术观点公开点评答辩环节的缺失，让同学们对于评价体系相对迷茫，结果往往是图面好的同学会得到更高的分数，最后大家为了拼图面的精致度早早就在正式图板上下功夫，如用0.13的针管笔点阵去描述一棵参天大树的现象屡屡出现。后来在清华美院上学时，看到当时本科生评图还请来国际建筑师，好像盛会一般的场景让我羡慕不已。每个同学都可以得到老师们中肯的指导与评价，从设计表达到设计本身，都是场痛快的较量，而且收获满满。

» 核心设计课程与知识技能课程横纵交叉形成知识网络，这种课程设置看似体系完整、专业性强，但在工作以后遇到种种困难之后发现，其实它们需要内部的打通——将技术技能类的课程融会贯通于设计课程之中，让同学们具备基本的建构思维。不过后来在实习的过程中，我发现其他学校的同学也会有这样的问题，也许是当时建筑学教育发展阶段决定的吧。

» 大四到了，面临考研还是工作的选择。我决定报考中央工艺美术学院环艺系研究生，一方面是因为自身对绘画虽然没有太大兴趣但对艺术充满无限向往，认为这是对建筑艺术的溯源；另一方面，毕业在即我已准备好大展拳脚，我很笃定自己未来是要做设计工作的。我要当一名更加全面的建筑师，而在环艺领域的拓展可以让我从室内设计到建筑设计到景观设计没有死角。我的朝圣之地是中央工艺美术学院。

※ 业内常说的建筑的完成度就是指建筑设计的深度和全面性，而现代建筑教育不知为什么竟连这本是天经地义的分内职责都放弃了。我猜想是因为把不该复杂的复杂化，最终导致精力不够，失去了最应该坚守的阵地。

从"空间"到"环境"

» 北工大的教学，更多的是对学生进行偏重于技术层面的建筑学体系训练，如如何根据功能排布空间，如何对空间进行雕琢。在这个过程中虽然形成了功能与形式要有同一性的基本认知，但对如何更具体地将"人"融入设计之中并没有特别清晰的认知，所以往往会从形式入手进行设计。而在进入清华美院之后，我的专业视角开始发生转变。一方面是设计的精神性。设计中会有形而上的部分，这并非停留在简单的对设计文学性的描述上，而是真的可以被人感知的场所精神。另一方面，我渐渐领悟到"人"才是空间的主体，当空间可以为身在其中的人创造符合人的心理行为特点的多维度感知时，才能称之为一个好的环境。在这个过程中发现问题再用设计的方法解决问题，是方法论的核心。当然，每天在老师工作室里耳濡目染，系统地学习环境艺术理论，丰富的国内外高校课题交流，这些是我发生转变的真正契机。

» 在美院的学习开始于苏老师的工作室。老师要求研究生们每天要来工作室，这让内向的我也得以天天接触到苏老师。

> ※ 清华美院在搬入新教学楼之前，曾信誓旦旦地宣告要进行大刀阔斧的教育改革，新教学楼的空间模式也是按这个思路设计的。但后来不知为什么偃旗息鼓，只剩下了教师工作室这种空间存在，倒是让教师们得了实惠。高大的工作室聚人气，很受师生欢迎。这也从客观上促进了教师和学生的交流。

美院的氛围和北工大是完全不一样的。之前的大学五年时间，来自老师的引领大多集中在课堂，大量课下时间是自学，我们完全是自由生长。而研究生第一天开始就高密度地与老师接触，同学们你一言我一语地和老师搭腔，颇有种谈笑有鸿儒的感觉。而我是一个比较内向的人，在享受聆听这样的讨论时也有些想说的，但话在心里转了好几圈之后总感觉不成熟就没有说出口，只有被老师问到的时候才会绞尽脑汁认真回答。这种不自信可能是源于老师的强大气场——知识面之广语言之精彩令人生畏，也可能源于与同学们的开阔眼界对比之下的相形见绌。有关社会学、当代艺术、建构理论、环境行为理论的认知就是从那个时候开始的。在后来的课题中，老师会引导我们从宏观的城市尺度到细腻的近人空间尺度来创造场所。

> ※ 环境设计是一种修正式的改良性设计，它总是建立在规划和人性、建筑设计和细碎生活的矛盾之上，试图利用综合性的手法予以调整，使得理想和现实相融合，令外部环境和内部环境过渡自然，形成一个有机的整体。

记得在一次与广州美院的交流中做一个城中村改造，我们小组被分配的任务是做一条巷道的具体改造方案。我本来自信满满地开始收集空间资料准备做单体建筑改造，但老师对我的改造方案并不满意。在第一次答辩中，我被问到改造的逻辑是什么时，脱口而出：空间会更丰富。老师反问：空间丰富有什么意义？我说：为居民提供更好的生活环境。老师说：那你了解他们的生活方式吗？什么样的环境对于他们来说是好的呢？其实在这之前我们都调研过，城中村中居住的居民基本是社会底层劳动者，他们的确更需要的是基本的生活保障，哪怕是更加卫生的环境，丰富的空间对于他们来说显然是奢侈的，而且是无法进行后期良好维护的。但拿到课题后，我会不自觉地要"做"点什么。一厢情愿地安插功能的确是一种思维定式。最后我们的设计是帮助所有自行搭建二层结构的房子做了结构加固方案（课题以不拆除为前提），并且结合潮汕地区的色彩特点，在每家入户的位置做了彩色花砖拼图以便街道及起居空间内的卫生打扫。

»   类似这样的课题训练还有很多，在这个过程中我的视野被一次次放大，并且逐渐建立起"以问题为导向，发现问题，解决问题"的环境艺术设计思维。

※   同上。

»   还有几个我感触很深的空间，都是我生活与学习过的地方——它们都因为特有的场所精神对我产生了很深的影响。

»   第一个空间是光华路的中央工艺美术学院。很难想象我会对一个只去过两次的校园充满情感。也许是那天夕阳西下，走在主干道上，白色的瓷砖墙闪着亮亮的橘色金光；看到同学们在时而下沉时而高起，虽然面积不大但空间丰富的校园中谈笑风生，还看到路边在篮球场外侧一对很隆重的拴马桩。青春、自由、艺术的氛围让我向往，这个环境好像有生命而且在和我对话。而清华美院的教学楼哪里都好，却再也没有光华路校区的场所精神。

»   第一次见苏老师是一次难忘的经历。系秘张老师带我来到苏老师办公室门口，笑着大声叫"苏老师，苏丹老师"，我还想为什么那么大声，后来发现是老师把自己"藏"了起来："来了，来了欸"，听到声音但却看不到人在哪里。我们等了一会儿才看到老师出现，他幽默地一笑说：嘿，有个房中房！我当时比较拘谨，并没有参观一下那个有意思的小房子，以至于一直到现在都很好奇。这是我第一次被"室内设计"打动，虽然从书上看到过房中房的手法，但并非炫技的巧妙空间布局，甚至能让我通过空间感受到其主人的个性。"环境"与人的共生关系在眼前具象化了。

※ 这里的"环境"应当指的是人工环境吧。

接下来的谈话很愉快。我把我对建筑学的认识以及为什么要转专业告诉老师，并且把自己的作业和竞赛作品给老师看，当时心里很忐忑，怕老师觉得太过幼稚，谁知他还跟我说不错，还跟我说起他曾经做过一个城市迷彩的方案……可能是这样的环境创造了一个可以畅谈设计的语境。

» 第二个空间是清华美院的 B367，也就是苏老师在清华大学的工作室。相比于光华路的办公室，老师在帕金斯·威尔设计的清华美院的"豪华"工作室里并没有把自己藏起来（但在我毕业那年老师搬到了二楼）。称之豪华并不是空间材料有多么华丽，而是很少有建筑师会将教授的工作室设计为如小型展厅般的高大空间。工作室在平面上非常有特色：临窗的位置有一个垂直转向形成一个探向中庭的休息区，中庭内都是雕塑作品，空间很有品质。每个工作室都像一个小型展厅，极具个人特色，一方面教授们如策展人般展示着自己的品位及价值观，另一方面研究生在这样的环境中耳濡目染、滋养身心。苏老师的 B367 没有过多的装修，满墙都是当代艺术作品与优秀学生作品，还有贯穿整面墙的书架，每次进入都会有一种艺术的殿堂感。

» 从这里可以看出帕金斯·威尔的设计价值观，他并没有为了塑造"博眼球、出效果"的高大共享空间而将所有教师工作室标准化、平庸化，而是从美院师生的工作学习特点出发创造环境，因为这是师生们每天长时间停留的空间，它为"艺术的工作"提供了"工作的艺术"环境。而这个工作室对我的确产生了很深的影响，

※ 帕金斯·威尔公司的设计有"由内而外"的成分，这是为在其中工作的老师、学习的学生而设计的。他们应该是假设了许多教学楼里的行为模式，这些假设也极大地振奋了当时决策者的雄心。在诸多的假设之中，工作室空间是最为成功的，它具有可生长性、可持续性。但也有许多预设显然看走了

这个空间至今还留在我心里，以至于后来设计艺术学院教学楼时，我都会提醒建筑师艺术学教授工作室的特殊性。

» 第三个空间是去米兰理工大学交流期间所在的教室或者说工坊。这次米兰理工大学教授来美院以北京烟袋斜街改造为课题，之后我们去意大利以米兰理工大学周边老城区改造为题开展游学之旅。这次游学是我第一次坐飞机、第一次出国，也是到目前为止唯一一次在国外大学做课题并汇报演讲。我记得那个工坊地上是教室，地下是材料加工车间，由一个宽大的台阶相连。加工车间中除了整齐闪亮的不锈钢车床外，就是巨大的木料堆，当时正好有一个学生在用电锯锯木头，动作之娴熟，让我不禁感慨建筑学是一门需要动手、需要近身体验的学科，需要去触摸、去感受、去建造、去体会，身处这种环境中，创造力是可以被激发的。教室之中摆了很多有关家具研究的过程模型，基本都是用不同厚度的胶合板通过巧妙构造与色彩组合拼接出来的，谁来都可以坐坐，既是展品也是空间家具。在这个看不到边界（主要是上下两层）的巨大教室中，感觉学生的创造力得到了充分释放。半个月后我们迎来了终期汇报，几个很壮的女生拿出了硬纸壳——我感觉好像是冰箱的包装箱，他们把这个大纸壳折了三下，用塑料锁扣绳在角部一固定就成了一个展示柱，接着就把图纸都用图钉扎到这个大壳子上。这种展示方式对于我来说很新奇，廉价实用且有形式感。汇报会具体状况我已经忘记了，但很清楚地记得大家对这个汇报都极其认真甚至还熬了一宿，没有赶上回宿舍的火车。这次米兰理工大学的游学全程充满了咖啡味，混合着同学们的热血、国际航班的初体验以及陌生又新奇的国外生活方式，让我这个从不喝咖啡的人，每每闻到咖啡味都有美妙的联想。

» 我的毕业论文题目是"建筑设计中材料语言的运用"。这篇论文对我的影响很深，让我在本科学习中对理论的渴求有了线索，最主要的是与未来的工作有衔接，让我从本质上重新思考空间、认识材料，思考构造逻辑，懂得用建构思维解读设计。这为日后在设计院中和建筑师一体化配合的工作模式打下了坚实的基础。关于毕业论文，我还记得有一个环节是让其他导师互审学生的论文，给我安排的是工业设计系视觉传达系的马泉老师。马老师说：虽然你的论文

在米兰理工工坊内合影

相对枯燥，但这种基础理论都是值得研究的。我感觉这应该是一种肯定。相比于我的中规中矩，我的同届同学都是奇才，一个是将社会学视角引入环境艺术设计，常年会有大部头的社会学书籍置于案头，草图画得也好，设计做得也好；她的论文题目我忘记了，但内容是在社会阶层之下的空间消费心理研究，现在看来都是很前沿且实用的。我记得毕业答辩现场，老师们都用请教的语气询问。另一个奇才原来是机械专业，转到环艺专业后自学参数化编程，研究分形数学在设计中的应用，甚至总是口出狂言，说传统建筑学很快要被颠覆；他目前在读清华大学建筑学院徐卫国教授的博士，真的站在了实验建筑的前线。在美院，大家的思维是自由的，而老师守护了这份自由，也帮助大家找到自己。

※ 当代的设计教育并不完全在于培养符合标准的行业人才，而是培育具有专业能力、性格鲜明的个体，让学生们最终成为独特的自己是我们的理想。在这个过程中，首先是启发大家发现自己。而我由于经验缘故，往往比他们自己更早看到了另一些可能的"自己"，于是就要呵护和引导。因此，我的学生最终多样化发展也是个必然结果。

» 毕业在即，我现在依然能清晰记起研究生毕业前夕找工作时的迷茫心情。美院的天才很多，找的工作也都不拘一格，有的同学去大学当教师，有的同学继续研究感兴趣的课题顺便读个博，也有的同学直接做起了电子设计杂志。然而仿佛只有最普通的同学才会真的以"设计"

为职业，为去哪"作设计"而烦恼。当我正为去哪里应聘而游移不定时，老师对我说："要是想作设计，就去部院吧。"

※ 设计专业的学生理应选择设计院这样的机构，当然做独立设计师也是很多人的理想。大学和地产公司这样的地方是设计师的偏门，不适合实践型人才。

这好像是一把钥匙，为我开启了真正的职业设计师的大门。

前行者

入院考试后，我被分配到了当时室内所总建筑师张晔的工作室，当时几个年长几岁的师兄师姐好心暗示我这是一个相当辛苦的部门，并且基本都是崔愷院士的项目，难度很高，要经常加班，提醒我可以去另外一个轻松的部门。我心里想，天哪，这好像就是我最理想的工作了，能和院士经常见面，还能聆听教诲，又可以有那么多好项目做，我一定要进这个工作室。于是我进入了室内所的核心创作团队。

工作的确辛苦，如果我说到目前为止，工作期间我并没有真正休息过一个完整的周末，好像有些令人难以置信，但这的确是事实。但我走上了自己最希望去到的路，一条可以让我一直踏踏实实、心无旁骛作设计的路，一条可以不换方向一直走下去的路，这对于我来说是安全感的来源。在师傅离开设计院之后，我就逐渐开始自己带团队。崔院士给的项目，我从来不看合同额，只要院士持续在给我项目，我就极其满足，甚至在最开始，院士可能为了鼓励我还亲自打电话布置任务，我甚至兴奋到挂掉电话后发呆持续三分钟：在我看来，这是一种莫大的荣誉。

在我自己带团队之前，我都一直埋头于与建筑师和崔总的配合中，有一种立言立德无问东西的洒脱；到我自己带团队时，我对设计院这个庞大机构的认识才渐渐清晰。

※ 环艺设计经常是集体性的分工协作。组织者要会因材施用，让每个人都发挥各自的优点。

» 中国建筑设计研究院是央企，是国有建筑设计生产机构，我们最大的优势是有院士、有大师，从来不缺优质项目。大多数优质项目都是全专业的总包合同，"精装修"作为必不可少的一环也在其列，所以通常我们的项目来源是相当稳定的。这也是为什么我可以不用理会合同额也能生活得不错。甚至因为我们的甲方是最优秀的建筑师同时也是循循善诱的教授，在大多数情况下我们可以在纯学术的语境下探讨方案。作为室内设计师，我们跟着崔愷院士站在象牙塔塔尖，受到庇护，可以安心享受创作的过程。

» "享受"二字说得很浪漫，实则从一个职场新人到可以独立服务崔总的过程，是无比艰辛的，哪怕是现在，我也还是在摸索的过程当中。由于我们最重要的"甲方"是专业人士，是最顶级的建筑师，所以我们的作品就一定要将精神性、功能性结合得恰如其分，同时还要有相对的唯一性，最终还要高品质落地。这其实对我们提出了极高的要求。通常建筑师团队已经将建筑从空间到使用都考虑得非常细致，并且会用建筑语言将其表达到位；甚至有时候当我们打开模型时感觉基本不需要再做什么"室内设计"了，但实际上我们如果用环境艺术的视角重新审视每一个"完美"的空间就会发现，需要我们将人们的生活融入进去，用色彩、图案、材料去补足，甚至应对因功能融入而产生的空间变化。在院平台下的项目中，我们的工作与建筑师是互补的，而非单纯的"一体化"。

» 在昆山西部医疗中心项目中，我们通过解决超尺度医疗空间中使用者的诸多问题，实现了室内环境生理与心理"疗愈"功能。首先是人群分析。我们细分使用人群。医疗空间的构成是一套庞杂的系统，若按照其属性划分，通常会分为医技与非医技部分；但如果在此基础上继续细分，就会看到在横向切开的空间构成中，纵向是时而并行时而交叉的病人流线、医生流线、后勤维保人员流线等；对于病患来说，这里是需要被呵护关爱的庇护所；对于医生来说，这里是提供高品质环境的办公场所；对于后勤维保人员来说，这里是需要易维修易保洁的施工现场。所以对诸多使用人群的共同关照是人性化设计的基础。使用人群在一个 10 万平方米的超大医疗综合体中会面临怎样的问题呢？超大建筑中，使用者会需要强烈的空间识别性、合适尺度的空间体验感，以及具有亲和力的场所。

» 接下来就是解决问题。首先是尺度的戏份。人对空间的心理感知是一个从整体到细节的过程，基于这个层面，我们将对室内空间的处理也分为大尺度、中尺度与小尺度三个层次。从空间到手触材料质感均进行了人性化设计，室内空间按照"园林"这一本土化方式重构，形成独特的空间系统，并获得相关的空间语义：①厅堂，即门诊或急诊大厅；②游廊，即走廊；③亭，即候诊区；④宅，即诊室、病房。根据"游园"这一空间的脚本设定，各公共空间都由游廊串起，且游廊都临园而行。在"亭"附近设置用艺术字形成的强标识系统。

» 其次是场所精神的营造。针对不同的人群流线，进行不同的场景氛围营造，使普通的功能性空间提升为具有疗愈功能的场景化空间。这也是为什么我们在以病患为主构成的公共空间中选择了本土化风格，一方面与建筑景观格局相得益彰，另一方面使病患在最大程度上产生文化认同感，与场所建立情感连接。同时减少不必要的装修造型和色彩配置，减少无用信息，以免增加病患的心理负担。从风格来说，此室内设计延续了建筑整体的新徽派风格；而从感官体验上来讲，人们在此空间内感受到的是轻盈（少重色及少压抑）、温暖（整体色调以暖色为主）、自然（尽量多透景）。同样的例子还有室内的标识系统设计，在咨询台及候诊区的导向标识设计中，我们将中文标识的首字放大数倍后用正楷书法体表示出来，一方面，患者在远处一眼就可以识别出标识信息，另一方面，中正平和的传统书法形式也对整个室内空间的气场产生影响，让室内在无形中增添了一丝充满人文关怀的书卷气。项目建成之后获得了医院的极大肯定。

» 用环境艺术的视角和态度去塑造空间，往往会给建筑师与使用者很大惊喜。虽然我们在建筑室内设计一体化领域非常在行，甚至还在2023年举办的"共融共生主动绿色"论坛上用二十字原则概括了一体化的方法论，但一个个空间更需要我们赋予其独特的场所精神。这些年做过很多有趣的项目，如北京电影学院、首都博物馆东馆、通州三大建筑配套商业中心、景德镇艺术大学、昆山前进中路大剧场这类大型公建，还有小而美的南京园博园筒仓先锋书店、鼓楼西大街33号、昆山大西门玉山书房，等等。

昆山西部医疗中心

北京电影学院

首都博物馆东馆

昆山前进中路大剧场

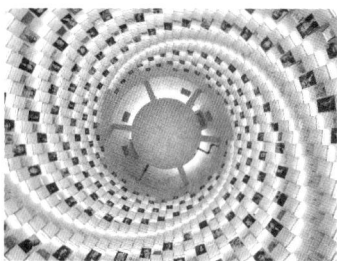
江苏园博园筒仓改造工地与建成照片

鼓楼西大街 33 号改造

车 飞

北京服装学院艺术设计学院院长、教授
超城建筑事务所创始建筑师

1994—1998 中央工艺美术学院环境设计系，获文学学士学位
2001—2004 德国安哈尔特大学建筑学院，获建筑学硕士学位
2005—2014 德国魏玛包豪斯大学建筑学院，获城市规划工学博士学位

北京市特聘专家，长城学者，中国文联文艺评论家协会艺术产业委员会委员，中国扶贫基金会
灾后重建专家委员会委员，北京交叉科学学会第一届设计创新专业委员会副主任，北京市美术
家协会艺术设计委员会委员，英国皇家建筑师学会特许注册建筑师，墨尔本皇家理工大学博士
学位评委。曾出版多部学术著作：《数字生形》（2025）、《空间的内向性与外向性》（2019）、《北
京的社会空间性转型——一个城市空间学基本概念》（2013）、《震荡》（2009）等。

环境艺术的兴起及其在现代空间中面对的首要问题

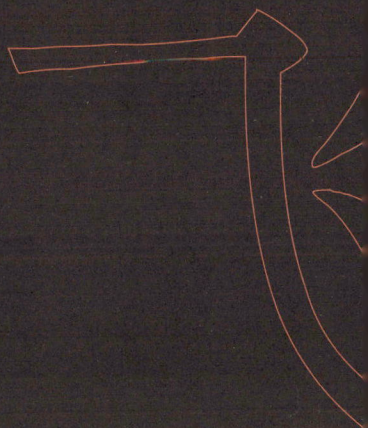

» "艺术是我们各种处方和公式的反面命题。艺术是人类对其环境的一种永远自动自发的自由行为，目的是转变人类环境而使之与新的理想相一致。"——《现代艺术》(L'Art Moderne, 1881 年 3 月 6 日，布鲁塞尔)

割裂与融合

» 将教育工程化，或者说将教师称为人类工程师的说法自工业化以来就经久不衰。学生如同各种原材料一样进入一个像福特式流水线工厂一样的大学中，经过加工而成为有着明确功能的合格产品——"人才"。这种机械的功能主义思想加剧了各学科之间的分裂，特别是对于人类精神与情感尤为重要的人文艺术学科与自然科学之间的割裂。这同样造成了工业化社会的工具思维与感情价值的断裂，最终使得科学家越来越像机器人，艺术家越来越像原始人。文艺复兴时代的杰出人物如达·芬奇、米开朗琪罗、阿尔贝蒂、帕拉迪奥等同时精通绘画、建筑、机械工程、雕塑、几何、数学等多学科的人文主义者，在今天的教育体制下变得越来越难以出现。建筑史论家希格弗莱德·吉迪恩在现代主义的先驱人物勒·柯布西耶身上看到了人文主义者在现代社会复兴的希望，因为勒·柯布西耶同时是杰出的画家、雕塑家和建筑师。现代建筑的先驱者如赖特、格罗皮乌斯、勒·柯布西耶、密斯·凡·德·罗等，都或多或少地持有人文主义者的立场。他们试图将抽象的现代空间与人文关怀相融合，为普通人创造现代的日常生活空间。为此希格弗莱德·吉迪恩在他的著作《时间·空间·建筑——一个新传统的成长》中倡导用现代主义建筑学去弥合科技与艺术以克服人与现代社会特有的情感与思维的分裂。事实上，在高度工业化的社会中，通过现代美学将建筑、工程、艺术重新融合以回到文艺复兴时代人文主义者的实践方式之中，注定困难重重。

» 20 世纪 60 年代末发生在西方现代空间中的危机，也证明了仅凭现代美学的品位培养是无法解决这样的问题的。因为现代社会的人群已经不再是一个现代空间的旁观者或安静的他者，而是现代空间的参与者和塑造者。

※ 这段话是站在游离于设计使用者以及管理者之间的

角度来分析"空间"以及创造空间的主体的，传统的空间概念是静态的，而在这样的视角下观察空间，空间则是动态的、发展的。

他们不再像此前一样在博物馆中安静地学习或模仿前辈大师的品位，而像维也纳新年音乐会最后的传统曲目中，用手掌打着拍子，成为表演的一部分。因此环境的塑造代替空间美学成了空间品质与功能实现的首要问题。这同样也涉及教育问题，传统古典主义的"布扎"巴黎美术学院构建了以品位提升为目标的完整的、阶梯式的教育体系，而德国的包豪斯学校则通过将日常生活转化为总体艺术，构建起以现代生活的建造形式为目标的教学体系。现代空间或者说国际式现代主义建筑空间在20世纪60年代末的危机恰恰是其建筑对日常生活所许诺的品质与功能，无法在其空间中自动出现。因此环境艺术，应该以现代空间的品质与功能的实现为目标，围绕环境的认知与塑造来建立自身的教学体系。环境艺术实际上成了现代工业化社会空间中，人文主义重新融合科学与艺术、科技与情感的新方向。

※ 这段话确立了环境艺术和空间现代性发展的关系，它是一种有效的手段。环境艺术作为改造世界的一种方法存在着，而驱动它的是弥合功能与情感的使命。

» 这一发端于20世纪60年代的重要议题，在1978年中国开启改革开放之后很快就提上了议程。环境艺术进入中国学术界始于80年代初期，至今已有40多年的时间了。从最开始的建筑师对环境问题的关注，到教育者尝试将科学与艺术相结合从而创立环境艺术专业，

※ 20世纪80年代的环境艺术，是中国建筑界和现代艺术（实验艺术）汇流的结果，这是理念交融的过程。建筑设计追求大美，艺术实践追求出走架上。传统观念中关于建筑艺术和视觉艺术的定式遭遇到了挑战。大量新的艺术形式和边界模糊的建筑出现。

经历了一段快速发展的阶段。目前在全国开设有环境设计专业的学校近千所。这说明了环境艺术的重要性和实践中的社会需求。据我所知，中国的环境艺术的出现，最早主要是由几位核心人物发起的，包括建筑批评家顾孟潮、建筑师布正伟、艺术史家王明贤、雕塑家包泡等。他们最初试图在建筑领域推动思想的改变，并进一步改变传统的建筑教学体系。这一目标却意

外地首先受到了艺术领域的欢迎。伴随着 85 新潮的开始，中国传统的艺术教育体系正在经历着从美术向艺术的思想转变。1986 年中央工艺美术学院的张绮曼老师向教育部提出创设环境艺术设计本科专业，并最终在 1988 年获得国家教委的批准。中央工艺美术学院也随之创设了环境艺术系。本人 1994 年考入中央工艺美术学院的环境艺术设计专业，并于 1998 年获得本科学位。当时的中央工艺美术学院设立了基础部，所有学生不分专业在基础部学习两年后方才进入各自的专业。这样的教学体系明显受到德国包豪斯教学体系的影响。两年的基础部学习，东、西方绘画，雕塑，三大构成，图案、工艺、材料、测绘、文学、历史等通识性学习，对我此后产生了重要的影响。在三年级进入专业后，开始大量接触建筑类的专业知识。记得第一次课是郑曙旸老师讲解的空间形态方面的课程，他详细介绍了贝聿铭先生设计的华盛顿国家美术馆东馆以及位于北京的香山饭店。应该说，贝聿铭先生设计完成的香山饭店对于 20 世纪 80 年代的中国建筑界具有重要的思想解放的意义，同时也极大地促成了环境艺术在中国的出现。

※ **20 世纪 90 年代是环境艺术教学体系和社会实践发展最快的阶段。在教育体系表达为美术教育中的造型训练和空间美学传播的融汇，在知识体系表现为造型、空间设计和工程知识的结合。**

进入专业后的课程基本就都是建筑类的了，如苏丹老师指导的建筑设计课。我的毕业设计也是建筑设计，论文刊登在了当年的《装饰杂志》上。毕业设计是由张绮曼老师指导的，设计题目就是当时正在竞标中的位于天安门广场西侧的国家大剧院建筑方案。所以毕业后我以建筑为事业也是自然而然的事情。当时还有一件事对我有着特别的意义。上学期间，我在中央美术学院听了一次张永和老师的讲座，当时他刚刚回国。他的讲座使我明白了建筑师可以像艺术家一样独立执业，在保持精神独立的前提下，从事教学与实践。这为我指明了未来发展的方向。大学毕业后，刚好当年北京服装学院开创环境艺术设计本科专业，我有幸成了该校第一届本科生的班主任，并自此在该校任教。大约在 2000 年前后，在徐卫国老师的推荐下，我在清华大学建筑学院访学了近一年。2001 年我办理了停薪留职，前往德国继续学习建筑，并分别在杜塞尔多夫艺术学院、德绍安哈尔特大学和魏玛包豪斯大学学习。这是三所不同类型的大学：艺术类、工程类、综合类，刚好可以对应今天北京对大学的分类：特色型大学、应用型大学和研究型大学。这为我之后在北京服装学院对环境艺术设计的教学改革提供了思路。

» 我想环境艺术在中国的出现有着它的历史渊源。这里面既有如希格弗莱德·吉迪恩等现代主义理论先驱者们的远大目光，也有 20 世纪 80 年代中国环境艺术发展先驱者们的伟大抱负。但很显然，这一目标无论是在现实生活中实现思想与情感相结合的高品质空间，还是在高校教育体系中融合科学与艺术，都未能真正地达成。为此，今天就非常有必要从其缘起，深入思考其核心问题与首要目标，制定当下与未来的发展路径。

※ 20 世纪 80 年代的理想和现实的脱节是我们认为的"未能达成目标"的根本原因，因为现实中"实现四化"的欲望远比"修正现代化"的想法要强烈得多。而对于 21 世纪的当下，我们的确更有条件更有理由重拾理想。

"贫瘠的繁荣"

» 环境艺术在中国的发展有其特殊的语境，我想关于这一点其实已经有很多细致的梳理了，例如苏丹老师主编的《迷途知返》一书以及本人在 2023 年主持的"环境艺术在中国的缘起访谈系列"。就环境艺术的本体而论，我们可以从更为宽广的历史视野来看一下，也就是对环境问题关注的缘起。对环境问题的关注始于 20 世纪 60 年代后期。今天回想起 20 世纪 60 年代，感觉应该是一个非常遥远的过去了。但是很奇怪，20 世纪 60 年代的流行歌曲在今天听起来仍然很亲切。实际上 1968 年欧美发生了"红五月事件"之后，西方发达国家就首先进入了一种"后现代的状况"之中。这个标志性的事件发生的背景是 20 世纪 60 年代的社会生活的工业化。仿佛是地球历史上曾经多次发生过的生物大灭绝性事件，

※ 我们的国家恰恰是在 20 世纪 80 年代真正重启工业化，引发了 90 年代中较为严峻的环境问题，从而促使全社会关注"环境"。当然"环境"从问题转变为一种观念和方法仍需要一个漫长的过程。

工业化以一种不可逆转的趋势席卷全球，它最初在物质生产层面对生产方式实现了重大的影响，很快它就进入了文化领域，将文化转化为工业，也就是今天的文化产业。文化作品以工业化的方式被规模性地生产出来。例如流行音乐在大众传媒中的崛起，那些配方简单而又反复重复的旋律，代替了多样而复杂的手工的声音。这种转变在 60 年代达到了顶峰。今天如果我们再去倾听 60 年代以前的流行音乐，多少会感到一种文化上的隔阂。发生在 20 世纪上半叶的文化的工业化，可以说在某种意义上，造就了历史性的人类文化大灭绝性事件。人类文化产品从数量上得到了极大的增长，但是在多样性上却遭到了极大的衰减。我把它称为"贫瘠的繁荣"。

※ 富足不等于丰富，富足应当是个基本要求，而丰富则是情感和精神方面的高级需求。

这种"贫瘠的繁荣"不仅体现在流行音乐与文化工业的结合上，它也很快进入到社会领域，每个人的生老病死、衣食住行的方方面面。工业化同样影响着人类的社会生活，社会治理的工业化，社会生活乃至社会关系的工业化，使得社会交往与工程学相结合，社会工程被发明出来，极端的例子如"社会隔离"，友好的例子如"义务制教育"。极端的例子带来了人类社会生活多样性的消失，友好的例子带来了传统多样的私塾教育的消亡。20 世纪上半叶发生在物质生产、文化生产、社会生产的工业化，为我们带来了物质、文化与社会层面多样性的大灭绝性事件，同时也造就了现代社会特有的"贫瘠的繁荣"，一个在物质、文化与社会层面极其脆弱的世界。这一切在 1968 年形成了一个历史性高潮。欧、美发达国家在经历了战后重建与经济快速繁荣之后，在物质、文化与社会生活极大丰富的状况中，却突然陷入了能源、战争、社会的种种危机之中，人们不禁要问这是怎么了？

» 20 世纪 60 年代的种种危机对建筑的影响，当然我们首先会想到美国日本裔建筑师山琦实在 1954 年为美国圣路易斯市设计的名为普鲁伊特 - 艾格的社会住宅于 1972 年被炸毁拆除的标志性事件。查尔斯·詹克斯甚至将其称为建筑现代主义的终结。这座被拆除的社会住宅，如果单纯从设计的角度去看，以当时的视角来看似乎并无太多的问题。无论是其建筑户型、功能设计、材料与构造，甚至居住区规划的开放空间等，都属于功能现代主义建筑设计。它怎么会在建成后仅仅十余年就从一个理想社区转变为一处"犯罪温床"？人们对此产生了疑问。每一样东西都是好东西，但是放在一起时就产生了问题，显然问题不是出在单一的事物上，而是出在它们之间的关系上。这是什么样的问题？普通人首次意识到，作为物质存在的建筑物与空间是既有紧密联系又根本不同的两个事物。现代功能主义建筑中的功能并不会像它预设的那样在空间中自动出现，一个有着理想社区的建筑形式并不会必然产生理想社区。简·雅各布斯在她的著作《美国大城市的死与生》中有着深入的讨论。在本人的著作《北京的社会空间性转型——一个城市空间学基本概念》一书中，更进一步提出了社会空间的结构分为联合体化空间与共同体化空间，它们依据各自的规则与资源形成多样而具体的空间形态。这些研究，使我们清楚地了解到空间不是笛卡儿坐标系划分出来的抽象的空无之处，而是有着不同结构、形态并始终处于转变之中的具体之物。所有这些在空间中所出现的结构、形态与转变的问题就是环境问题。因此环境问题就是空间问题。

» 当然，始于20世纪60年代对环境问题的关注不限于此，而是在许多领域同时对环境问题产生了关注或者说是焦虑更为贴切，例如：越南战争带来的对战争的正义性问题，古巴危机与核战争首次带给人类毁灭世界的能力，石油危机带来的能源问题。当然在这些焦虑后面，人类新的科学与技术的进步也带来了新的希望。工业的绿色革命对农业生产的促进带来的全球人口爆炸同时降低了饥饿人群的比例。在数学与物理学领域，许多年的积累之后，控制论与系统论为解决复杂性问题带来了新的思路。其最直接的成果就是以阿波罗火箭登月事件为代表。技术乐观主义同样充斥着20世纪60年代。对于建筑领域，在美国，结构主义与巨构建筑的观念开始流行。在英国，出现了"超级电讯派"。在日本，则出现了融合二者又具有东方哲学意味的"新陈代谢派"。20世纪60年代对环境的关注，是人类社会、经济、能源、生态、文化等诸多方面同时面临难以为继情况的背景下产生的，就其本质而言，是人类世界的可持续发展的问题。因此20世纪60年代对环境问题的关注，使人们认识到可持续性问题的严肃性，同时又发展出了由专家所描绘的各种技术乐观主义的未来图景，如电影《星球大战》中描绘的移民太空的场景。

现代主义——"一个新传统的成长"

» 在建筑领域对环境问题的关注并不是始自 20 世纪 60 年代，例如对人与自然如何共处的问题可能自建筑出现就是一个不得不面对的问题。甚至以赖特为代表的美国现代主义建筑中的有机主义方向，接纳自然成为人们日常生活中的一部分，本身就受到了来自中国、日本等东方国家的建筑哲学的影响。实际上以高迪为代表的西班牙有机主义建筑，以哈林、夏隆为代表的德国有机主义建筑都对环境问题有着深刻的思考与实践。但是这些关于有机主义的建筑探索却被艺术史与建筑理论家希格弗莱德·吉迪恩在其名著《空间·时间·建筑——一个新传统的成长》一书中打上了表现主义的标签，而被排斥在现代建筑运动的正统性之外。

※ 理论对现实的戕害主要体现在正统教育中，以及以接受正统教育为背景的实践群体中。吉迪恩的标签只能说明他本人忽视了有机主义对未来的意义，这是一个时代人的局限性。

这其中有着在建筑本体论上的深刻的观点争锋。吉迪恩秉持着一种柏拉图式的本质主义观点——与有机主义的生成论相反的还原论的本体论观点，这自然使其无法忍受有机主义的建筑方式。这样的观点不同，不仅是吉迪恩或 CIAM 对有机主义建筑的排斥，甚至可以追溯到历史上的朗吉恩与森佩尔对建筑起源问题的不同认识。我们在这里不是要讨论建筑的起源，但是建筑的认识论确实是我们无可避免要面对的问题。而这个问题在现代主义出现之后已经发生了根本性的转变。对于现代艺术家，20 世纪初对于这个问题已经找到了出路，以"布扎"巴黎美术学院为代表的古典主义经过先锋派艺术、立体派、抽象艺术等运动终于从传统再现式的造型艺术的禁锢中走了出来，美术不再等同于艺术。充满说教意味的代表性美术作品不再具有说服力。对于同样源自造型艺术的建筑学，也在同时发生着类似的范式转变。1927 年位于德国德绍市的包豪斯校舍的建成，标志着建筑学从对传统的物质造型的关注向空间形式生成转变的完成。这种转变不仅仅是包豪斯校长格罗皮乌斯所设计的建筑本身，同时也在整个包豪斯的教学目标与教学体系上完成了转变。包豪斯的教学方法已经从"布扎"的古典主义的造型训练转变为现代的抽象形式训练。虽然二者都以建筑学为终极目标，但是关注的重点已经完全不同了。19 世纪工业化的发展，最终带来了现代化的城市以及现代的生活方式。古典主义时代复杂精致的建筑物本身不再是现代生活关注的重点。相反，那些看不见的空间成为现代人在拥挤的都市日常生活中尤为需要的重要资源。这当然也带来了如包豪斯校舍所呈现的现代主义的新美学——一种有着失重感的、漂浮的、透明的流动空间，与传统的古典主义在秩序中呈现材料的物质性不同，现代主义建筑美学在包豪斯呈现出一种流动空间的形式感并有意识地将材料的视觉效果抽象化，去除其物质性的表达。对此，吉迪恩的书中有一段专门的描述。吉迪恩在包豪斯校舍西侧工作室一翼建筑的转角处，看到了类似当时立体派绘画中所呈现的所谓"透明性"。立体派绘画中的这种技法不再遵循自文艺复兴以来的拥有固定视点的透视法，而是将时间的维度引入三维空间之中。这也得益于当时数学与物理学的发展，使人们科学地认识到空间与时间不可分割的物理属性，永不停息的运动才是这个世界存在的真相。立体派绘画首次运用了多视点的方式，将同一物体的不同角度共时性地呈现。这样就形成了现代艺术的重要美学特征——透明性。在立体派绘画的透明性中，吉迪恩看到了艺术上的移情与物理时空中的运动有着惊人相似的表达，这为其后抽象艺术的发展奠定了现代理性主义的基础。对于吉迪恩，表现主义与抽象派艺术的最大区别在于，表现主义所呈现出的非理性的一面，最终会导致其丧失与建立在理性基础之上的自然科学的相互理解的基础，从而使得吉迪恩所设想的通过现代主义新美学重新构建艺术与科学的融合走向失败。由此我们可以得知理性主义是构建艺术与科学相互融合的基础，而这也是启蒙运动与文艺复兴时代人文主义者的共同信仰。

» 吉迪恩在毕加索的立体派时期的绘画中看到了面的透明性效果，在勒·柯布西耶的纯粹主义时期的绘画中看到了线的透明性效果，并将其称为构造中的空间－时间，或者叫共时性的呈现。这无疑是一个重要的发现。但其机械论式的还原主义思维，导致其将这种透明性引领向形式主义分析的方向，而没有看到毕加索的"面"在时间中的有机性、勒·柯布西耶的"线"在空间中的有机性。吉迪恩的抽象主义最终沦为形式分析从而丧失了创造性的活力。

勒·柯布西耶的有机性

» 作为现代建筑运动中最为重要的先驱者之一的勒·柯布西耶，在其充

满理性思想的建筑中总有一种神秘的艺术性时隐时现。↘

> ※ 在一个阶段高举理性旗帜的柯布西耶，本质上应该
> 是热爱生命、热爱自然的。从他的绘画作品，甚至
> 早期的绘画草图中我们可以看到这一点。理性与感
> 性的交织贯穿着他的一生。把艺术与科学对立起来
> 是我们观念上的误区，自然与人工之间的关系也是
> 这样。

↖这令建筑理论家们感到困惑，令建筑师们感到着迷。这种特性在其早期的绘
画作品中就有体现，也就是那些纯粹主义时期的绘画作品。如完成于 1924 年
的名为《静物》的油画。在这幅作品中，勒·柯布西耶大量使用了轮廓线来描
述不同的静物，其中许多的轮廓线是多个物体所共用的。吉迪恩将其称为透
明的问题："这种轮廓线的结合暗示里与外空间的相互渗透与穿插。"（希格弗
莱德·吉迪恩，《空间·时间·建筑—— 一个新传统的成长》，华中科技大
学出版社，2014 年，第 365 页）这种透明效果，呈现了吉迪恩所提出的构造
中的时间 – 空间性。但这种透明显然与立体派画家作品中所呈现的透明效果
有着很大的不同。这也是柯林·罗在其《透明性》一文中所提出的问题。柯
林·罗将勒·柯布西耶在其建筑加歇别墅设计中的透明效果称为"现象的透
明"，将包豪斯校舍西翼玻璃幕墙转角处的透明看作为"物理的透明"。在立
体派的绘画中非物质性表达的平涂面被大量使用，以代替传统造型绘画中的
物质性的再现表达。但这些漂浮在三维空间中的面，仍然在呈现某个主体在
四维中的状态。也就是我们可以看到空间与时间共时性的存在。如果去对比
雅典卫城之上的帕提农神庙转角处的多立克式柱子，包豪斯的透明的玻璃转
角确实是一项意义深远的革命性发明：首次将立体派所表达的构造中的空间 –
时间在建筑中呈现，并为此后的现代主义建筑美学指明了方向。↘

> ※ 这个历史细节有多种视角进行审视，和文中不同的
> 也可以是建筑结构体系的视角，如果这样处理转角
> 就可以看作是对传统承重系统形态的挑战。

↖与此不同，勒·柯布西耶在其绘画作品中，大量运用轮廓线来表达物体，
但这些轮廓线与文艺复兴时代之前的二维绘画阶段的轮廓线又有着根本的不
同。在中世纪绘画中，也大量运用轮廓线来表达物体，但是这些线都是具体
的，是有着单一而明确的再现意义的线。也就是每一根线都有着各自明确而
单一的再现目标。事实上，自文艺复兴以来，伴随着透视法的运用和在绘画

中三维空间的表达，如何将轮廓线消失在绘画中是每一位画家追求的目标。可能是因为勒·柯布西耶没有接受过学院派的训练，因而他可以毫无负担地在绘画中使用线条来表达物体。但这些线条在本质上是纯粹的，因为它们并不指向某个具体的或单一的物体。线条的解放，使得他的绘画具有其自称的纯粹性。轮廓线作为多义的边界，使得不同的主体在同一构造中的空间－时间中共时性地呈现。这也形成了柯林·罗所看到的"现象的透明性"。在立体派绘画中被抽象出来的"面"，不再表达物质性的再现，但是每一个"面"与作品的主体有着单一而明确的关系，因此这些"面"都是具体的而非纯粹的。而勒·柯布西耶绘画中的"线"，并不表达任何主体本身，而是作品中的众多主体或也可以称为体量在空间中的边界，一个塌缩为"线"的薄片状空间。它们在类似浮雕的浅空间中生成向内与向外不同方向的多重空间。这些线的确是纯粹的但并不抽象。因此，就这些"纯粹的线"而言，在本体论上与立体派的"抽象的面"相比较，前者是一种具有生成性的有机论，后者则是具有还原性的机械论。在勒·柯布西耶的作品中始终隐藏着有机主义的想法，因此其晚年的建筑作品朗香教堂出现也就不足为奇了。

跑步机空间

» 在第二次世界大战之后，面对战后重建的巨大而又急迫的需求，机械功能主义将立体派的"抽象的面"与建筑工业相结合，从而诞生了可以批量生产的"抽象的面"——单元式高层建筑。这样的建筑迎合了战后的需求和经济性的条件，因而在世界各地被快速地建造出来。尽管高层建筑早在很多年前就已经在美国出现，但是单元式高层建筑与此前的高层建筑有着重大的差异。勒·柯布西耶 1915 年绘制的"多米诺"系统成了此类建筑的原型。只不过他在纯粹主义绘画中的轮廓线从立面上被转变为平面上，而水平的楼板也成了立体派绘画中的"抽象的面"，并沿着垂直竖向层层堆叠。包豪斯校舍转角处两块玻璃幕墙之间所形成的透明性，转变为自上而下的角度。勒·柯布西耶"纯粹的轮廓线"所具有的生成性，生产出多层空间，而立体派的"抽象的面"因其具有的还原性特征，每一个"抽象的面"都指向同一个主体。对于单元式高层建筑，这些主体就是机械论视角下的可以被还原的功能。一个不伦不类的创新：纯粹—立体主义。经过这样的操作，"纯粹的轮廓线"与有着明确功能指向的"抽象的面"相融合，原本轮廓线对空间的生成性转变为对平面的生成性，从而失去了轮廓线与空间的有机关系。而"抽象的面"在垂直方向上的运动，失去了原本在包豪斯校舍平面中所特有的空间的自由流动，最终形成了一个失去了自由流动与有机空间的，被经济性与工具性功能主义紧紧束缚的"水泥盒子"。吉迪恩从现代主义先驱者的作品中发现的颇具美学特征的构造中的空间－时间，在工业化的房地产业中变成了大卫·哈维在其著作《后现代的状况》中描述的"时空压缩"，或者也可以成为最早的时空压缩建筑体。在一个丧失了"线"与"面"的有机性的时空压缩建筑体内，现代建筑所期许的运动的空间变为了空间中的运动。同样是运动，在跑步机上单调的重复代替了在林中的漫步。跑步机所创造的空间是基于工业化生产原则所产生的空间，有着单一而清晰功能的空间，也就是只可用于跑步的空间，不可稍作停留。高度工业化的空间将所有的空间都类型化，人类社会的各种行为与运动被逐个与逐帧地仔细切分：吃饭的空间，喝水的空间，睡觉的空间，跑步的空间，原本自由流动的空间被工业化加工为一个又一个性能单一的空间罐头，并码放整齐。这种特别适合批量复制与生产的空间就形成了之后大流行的"国际式建筑"，并最终造成了现代主义建筑的危机。

总结

» 因此 20 世纪 60 年代现代建筑的危机以及随后环境主义的崛起，既是环境艺术出现的契机，也是现代建筑对自身发展的反思。其根源是现代空间在工业化过程中，将空间产品化，把空间的功能与类型等同起来，从而使空间丧失了活力与生机。重新唤起空间，就需要重新恢复其有机性与自由流动的可能。这两点就是环境艺术对于现代空间的首要任务。事实上，有机主义建筑的最大敌人不是历史上的表现主义美学特征，而是还原主义的机械论。今天的量子物理学发现，已经为有机主义的生成论在科学层面奠定了坚实的基础，而这个基础同样也为现代环境艺术指出了方向。

车飞

2025 年 2 月

马踏飞

1984 年 6 月生于重庆

重庆大学建筑城规学院城市规划学士
清华大学美术学院艺术硕士
清华大学经济管理学院工商管理硕士
北京清尚建筑设计研究院有限公司设计一室主任

雁栖湖国际会议中心、北京城市副中心行政办公区、北京世园璞桑酒店等
多个项目设计主创及项目负责人

边缘设计师到
主流设计

始于童年的美院缘分

» 我出生在 20 世纪 80 年代初的重庆，从我记事起，就生活在美术学院的环境中。四川美术学院、中央美术学院、中央工艺美术学院（现在的清美院）都在我的人生中留下了各自的印记。

※ 美院的人文环境和空间环境有自己的特性，但是美院之间的差异依然是明显的，地域文化，学院所倚重的学科，著名的学者或特立独行的艺术家，这些因素都会影响身在其中的个体。对于从小生活其中的个体来说，这种影响更是潜移默化的。

人们常说，大学的环境跟社会是不同的，对于美术学院来说更是如此。它并不是一个封闭独立的社会，形形色色来来往往的学生、老师、艺术家使这里始终充满了活力。但是美术学院里的人和事，以及这种环境影响下的价值观，似乎还是跟社会有着一定的距离。

» 三所美院的环境是各有特点的。在四川美院的生活是幼儿园时期，那时候的记忆已然非常模糊，依稀记得我家在美院的一座小山坡上，除了旁边电厂高高的烟囱和不间断冒出的浓烟提示这是一座重工业城市，四川美院的环境更像一种田园牧歌似的生活，而唯一通向市区的杨九路则将美院折射成了曲径通幽的桃花源。

» 而中央美术学院，则贯穿了我小学到中学、少年到青年的整个时期，也是我印象最深的家园。我家位于帅府园胡同的美院家属院内，胡同口即是全聚德烤鸭店，随着 20 世纪 90 年代中期王府井建成步行街，大量旅游大巴也止步于此，正好带各地游客品尝著名的北京烤鸭。胡同的另一端，则是协和医院的老楼建筑群，后来了解历史才知道，其在 20 世纪 20 年代由洛克菲勒基金会投资兴建，其绿色琉璃瓦采用了王府的规制，也是中国传统建筑样式与现代建筑技术结合的早期案例之一。让人意想不到的是，90 年代末正是协和医院将中央美院的校区吞噬，使得王府井再也没有了美院的痕迹。

» 帅府园的家属院本身和中央美院的校园是连通的，也许是出于安保考虑，才在原来连通的位置增加了一座铁质栅栏门。这座门只有大约两

四川美院旁边电厂的烟囱
摄于 2003 年

协和医院老楼

米四五高，却给通行于家属院和学校的人们增加了数倍的通行距离。因此每天都有很多人翻越而过，男女老少甚至不乏在职的教师们都会跃跃欲试，而对于十来岁的我更是不在话下。翻过铁门，就是位于学校内的几栋二层宿舍楼，这是学校为了安置刚毕业的年青教师提供的非正式居所，楼内只有公共卫生间和浴室，除了不是多人一间，比起学生宿舍条件也好不了太多，很多现在已经是赫赫有名的艺术家当年都曾住在那里。

» 中央美院的正门位于校尉胡同 5 号。校尉胡同是和王府井大街平行的一条小巷，两条街夹着的空间就是美院和现在的新东安市场。而校尉胡同南侧是东单三条，到了 20 世纪 90 年代中期，东单三条已经变成了东方广场巨大的基坑。很快，整个校尉胡同周边，原有的平房及住在其中的居民也都不复存在，取而代之的是一座座拔地而起的商场。尽管王府井步行街和东方广场的商业氛围一天比一天浓厚，美院校园内仍保留了一份宁静，似乎与院外的商业街格格不入。然而好景不长，美院也开始了搬迁，整个校园内也更加安静。

校尉胡同与帅府园胡同路口，后面的建筑依次为中央美院画廊、陈列馆、宿舍楼

» 在美术学院的环境中，与其说浓厚的艺术氛围，不如说独特的人文环境对人的影响更大。周遭的邻居们，有的是业已成名的老艺术家，有的是刚刚毕业的年青教师。虽然大家的生活都不富裕，但

在当时躁动的时代，无不保留了一种难能可贵的执着精神。他们那些不经意间的言谈举止，不光是有来自世界各地的见闻，也无不保持着对世间的批判与思考，这也悄然在我幼小的心灵里埋下了思辨的种子。

» 大约是 1994 年或 1995 年夏天的某个夜晚，一场关于包豪斯的讲座在中央美术学院综合楼的报告厅悄然拉开帷幕。

※ 1994 年中央美院举办关于"包豪斯"的讲座并非偶然，因为这个阶段它们正在筹划设计学科，用包豪斯的故事和话题预热是很恰当的，不会引起一直以来"鄙视"实用美术的艺术家们的反感。

那时的我不过是个十岁出头的孩子，却在院子里偶遇了这场知识的盛宴。那晚，报告厅座无虚席，美术学院的师生们对包豪斯和设计充满了好奇与渴望。而出于好奇，我也静静地坐在了报告厅的最后一排，全神贯注地聆听，目光紧随幻灯片上跳动的光影。那些现在看来都颇为新颖奇特的家具设计，在那个年代显得尤为引人注目，除了新奇，当时的我其实并未有太多的感觉，直到十年后进入建筑学院才了解到包豪斯的重要，并意识到这是我真正意义上第一次与设计结缘。

包豪斯家具

» 在四川美院和中央美院的经历，都是因为我的母亲在两所学校教授英语，那个时期英语跟史论、政治等非专业课程都属于共同课的范畴。这使得她的时间相对自由，而我们一家也以一种相对边缘的身份生活在美术学院的圈子里。

» 而到了 20 世纪 90 年代末，父亲回到了他的母校中央工艺美术学院工作，当时他的工作室位于工艺美院操场旁小红楼的顶层。而那时我已经上了中学，因此经常独自骑自行车从王府井到东三环，在工艺美院的球场打篮球，或是到父亲的工作室摆弄计算机。工艺美院位于光华路和东三环路口的白色教学楼，在那个时期全北京的高校中都可以说是独树一帜的，这也映衬着工艺美院的师生们相对其他院校更加先锋与时髦。

与闹市中试图维持幽静的中央美院相反，工艺美院似乎完全不畏惧对面国贸大厦的现代高大商业建筑，而凭借其设计优势，更加自信积极地融入了社会的发展潮流，虽然校园不大，但是即便周末，也维持着熙熙攘攘的人群。

从科学家的理想到建筑师

»　虽然从小在美院长大，但是我似乎从来没有想过成为一个艺术家。或许是因为彼时完全未开发的艺术市场，艺术家尤其是独立的自由艺术家们的生活状态可以说是无比窘迫的。因此我一直都在普通中学的体系中读书，并没像很多美院子弟一样，早早就开始专业美术学习。虽然初中时，我也趁学校寒暑假在当时著名的煤渣胡同地下画室学习过一段时间的静物素描、色彩等，但当时的我完全不是一个能安静坐住的年龄，在学习到基本的光影原理和技法后，很难再耐心去详细地排线、塑造细节，加之地下室拥挤缺氧的环境，使得我很快对继续学习专业绘画失去了兴趣。不过这点美术基础，也已足以应付后来建筑系学习中的美术课了。

»　与许多20世纪80年代前后出生的人一样，儿时的梦想总是那么纯真而高远。科学家，这个神圣而崇高的职业，曾是我们那一代人心中最向往的目标。尤其是进入高中后，随着学习科目的深入和理科成绩的稳步提升，我对自热科学的热爱愈发浓厚。

»　从小学到工作后的很长一段时间里，阅读杂志都是生活中不可或缺的一部分，也是我的一大爱好。杂志，这个小小的窗口，打开了通往科学世界的大门，让知识的光芒照亮了前行的道路。那些科学类的杂

志，从少儿时期的《少年科学画报》《我们爱科学》，到高中时期的《科学美国人》《自然》等，几乎占据了所有的闲暇时光。↘

※ 20世纪80年代的科学启蒙影响了两代人，其实大他十几岁的我也在看这些。这些刊物给我们描述了科学的神奇和伟大，也给我们展现了未来生活环境的巨大变化，令人心驰神往。

↖有时候，一个月甚至要订阅十几本不同的杂志，沉浸在知识的海洋中，享受着阅读带来的乐趣与满足。进入大学后，阅读的方向才开始发生了显著的变化。人文社科类的杂志，如《凤凰周刊》《三联生活周刊》等，逐渐成为了新的阅读焦点。这些杂志不仅拓宽了我的视野，更让我对世界的认知更加深刻而全面。

» 高二、高三时期，我的学习成绩已经可以支持在高考填报专业志愿时从容地选择方向。但对一个中学生来说，职业的选择是完全没有概念的，更多是凭借一时的兴趣和爱好，我便考虑了当时我比较喜欢的生物化学或历史地理方向。但这时，父亲的坚持改变了我的未来。他非常坚定地希望我学习建筑，而这也毫无疑问是那个时期最热门的专业之一，最后我如愿进入了重庆大学的建筑城规学院城市规划专业学习。↘

※ 马踏飞的择业经历和我很像，我当时高考第一志愿是兰州大学生物系，因为当时崇拜郑国锠教授（生物学家）。后来被化学系录取，下通知书前，父亲强硬干涉，最终将档案投至哈尔滨建筑工程学院建筑系。

↖为了增强对建筑设计的兴趣，父亲在高考后的暑假专程带我去了一趟上海，参观了当时刚刚落成的金茂大厦，并在其中的铂悦酒店住了一晚。那时的金茂大厦设计及建造水平，可以说远超我之前在北京见过的所有建筑，在全国范围内都是遥遥领先的，它高耸挺拔的造型，金色塔状的外观，以及内部层层上升的超高大中庭，对当时的我无疑是极为震撼的。这次旅行，不仅让我见识了当时国内最先进、最前沿的建筑，更在无形中开启了我对建筑与室内设计最初的兴趣，让我认识到了建筑带给人的强烈冲击。

父亲的影响

» 对每一个人来说，父亲都是在生命中扮演着至关重要角色的人，而父亲对我的影响无疑是深远的。尽管我们之间的直接沟通并没有他期望的那么多，甚至在工作生活中也经常会因为各种问题产生争执，但父亲在家庭中的影响却是实实在在的。

刚落成的上海金茂大厦

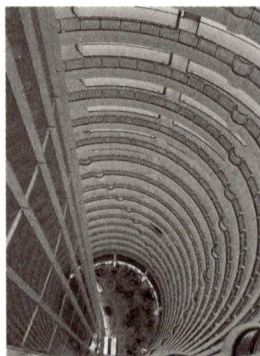
上海金茂大厦内部

※ 马踏飞现在的工作属于子承父业，马怡西老师将自己开创的事业交与他主理。家族式的设计团体现在少了，大大减少了，这其中的原因很复杂，与主流价值观和家庭伦理观改变都有关系。但对于一些特种设计行业，家族式设计组织有其优点，它稳定、传承脉络连续感明显。我经常和马怡西老师开玩笑，称他们家族为"当代样式雷"。

» 正如父亲自己所总结的，他虽然是改革开放以后最早一批室内设计专业的毕业生，但真正从事这个行业却已然到了 20 世纪 90 年代末期，毕业十多年后。在这之前，他的精力更多是在作为艺术家进行绘画创作。

※ 中央工艺美院虽说属于实用美术体系，但早期的学生大多仍然是抱着当代艺术家的理想来求学的，对于设计专业缺乏感情基础，而考试又延续了纯艺术的方式，因此他们当中的许多，一直没有放弃当艺术家的理想。

» 1989 年父亲研究生毕业，分配到了北京中建旗下的雕塑壁画公司工作，因此我母亲也将工作单位从四川美院调到了中央美院，就此我们全家都搬到了北京。在等待母亲单位分房的前几年，我们都借住在亲戚家位于西四的四合院里。那段时间，由于单位不用坐班，父亲几乎是所有时间都在院子里进行绘画创作，这也是他创作的高峰时期。刚上小学的我也观察到了父亲在四合院中进行绘画创作的全过程。当时的物质条件非常有限，除了最基本的颜料，几乎所有东西都要自己手动完成：将木条组装成大大的油画框，在画框上绷上画布，而大幅的作品甚至要三幅或四幅画面组装起来。画框组装好屹立在四合院的西厢房前，父亲便全神贯注地绘制巨幅的油画作品。那些色彩斑斓的画面，深深地印在了我幼小的心灵里。

» 正是在 1992 年，父亲进入了创作的高峰期，也正是在这一年，他在后来成为我家隔壁的中央美术学院展览馆举办了个人画作展览。而更为突然的是，随着社会经济形势的急速转变以及父亲原来工作单位的情况变化，他被迫进入了一种"下海"的状态。这意味着他不得不放弃在家画画的生活，独自在社会上寻找各种各样的项目，以维持家庭的生计。

※ 20 世纪 90 年代初，大批原本从事艺术创作的人纷纷转向设计行业有两个原因。首先是艺术市场还未萌芽，艺术创作无法解决生活的基本要求。其次，随着市场经济日益活跃，社会对现代化的基础设施需求紧迫，时间紧，任务重，回报高。这种冰火两重天的状况使得转向设计成为大多数人的选择。

那段日子，父亲经历了前所未有的挑战与困难。但正是这些经历，让他更加坚定了对艺术的热爱与追求，也让我更加深刻地理解了生活的艰辛与不易。

» 好在那个时期显然是充满挑战和机遇的时代，家里的经济状况也随着父母的努力逐渐好了起来。我家也成了周边较早拥有私家车的人，我们成了中国可能最早一批自驾游的人。几乎每个假期，都会全家开车到全国各地去旅行，在那个没有导航没有智能手机的年代，仅凭一本全国交通图集，便走遍了大半个中国。父亲对人文景观，尤其是历史建筑的兴趣，也随着旅行一起培养了我对历史地理的兴趣。

※ 汽车影响中国人思想观念就是表现为 20 世纪 90 年代末私家车出现。私家车进入中国人的生活，使得个人的身体和社会互动的关系发生巨大的变化，频

繁而又有跨越性。它使人的活动范围大大超越了社区，甚至城市和区域。

每到一个地方，都首先会去参观当地的博物馆。与现在的全民博物馆热大相径庭的是，在将近 30 年前，博物馆还是一种非常小众的目的地，甚至有些地方博物馆因为缺乏游客，日常都处于关门状态，直到有人登门才开门开灯。这些旅行见证了我的成长，它们不仅丰富了我的知识储备，更让我在成长的道路上更加坚定而自信。

» 20 世纪 90 年代是一个社会经济蓬勃发展的时代，仿佛一夜之间，各种新兴行业如雨后春笋般涌现，满足了社会多元化的需求。那个时候行业或专业之间没有明确的细分，甚至现在的很多专业都还没有出现。凭借当时难得的美术功底，父亲也有机会承接了很多五花八门的有趣项目。

※ 环艺的学科定性和定位是耐人寻味的，许多人认为不实在，好大喜空，但事实证明它对社会现实的变化无常具有极强大的适应能力。实质上也的确解决了社会问题。

有几个项目至今仍让人记忆犹新。比如建设吴桥杂技城，那是一个展示地方杂技特色的地方，类似现在的主题乐园，需要创作各种栩栩如生的人偶作为杂技城游览路径中的重要道具，因此便用玻璃钢制作了一系列姿态各异、表情丰富的人偶。还有老北京微缩景园，受深圳锦绣中华和北京世界公园的启发，在昌平将清代北京城缩小后建成公园供人参观，其中的所有建筑都是依原有样式等比例缩小复制的。而为了再现古时的场景，又在其中放置了成千上万个同样比例缩小的陶瓷小人，这些人物从帝王将相到贩夫走卒，形态各异，生动还原了那个时代的风貌，现在回忆起来都非常有趣。

建成 30 年后已经破败湮灭的老北京微缩景园

» 那时的我正值小学时期，仿佛是一只好奇的小猫，总是跟在父亲身后，穿梭于这些形形色色的"工地"之间。每一次的探访，都是一次新奇的冒险，让我对这个世界充满了无限的好奇与向往。

几乎整个 20 世纪 90 年代中期，父亲都忙碌于那些五花八门的项目中。而始于更早的环艺设计专业，他几乎是不经意间错过了最初的起步阶段，直到世纪之末，才真正回到了这个行业。1998 年，随着重庆直辖市的设立，人民大会堂要在原有各省厅室之外新建重庆厅，这一方面是故乡地位的一次飞跃，更重要的是让父亲终于回到了大学学习的专业——室内设计，那一年他已经 45 岁。

在接下来的几年里，父亲参与并主持了多个人民大会堂厅室的室内设计项目，长期的积累与努力得到了业界的广泛认可。

※ 20 世纪 90 年代末随着香港、澳门归期将至，人民大会堂香港厅和澳门厅的室内设计率先垂范后，各省区市纷纷设计拥有鲜明地域文化特色的工程。这是一个对于专业发展具有历史意义的事件。即典雅的中华人民共和国最重要的建筑中，开始多元化发展，包容了多个富有地域文化特点的地方厅堂，也意味着追求经典开始转向多元化。

之前十几年的各种经历加上那些年的实践与经验，加上认真对待设计的态度，使得他能在越来越激烈的市场竞争中占据一席之地。而最终，他又着着这些从实践中得来的经验，回到了他的母校——已经合并到清华大学的原中央工艺美术学院环境艺术设计系，并以这些经验为基础开设了一门独具特色的课程——国家礼仪空间设计。中央工艺美术学院环境艺术设计系，它的历史可以追溯到那个辉煌的时代——十大建筑的兴建，也是我国建筑装饰和室内设计专业的发源之地。此时正值新中国成立之初短暂全面仿学习苏联建筑艺术之风刚刚褪去的时期，十周年的国庆亟待兴建一系列的建筑以展示和重塑国家形象。甚至如同人民大会堂的五星穹顶一般，室内装饰本身也成了代表国家的符号之一。从那时起，环艺系就肩负起了造国家形象、传递民族精神的重任。而那个年代，以十大建筑为首的公共建筑及其装饰设计，也逐渐形成了一种新的范式，影响了此后几十年的室内设计。而到了 20 世纪 90 年代之后，公共建筑的类型愈发丰富，十大建筑的设计传统便汇聚到了礼仪空间设计的范畴，礼仪空间设计成了设计业内一个独特的细分领域。

进入室内设计

» 如同父亲兜兜转转十几年才回到本专业，我从大学学习城市规划专业转向室内设计这个方向，也非早早规划或刻意为之。大学毕业后，我先是在设计院的建筑所从事规划相关的工作。

» 工作了大约半年，父亲接到的一个突如其来的设计任务打破了原有的轨迹。那是一个保密工程，主要任务是设计宅邸。那时正是 2008 年奥运会开幕前夕，全国上下都在进行大规模的建设工作，这个项目也是奥运工程系列任务之一。

» 毫无疑问，这是个特殊的设计任务，父亲敏锐地认识到了它的特殊性以及重要性。在简单沟通之后，他便劝说我利用这个机会进入室内设计行业。

> ※ 把政治立场和文化符号以及空间表达统一起来是一项艰巨的任务，属于和国家形象塑造密切相关的环境设计工作。在这个过程中，工程、文化、艺术几个领域的知识、方法需要密切融合。

虽然当时的我对室内设计几乎毫无经验，但是耳濡目染下，我对这个行业其实早有接触，于是欣然踏上了这条全新的道路。

» 从此，我开始了室内设计师的职业生涯。与先前学习的建筑设计以及城市规划设计相比，室内设计仿佛是一个全新的世界。

> ※ 在他的本科学习中，建筑学与城市规划更多的是以理想主义为引导的。而经过一百余年的发展，现代建筑与城市规划理论已经充满了逻辑严密的经验主义。然而，当他真正接触到室内设计之后，他立刻被这个行业的魅力所吸引。

» 从原来城市视角以米甚至百米来计算的尺度，到室内设计以毫米来绘图，我发现，室内设计其实是一个更加贴近人的感受、更加实用主义的设计行业。

※　室内设计在今天已然成为一门独立于建筑设计的学科，这是一个漫长的出走过程。室内设计是在一种微观社会学视角下建立起来的设计者和委托设计者的互信关系。室内设计不再一味地追求永恒，而聚焦于当下的贴切与适应。它是人居环境系统中最后一个环节。

它不仅仅是为了追求美观和理想，更是为了满足人们的需求和感受。室内设计所代表的人居环境不是从上帝的视角或者人想象中的视角来考虑问题。这种以人为本的设计理念，让我深受感染。

»　我参与的第一个室内设计项目，既不同于普通的家装，也不同于真正意义上的公共建筑。它是一个特殊的住宅设计，由于用户的特殊身份，整个设计及建造过程都经过了众多相关人员的层层把关和审视。这与我之前所了解的、与普通客户直接交流并体现个人色彩的设计方式完全不同。这个项目具有一定的公共建筑特点，同时对未来用户的使用需求也十分严苛。比如每一种材料、每一个开关、每一个插座，都会有专业的人员来进行核对和梳理。这也让我从最初的实践便经历了异常严谨的锻炼。

»　就这样，我正式进入了室内设计这个行业，改变了职业的方向。室内设计的丰富性和多元性，以及可以快速见到成效的特点，对我来说是非常新奇且有吸引力的。

※　室内设计的多元性表现在类型性和个性的极端丰富上，无论哪一方面都具有更多的可能性。它的变化频率具有时尚的特征，它的生产节奏也在一定程度上符合这种特征。

与建筑项目和城市规划相比，室内设计的时间周期更短，往往在半年到一年之内就可以看到设计成果的最终落地。这种成就感让我更加热爱这个行业，也更加坚定了走下去的决心。

回到美院学习

» 从事室内设计五六年之后，我已经经历了若干不同类型项目的设计工作，从住宅、别墅等小型项目以至酒店会议中心等公共建筑，可以说终于对室内设计或者装修设计这个行业有了初步的认识。在这个逐渐进入工作状态的过程中，我也接触到了这个行业中各个领域的人们，从施工单位的项目经理、现场的深化技术员到商务人员乃至业主代表，他们中相当一部分都来自于各个学校的环艺专业，这也让我见识到了这个专业和从事它的人的丰富多彩。

» 因此在父亲的建议下，我便有了考入清华美院环艺系攻读研究生的想法。父亲的意见是希望理工科院校毕业的我能够进入美术学院体系中学习，以便对当代艺术的发展和演变有更多的了解。

> ※ 这个视角是独特的，室内设计和当代艺术究竟是一种什么关系呢？我认为表面上看并不直接，但实际上非常重要。因为室内设计的美学并不稳定，相比建筑，它还具有消费文化下的美学特征。当代艺术的批判性、多元性正在制造一种新的审美，新美学的母语在室内设计中常常率先得到应用。这是艺术和设计关系的一种表现规律。

» 而对我而言，虽然环境艺术设计这个词从小就在耳边，但毕竟没有经历过系统的学校学习，也希望能够弥补这方面的缺陷。

» 由于准备得不够充分，第一年的研究生考试我并没有考上，直到第二年，又经过一年的准备后，才考取了环艺系研究生，正式进入苏丹老师门下学习。

» 现在回忆起来，其实两年考研的过程对我的影响是非常大的。虽然我自幼对历史地理、历史等人文科学就有浓厚的兴趣，并且在本科时对建筑史和城市发展史也有较为认真的学习，但是在考研时的理论学习才将这些不同的兴趣爱好串联起来。而美术学院对艺术硕士的考试是要求全面了解雕塑、绘画乃至音乐、舞蹈、戏剧等各方面的历史知识，也让我对原来完全不了解的各个艺术门类有了初步的认识。

» 另一方面，关于设计学的历史学习也让我认识到了原有建筑发展史背后另一面的故事。众所周知，虽然现代设计这一行业以及观念都是从新艺术运动时期的装饰设计发端的，但是它也经历了一个从装饰设计诞生，进而批判甚至敌视装饰的过程，这固然伴随和适应了工业社会和生产的发展，但是"现代设计"的普及似乎也带来了对人文历史的割裂。

» 我本科时期（2000年初）建筑院校的教育体系，仍然是较为纯粹的以现代主义思想为主流，全体师生都对柯布西耶、理查德·迈耶、安藤忠雄等的作品及思想有着无与伦比的崇拜，这一方面体现了建筑学的理想主义情怀，另一方面则体现了对现代主义之外任何东西的不妥协精神。

» 而在美术学院里，即便经历了改革开放前以及开放初期物质极度匮乏，整个社会对装饰和艺术的需求一度接近于零的年代，但是借由多个学科之间的紧密联系仍然维持了非常浓厚的人文精神。

> ※ 建筑院校总体上是工程教育主导的环境，建筑学在其中是个特殊存在，其中理想主义的树立是现代建筑历史塑造的结果，很成功，但容易把学生鼓噪得人高气傲不接地气。而美术学院的训练方式和学科组合则形成了人文学科中的另一种特殊存在。美术学科对社会和普通人的观察是比较充分的，下乡采风、写生这些课程培养了对日常生活细腻观察的能力。

» 而正式进入环艺系开始学习之后，我像是进入了一个全新的世界。系里的老师各有性格也各有所长，例如郑曙旸老师的严谨认真，方晓峰老师的博学儒雅。

» 而给我留下印象最深的还是导师苏丹老师。苏老师跟我一样也是从建筑院校的体系进入美术学院的，但是相对于我而言，他是一个更为纯粹的"文艺青年"。由于我是一边工作一边读研究生，因此在苏老师工作室的时间非常有限。不过苏老师的每一次课都给我留下了非常深刻的印象，从大地艺术到杰夫·昆斯的气球狗，从与赫尔佐格的当面交流到与中阮艺术家冯满天的偶遇，苏老师给我展示了一个更加宽广包容的世界。

» 同样跟着苏丹老师学习的石俊峰同学的一件作品则给我带来了新的认识。其实这是一个看上去不能再简单的设计，甚至只能称之为小品。它是将彩色的毛线缠绕在我们过街护栏的扶手上，毛线细腻的质感以及丰富的颜色与周遭冰冷的工业化金属管制品形成了异常强烈的对比，这也让我突然意识到了我们生活的城市在这方面有多么的缺乏。这种微观层面，是城市规划者在一张张大比例的总图或者概况性的城市设计中无法触及的。对生活在城市中的人们而言，这种微观环境的关怀，与总体尺度的设计同样重要。

※ 那是石俊峰同学带领他的团队成员所进行的一次街头艺术实践，属于典型的环境艺术。但这种用艺术介入社会的创作在环艺学科以往的训练中并不多见，甚至还会招致打击。这是我们对学科认知出现问题的反映，环艺学生的艺术手段绝不只有装饰，还要有当代艺术。

» 因此我认为环艺中的环境一词并不简简单单是一个物理概念，它更多的体现了一种包容的人文关怀与人文精神，它不仅是具象的空间塑造，更是在潜移默化中对人们情感的唤醒。有了这种认识，我也逐步认识到在设计中注入温度、添加人文色彩的重要性。

职业实践与未来展望

» 从我大学毕业开始做室内设计至今已将近20年。我从一个城市规划专业毕业生，进入室内设计这个专业，期间经历了大大小小上百个项目，我个人从边缘的设计师，逐渐成为全面主持整体设计的设计师。

» 与此同时，我们国家的社会和室内设计行业也经历了长足的发展，从我个人的实践也可以体会到社会发展与设计演进的相互影响。

» 通过设计史可以看到，20 世纪 80 年代以前的建筑设计思潮以及建筑实践是以各种"主义（ism）"推动的，这与建筑师对社会一次次跨越发展的反思不无关系，人们都在寻找从古典时期迈向未来的路径，并不断提出自己的解读加以实践、循环演进。而进入 90 年代以后，随着互联网和全球化的出现和快速发展，设计理论再也无法追上社会演进的步伐，"主义"一词也就此逐渐淡出了设计师的语境。

※ 社会节奏甩掉了"主义"不一定是坏事，因为设计中的"主义"常常使得设计师变得偏执。

» 为了满足快速传递信息并引导受众的需要，取而代之的，是人们所总结出的各种"风格（style）"。就室内设计而言，就有现代、新中式、中式、法式、欧式、简欧、意式、轻奢风、美式、新古典、欧式古典、后现代，以及近年的中古风、奶油风、佗寂、北欧、高级灰、暗黑风、孟菲斯风、工业风、民国风、战后风、东南亚、地中海、日韩原木风……风格之多、流行变化之快，甚至设计师稍有怠慢都无法理解，这代表了市场从设计导向到消费导向的演变。同时，这也显示出室内设计这个行业的灵活多变及对社会变化的快速响应。

※ 室内设计的消费文化特征在许多空间类型里都得到了充分的体现，酒店、商场，甚至家居环境。

» 而即便从我所参与的众多项目——其中不乏国家重点工程，也可以看到随着受众认知的变化或者说受众本身年龄层的变化，对设计的要求也在逐渐变化：早期对西方古典主义样式的狂热追捧，到折中主义的"中西结合"，再到"现代感""科技感"的标新立异，及至近年来逐步趋向于寻求民族特点以彰显文化自信……

» 如同前面所提到的，在特定的项目中，建筑室内空间也就是所谓的礼仪空间，除了建筑本身的使用功能之外，还需要承担塑造国家或某个地区形象的作用。而室内设计一方面同建筑一样，需要考虑周边的历史文脉，要考虑与建筑外观的协调一致，还要试图对建筑内部空间进行优化重塑。

» 下面通过几个案例的简要介绍，来体现上述转变及室内设计的推动作用。

台基厂北京市委办公楼老楼

» 市委办公楼老楼改造于 2012 年完成。台基厂地区位于原东交民巷使馆区，其独特的周边文脉与历史街区使得建筑的室内采取了传统的装饰艺术与古典主义结合的风格，室内设计通过将原有双跑折返楼梯改造为单向直跑楼梯，使整个空间更加肃穆挺拔。

城市副中心北京市委办公楼

» 2018 年建成的副中心市委办公楼外立面借鉴了中国传统建筑大屋面的构型，将普通的方盒子办公楼上部楼层作退层斜面处理，使得整个建筑远观极具传统建筑意象。而顶层的斜屋面却给室内空间带来了单向坡屋顶的不利局面，尤其其八层两侧的两个大空间，建成后将承担接见外宾的重要功能。因此室内设计通过天花造型的处理，将原有单坡的屋顶调整为对称的双坡顶，同样也呼应中国传统建筑室内屋脊的空间意象。

雁栖湖国际会议中心

» 雁栖湖国际会议中心是 2014 年 APEC 峰会的主会场，也是一带一路峰会的永久主会场。这是我国首次举办全球性的元首峰会活动，而外交部在经过对世界各国类似案例的考察后，认为需要通过本次会场的设计和建设大幅提升我国外事接待活动仪式水平，

台基厂市委办公楼门厅

因此便有了主会场"集贤厅"的设计。具象地说，需要将这 1300 平方米的阶梯会议室塑造为媲美故宫太和殿的空间。设计提出以中国传统木建筑的梁柱为主要构成，并将斗拱这一传统建筑符号融入设计之中，而天花则借鉴了太和殿的造型形式，创造性地将景泰蓝工艺融入建筑装饰构件中：每个柱子的柱头部分，为一个 2.2 米高的景泰蓝斗拱。

> ※ 集贤厅实现了在传统空间中创造现代性国家礼仪的转化，并且汇聚了多种非遗项目，极大地展现了中华文明的创造力。润物无声。

国家版本馆中央总馆

» 国家版本馆的建设承担了保存展示我国各类重要文献及各类文化载体的功能，同时其内部空间也承担着传递中国文化、促进文明交流的重大使命，因此室内设计广泛汲取了我国悠久的书房文化及藏书文化，将几个大型室内空间打造成独特的藏书空间，例如四面均为书墙的"国家书房"，以及文翰阁内八角复形的文瀚厅，而天花则采取了星空的元素以暗示我国文化流传的广袤无垠。

» 伴随时代和社会分工的发展，现在设计师的工作内容已经与几十年前大不相同，比如同样是传统纹样在建筑装饰的应用，过去的设计师往往需要亲自手绘图案以及大样，而现在的设计师却可以通过与工艺美术师协同工作来完成设计。一些传统工艺曾一度面临失传的境地，但随着与现代设计的结合以及国家近年来对非遗传承的重视，这方面人才培养以及社会接受度都有了大的进步。

» 随着社会的变化，现在的设计师作为一个职业，也面临着激烈的社会化竞争，众多重点项目也不例外，国家直接委托学院或老师的情况几乎再也不会出现了。一个项目往往要经过异常激烈的竞标和漫长的前期工作和曲折的建设过程，这虽然给设计师带来了非常大的压力，但是对于设计本身未尝不是一件好事。不断的竞争促进了不断的学习和创新，也引入了不同的背景理念。

» 国内公共建筑的室内设计，不论是剧院、体育场等具有特殊功能的空间，还是博物馆、美术馆等文化建筑，往往由政府或大型企业主导，这也是被广大设计师深恶痛绝的"长官意志"泛滥的地方。设计师对于自己的意见和想法一定要尽可能地坚持，但更重要的是，也要学会妥协。这种妥协不是一味听从甲方的指示，而是在其中找到一种平衡。

» 2000年以来，环艺设计这一概念，有过蓬勃发展的时期（甚至有的设计院直接在名字中加入了环艺的名称），但最近10年左右，由于行业和产业的发展，环境艺术被提及得越来越少，甚至在社会分工中找不到完全对应的职业。而经过三四十年的发展，室内设计以及室内空间环境设计已经有了长足的进步，这其实与大量从事这个行业的人员是从各个院校的环艺专业毕业密不可分。

» 虽然这些年我做过的设计越来越聚焦于一些"主旋律"项目，看似非常"高大上"，但就像父亲的经历一样，我也始终以一种边缘人的姿态和视角来审视自己的设计。越是重要的项目，越需要做到客观冷静地分析，在设计师的个人偏好之外，更多的是政治、经济、人文等众多因素的综合考量。

» 转眼间我也到了四十不惑的年龄，父亲常说建筑设计师是一个"老年行业"，现在的我还远谈不上传承发扬，而随着社会经济的转型，就像大家感受到的一样，设计可能会越来越"难做"，但是相信我会坚持将设计一直充满兴趣地做下去。

副中心市委办公楼室内的单坡屋顶

国家版本馆中央总馆 – 文翰厅

雁栖湖国际会议中心施工过程中的
全尺寸模型

潘　飞

Robot 3 工作室设计师
2001—2005 清华大学美术学院环境艺术设计系本科
2016 年与王植、韩冬，成立 Robot 3 工作室

设计说明

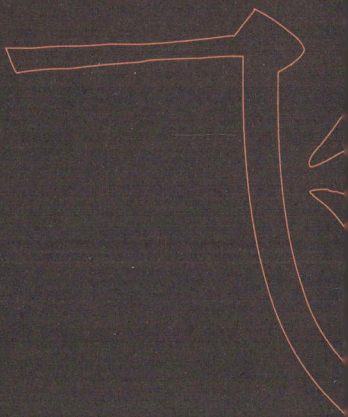

» 我大学一直都对专业没有感觉，消耗精力多的是看闲书。当时苏丹教授上课给我们介绍了建筑师安藤忠雄，我就开始看安藤的建筑，一下子把我带进去了。再到柯布西耶，又到库哈斯，是对我走上这条路最重要的三个人，和建筑或者说设计空间关系不大，他们对现状和社会的挑战，对于自我的认识和重新发现，是最吸引我的——感谢学校给我一个契机能够知道他们，更重要的是我认识了一群朋友。大学没怎么学具体的生存手段，所以毕业以后不知道能干什么。2009年苏丹教授给了我一个机会，让我去欧洲待了三个月，西欧还有北欧的国家，整个串了一下。

※ 2009年我负责欧盟一个公益机构的艺术家交流计划，题目是《中国和北欧的"环境艺术交流计划"》。这个活动持续了3年，对我思想观念的改变非常大。潘飞是我派往欧洲驻留的艺术家之一。我安排他在爱沙尼亚的塔林驻留三个月，而他却擅自跑去西欧近两个月，几乎是以一个"流浪者"的状态去几个曾令他朝思暮想的城市参观那些建筑史教科书里的经典建筑。回到赫尔辛基的时候已身无分文，并且鞋底也磨掉了。那是一次属于他自己的"长征"。

当时我在柯布西耶的朗香教堂待了一整个晚上，这对我的触动是决定性的。人生在20多岁除了梦想也没有别的，内心燃烧的东西在哪个地方是一个出口，这是我一直在寻找的。我看一些事情有绝对标准，就是展现出来的能量，具体的过程和手段是比较次要的。

» 我有两个好朋友：王植、韩冬。2014年我们一起聊天，我说咱们一起做一个设计工作室吧。Robot 3 就是从这里开始。这个词超过我的想象和理解范畴，恰恰是想做的事儿，很有代表性。正好我们三个关系都挺好，也暗含这个意思。

» 对于我来讲，态度大于理念，态度是知行合一，表里如一，你的态度和你的状态，应该是保持一贯的东西。每个人所蕴含的能量，虽然说文无第一，但是有

一个标准，能够接收到的自然明白、无须多言。理念就是我们怎么看待自己要去做的这件事情，想通过这种手段，把真实的想法呈现出来。理念是永无止境的前行。把对世界的认识，自身的能量，融入到我们做的事情中去。这对于我们来说是最重要的，风格与形式这些反而是次要的东西。我们有一个共同的想法，就是做一些具有真实价值，真正有意义的事情，一个人很难真正全面彻底地否定自己，只有你相信的人才会毫不犹豫给你一个真实的反馈，让你前进。

※ 批评与自我批评是纠正自己的两个角度，缺一不可。"自我批评"有局限性，来自他人的"批评"亦是如此。此外，善意的批评还是一种鼓励性的建议，带有期望和热情。

我们每一个工作步骤里面，都是尽力向前探索，一直到项目结束。我们到目前的工作方式从来不是一张图纸或者所谓的"概念"，而是每一个阶段的可能性，身体力行，向前再走一步，达到我们能做到的极致，我比较相信苦行僧式的做法。

※ 潘飞信奉的设计方法是思辨和精神性的，即冥搜苦索地思考和竭尽全力地行动，这是艺术家做设计工作的状态。

在具体的技术层面，我个人相对偏感性一些，先去感受这个场所蕴含的某种能量，某一个可以和人发生连接的通道，有点像艺术创作。独特性源于事物自身的能量，所谓风格是别人评价的，不是我考虑的事情。能量对人的震撼，不用任何语言描述就可以感受到。

» 在思考的过程里没有考虑所谓的风格或者说理念，碰到一件事情，就用最原始的方式思考它应该怎么开始，呈现的结果只不过是思考的结果而已。而所谓的独特性是因为每个人一定是独一无二、无法复制的。

Robot 3 成立，"3"也有三个创始人之意（从左到右王植、韩冬、潘飞）

设计的过程中追求思想的独立，方法的独特是真诚的，不能人云亦云，不可随波逐流，以自己为设计的主体也就是思想的主体。这根本上是一种艺术的态度，也必定会生成具有艺术性的设计结果。

东西放在那里，他在什么量级就是什么量级，你骗不了别人，更骗不了自己，这就是我看待作品的方式。

» 中央电视台就在我们老校区马路对面，我看着它从起地基到捅上天，很多人不理解这个楼，说难看、不合适，放眼整个北京，我自己觉得每次路过能感受到力量，除了天安门附近它是最强的。

※ 环境具有教育意义，是随着个人成长潜移默化，润物细无声的。潘飞他们在光华路校区读书的时候，正是 CBD 建设如火如荼、当代建筑风起云涌之时。其中校园北侧的 CCTV 大楼正在施工，对其方案的争议铺天盖地。建筑师的表白和业界舆论的抨击客观上形成了当代城市、当代建筑文化的语境。

且不论这个力量的好坏，这是一个人的精神力展现，也是一座城市一个时代的选择和标志，无论你接不接受，这是库哈斯对于这个世界对于中国北京的解读方式。风格是别人评价的，不是我们考虑的事情。朗香教堂柯布西耶做的时候会想风格吗？像一艘船？神秘主义？或者表现主义？所有的这些都是后人赋予的，我认为那是柯布西耶晚年又一次的跨越，浑然天成，那种能量对人的震撼，不用任何语言描述，人在那里就可以感受到。

» 我一直觉得最重要的是隐藏在事物背后的东西。我们要做的就是把它抓住。

※ 设计也在寻求真相，即规律性的东西和本质的东西，寻找的过程会很漫长，具有一定的不确定性。灵感会突如其来，它是不停思索，不断实践的结果。

之所以做的作品独特，因为这个事情本身是独特的，我们对于任何项目，都会去想最后做出什么样子，呈现一个什么样的结果，把这个事情做到100%。独特只是所做事情的副产品。设计大部分挺雷同，每个设计都要有它的闪光点，关键就在于你是不是能够看到它，然后发现它，表达出来。

» 所有的风格、特点、形式都是后人，更多的是学者，去评价和归类的。我相信真正冲在第一线的设计师很少考虑风格形式这种东西，我想这些人做事情的时候，是把所有的精力、全部的能量，都集中在这个事情本身，考虑其他的东西都会分散他的精力和意识。

※ 我认为这些感悟是来自潘飞一直以来的实践，每次设计的过程都需要心无旁骛。这不一定是最有效率的设计方式，但具有艺术气质。

企业界的各种重要的商业案例，像乔布斯、马斯克，都是他们把事情做出来以后别人总结的。很多人都想去复制，但是从来没有人成功过。这是因为大多数人很容易本末倒置。先分清楚哪一个是本，哪一个是末，这个很重要。

▽ 从独特的视角出发，展现项目的能量

Ideal Space 餐厅

Lucky 串吧 2.0

▽展现不同材料的能量

野友趣，金属＋木材

Ideal Space 餐厅，玻璃

Larp Cafe 实景桌游空间，PVC 帘子

» 　有些材料在别人眼里可能是不重要的，他们认为价格和价值是等价的，我认为这不对。材料应该是和作家的文字一样，是一个有灵魂、有生命的东西。具体用什么材料对于我来说不是很重要。我在探索怎么把看似最普通的材料，用不同的方式展现出来。

　　※　潘飞的设计有某种愚钝感，作品像个自闭的孩童，深邃且冷酷，具有某种难以名状的力量感。因为他的设计方式有点像创作，而非依据条件有条不紊地层层推理。

打个比方，给大家发一支铅笔随便画，我们画出来就是涂鸦，但达·芬奇画出来的就是艺术品。大家用的材料都是一样的。把材料本身所凝结的时间和能量完全显现出来，是我想做的事情。

所有的色彩都是人的反映，调动颜色就是调动自己，你在组织一个自我的世界。

大家都知道，颜色对于人的情绪和心理是有影响的。色彩可以是一种语言，一种情绪，一种讲故事的方式。这个建筑适合什么颜色就用什么颜色，没有具体对哪一种颜色特别感兴趣。现在中国的设计里面用的颜色相对来说比较单调，在这个城市、这个国家需要一些其他的颜色。

» "所谓创造者，受限更多不是来自于社会，而是你自己。"

» 所有项目最开始的出发点都是项目本身，和业主紧密合作。我和业主的关系与大多数设计师和业主关系不一样。想和业主一起做成一件有意义的事情，就像合伙人一样。具体来说铁皮屋，和甲方之前就是朋友。最开始考虑这个项目的时候，是从经营的角度去想，怎么能让这个店活下去，让这个店火。铁皮屋的位置是回龙观的霍营地区，两条街布满了烧烤店，竞争极其激烈。那么小一个店，启动资金很少，怎

Larp Cafe 实景桌游空间，
不同颜色体现不同情绪

山咖啡，同色系的色彩搭配
呈现出统一而自然的感觉

么设计可以让它存活下去，让它挣钱？例如铁皮屋矮桌的设计就是考虑到差异化，提供新的用餐体验，吸引人来。最终结果很好，这个串吧经营短短一个月已经做到回龙观地区烧烤第一了，不到两个月的时间就做到了昌平区的第一。年底业主赚了钱，要扩大经营面积，又做了第二个项目。

※ 这个陈述有点可疑，我首先怀疑设计是否拥有这么强大的魔力，尤其是对于那些光着膀子撸串儿的糙爷们，我估计潘飞有窃取厨师的作料配方师功绩的嫌疑。我猜想这个业主也一定是个怀揣梦想的艺术家，他和潘飞趣味相投在前，共谋烤串之事在后。

» Lucky 串吧二期的名字叫降临，借用了电影《降临》这个词，但是和电影没有丝毫关系，是特别个人化的解读。虫洞空间，也借用了概念，不一定准确，也可能是一种误读。人是挺有趣儿的复杂动物，他在不同的空间或时间身份可以切换。是不是我们做一个空间，可以让他切换到另外的状态？

※ 环境艺术设计中的"艺术"和"设计"给我们带来了多种解读这个行为的可能性，其中"艺术"的称谓是一种期望，即这个行为产生的后果有可能具有影响人们精神状态的魔力；而"设计"则是本分，

Lucky 串吧 1.0，用铁皮创造独特
的就餐体验

是底线。当这个行为的确能产生左右人的意识和精神的时候，艺术性就显现出来了。环境艺术设计很像鸡尾酒，其中艺术是酒，设计是饮料。二者勾兑在一起生成一种新型的饮品，既解渴又给力！

这是觉得特别有意思的地方，把看待事情的角度拧了两下。

» 做设计时首先想怎么能最大限度满足他的经营需求，在这个基础上做出一个非常好的作品。比如说铁皮屋 2.0 的黑色隔墙，设计之初是从人们的用餐心理考虑，大家都喜欢坐隔间吃饭，因为这样有私密性有安全感，在提供好的功能的同时又与众不同。开业前很多人觉得设计比较独特，接受不了。但开业一周后，甲方说等位排号能发到八十多，非常火。设计虽然看起来很独特，但在经营方面是给他加分的。设计更像讲述一个故事，所以大家看项目照片时能感觉到其中蕴含了很多东西。

» 对于甲方，基本上实话实说，你想要啥，我想要啥，怎么想的会非常直接告诉甲方。当你对这个事情真正去投入情感、认真对待的时候，人和人之间有一个通道是敞开的。所谓创造者，受限更多不是来自社会，更多是你自己。不要怕，往前走，我们就可以一起把这件事情推到一个未知的高度，做一个触动人心的东西出来。

Lucky 串吧 2.0，黑色隔墙创造独特私密的就餐空间

※ 典型的艺术价值观的环艺人，执迷创造，关注自我内心世界的变化，尊重自我的成长、发展的欲望。这种想法在设计领域最弥足珍贵的，是遇到欣赏自己并心甘情愿支付创造成本的他人，比如好家长、好老师、模范甲方。

» 每一个城市都有他自己的性格和特色，能做到尊重历史规律，尊重人性本能这两点就足够了。城市都有他自己的性格和特色，就算看上去千篇一律，但人不一样，活着的故事肯定不一样。不论是什么样的初衷，我认为都不需要拯救，救赎之道在天。不需要强制性地规划到生活的细节。大家怎么想，怎么用，自然就来了，挡不住的。在北京生活工作了二十多年，见证过这个城市的高速发展。这里是一个巨大的权力板块下，绝对意识下规划的，表面规规矩矩、有模有样的城市。高强度的重压反倒让人有一种超然的应对方式，两种力量结合在一起，成就了全世界独一无二的北京城，在巨大的板块阴影下生存着很多有意思的东西，中国人的魂就在这儿。大家就是在这种重压下找一个突破口，都已经是这么一个规规矩矩法力无边的城了，就设计这边缘且安全的行业而言还有什么不能做的？做不了……想想肯定是没问题的。我觉得大家更可以放松自己，让人的能量体现，不要都是中式范儿、日式范儿、欧美范儿、学院范儿的金钟罩护着，一不接时代地气，二没了旷久的精气神。我喜欢这儿是因为有那么些个人在这里，我觉得北京是一个非常有魅力的城市，全中国独此一家。

» 一个城市最重要的其实是活力。全世界范围很牛的城市都非常有活力，丰富多彩。真正漂亮有趣的，一定是与众不同的，个性化的。所以我更相信创造是自下而上，不是自上而下的。每个人都具有某种独特的东西，不同的人在一起就能碰撞出不一样的火花，不一样的创意。我不太相信个人可以规划整个世界，这样的世界太单调了。我相信普罗大众每一个人能把自身的特点表现出来，这个城市一定非常有意思，非常有创造力。设计师往往太自大了。我更相信每个人与生俱来的智慧，可能是老爷爷、老奶奶、小朋友，这个过程当然需要设计师，但更多是一种辅助或者是探索。不是我作为设计师说，我这个东西特别好，你们要完全接受。释放所有在这个城市里面生活的人的活

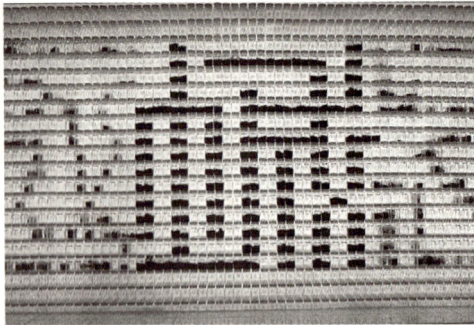

城市研究作品：爱沙尼亚–塔林艺术作品"巢"（左）/
上海双年展"蚁城"（右）

力和创造力，这个城市一定是最棒的城市。这要比脑子里面推演出来
的没有生命力的东西强得多。

※ 看来信奉孤独奋斗的人，也渴望环境得到改善，即
一个鼓励创造的城市。而城市里每一个市民都能释
放自己的活力和创造力，这即是理想中的乌托邦。
潘飞的苦行人生经常令我感到激励和忧虑。一方面
我为这种精神、这种艺术人格而激动，仿佛神农架
科考队终于看到了活体的野人；另一方面，我忧虑
他如何在这急功近利的世界生存。现在当他展现出
这一个个小型的、带有鲜明个人色彩的作品时，我
似乎明白了点什么……

» 我想所有的改变都是无穷的小改变，最后积累出来的一个结果。向前
探索推进一点点，可能微不足道，但是一次次贡献出来的那一点一点
的改变会把这个城市向前推动。

» 方法、形式、手段，这些都不重要，关键是能留下一点有趣的东西，
而不是制造更多平庸的东西。这个社会是划分层级的，所以别太在
意。你可以更大胆地向前走，外部条件的限制反而可以让胆量更大，
我觉得没有所谓的边界或者说规则，行业是安全的，规矩的，甚至是
整体没落的，在这种一成不变、墨守成规的圈子里边，反而可以因地
制宜，非常自由，无所谓设计或者创意，只是把自己的想法亮出来
而已。

» 我更相信质量，相信事情本身所具有的能量，蒙娜丽莎的画很小，但是会一直留存下去。一个建筑投资上百亿元，但可能过二十年之后就拆了。评价标准之一是时间。

※ 潘飞在每一个小项目（甚至是微型项目）上都很用力，像陈景润搞哥德巴赫猜想似的不遗余力，我也衷心希望这些小项目能够在世界上留存下去，即使烧烤、桌游这些时尚活动已经消失。它们中的某个能否成为历史灰烬中的结晶体？让我们拭目以待。当然还有另一种可能就是，十年以后一代大师浮出水面，这些小项目因为成为"圣迹"而得以永存。

当把时间的维度拉得足够长，所有事情的价值和蕴含的意义都在发生变化。所做的事情是不是还有意义和价值，是否东西本身还有能量？另外是空间的维度。在不同的环境，这个东西是不是还具有意义，还具有价值？在这种视角下观察，会变得非常不一样。能够把能量和精神通过某种通道传达出去就可以了，不一定是建筑和设计。不知道以后能怎么样，不知道能做到什么程度，就是尽力向前走。

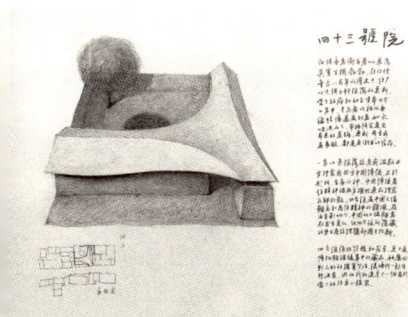

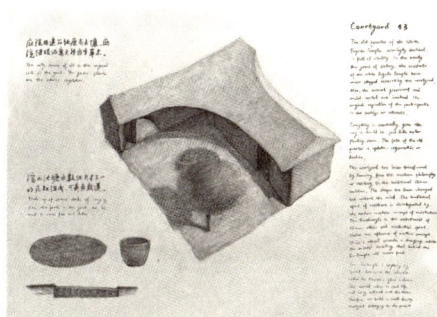

白塔寺 43 号院，属于当下的北京小院

PP SPACE

上苑宅

小屋

观山小院

观山小院模型

王国彬

环境艺术家、策展人、设计师、设计写作者
北京工业大学教授、主题环境设计研究中心主任
中国美术家协会会员、中国美协环境设计艺术委员会秘书长
中国建筑学会室内设计分会常务理事
北京林业大学环境艺术研究所首席专家
中国文化艺术发展促进会环境艺术专业委员会副主任
光华龙腾设计创新奖评委
世界绿色设计组织会员

以艺术为核心、专注环境的人文影响力营造研究，着力于中华优秀传统文化的创造性转化与创新性发展，由此凝练出具有中国特色的"道、形、器、材、艺"五字联结综合设计范式并推导出"主题"叙事的环境设计方法，广泛应用于理论与实践中，主持设计多项国家级重大影响力项目，多次获得党和国家领导人的接见。艺术作品参加由中华人民共和国文化部、中国文学艺术界联合会、中国美术家协会主办的第十三、十四届全国美展，并获得银奖，还获得"中国建筑奖""中国环境艺术奖""全国环境艺术设计大展奖"等其他国家级奖项，出版相关著作 6 部，论文 30 余篇

"把自己作为方法"
——艺术理想的环境书写与实践

序：1992 年的大雪——年轻理想的驱动力

» 我的第一次美术高考，始于 1992 年的一个冬天，那天下着大雪。这是我人生中第一次离家远行，独自去省会城市参加考前培训。现在回想，那应该也是我"翅膀硬了"的开始，自此，"家乡"开始逐步转为"故乡"。

» 那段距离并不太远，但由于目的地的陌生，加上恶劣的天气以及交通的落后，一种"未知"的遥远在我心中悄然泛起。也许，老天爷是想让我的人生精彩一些吧，随着高考不断地落榜，我的考学生涯似乎具备了某种影视剧般的传奇色彩，从而也使"遥远"不断变为"更远"。

» 1997 年，香港回归，那一年的高考与往年并无不同，但是我知道，这是我的第五次高考——也应该是我最后一次高考了。尽管按当时高考的年龄规定，我还有三次机会，

※ 在那个年代，王国彬的高考经历具有普遍性，这是美术院校的骄傲所在，是人类美术理想和信念的证明。而当美术院校纷纷建立设计学科并不断扩大招生之后，这种人文景观彻底消失了。

但是，五年来所伴随着的家长责怪、亲友非议、师长耻笑以及经济压力乃至复杂社会因素等的层层叠加，还是使我担负了巨大的压力。就如鲍勃·迪伦在《且听风吟》（*Blowing in the Wind*）的歌词里描述的："一个男人要走过多少路，才能被称为真正的男人？"只是当时的我还不知道，这段经历将转化为我人生中最大的一笔财富，以至在往后的人生中，每次碰到不可预见的困难，我都会回到这个基点，不断地通过自我叙事来重拾信心！

» 记得有句话是这么说的："自己这个东西是看不见的，撞上一些东西，才会更加了解自己。"碰撞就像一把雕刻刀，而"自己"就是一块正待雕塑的原石。我的专业之路，可以说就是在这种碰撞中不断前行的。碰撞，使我看见了"自己"，也塑造了独有的"自己"！

不专业的专业——始终困扰的问题

» 由于多年的高考，我的第一次碰撞，持续的时间还是比较长的。这次碰撞结束的转机，源于一本在 1991 年 6 月出版的书——《室内设计资料集》。尽管在 1987 年，"环境艺术设计"（以下简称环艺）专业就在中央工艺美术学院（现为清华大学美术学院）正式设立，但由于当时信息传播的滞后，在 1992 年的三四线城市，人们对设计的认知还停留在"实用美术""商业美术"等概念之中。当时我对这个专业的认知，也仅停留在一种名为"效果图"的"画"上。之所以令人印象深刻，是因为当时画一张效果图要比画一张商品油画或广告招贴画等其他类似工作挣得多。作为一个连年落榜的考生，经济的独立是一种我能够排除压力、坚持艺术理想的有力支撑。由此，我从开始学习绘制效果图，自然而然地走上了环艺之路。

» 作为我的设计启蒙读物，《室内设计资料集》围绕"环境意识"，从环境的相关理论与实践技术系统提出了一整套环境设计策略与方法。整个书的插图全部手绘完成，内容甚至细化到如何选择绘图工具与裱纸等具体操作，内容的系统性与适用性，使其大受欢迎。

※《室内设计资料集》是一代人的专业启蒙读物，它的出现弥补了教育和时代发展错位所形成的巨大间隙，算是专业历史发展的重要文献，而对于此段话中所说的"环境意识"，应当是侧重塑造人工环境的、自然的意识，人文的因素只是物象的折射。总体来说它具有明显的工具意识，能帮助"四面八方"来的人们踏上室内设计的专业道路，奔赴"环境艺术设计"的未来实践领域。

不夸张地说，"一本书就是一个学校"，《室内设计资料集》出版之后，成为整个 20 世纪 90 年代诸多美术从业人员解决温饱甚至挣得第一桶金的宝典。直到现在，尽管科技和艺术的发展日新月异，但当时独有的成书条件，就像早期的《大闹天宫》等国产动画片一样，导致后来很难有一本同类工具书能与之相提并论。这本书的不断再版，从各个层面见证了环境艺术专业的兴起、发展与繁荣。

当然，随着时代推进与学科教育的逐步完善，这本书也同时见证了"环艺"这个中国特色专业的困境。作为一个由市场催生的专业，由于市场经济的巨大动力，环艺专业自成立之日起，其从业者便受到市场经济的吸引，基本是"低头走路"，造成了专业理论建设的缺失，为后来的发展困境埋下了伏笔——专业难以"学科化"。大量环艺专业的学生在进行高阶学习时，都不约而同地转向了学科定位明确的建筑与园林专业，为他人作嫁衣裳，形成"建筑"大于园林、园林大于环艺的专业鄙视链，进一步加剧了"环艺"专业学科薄弱化、"职业"大于"专业"的状况，究其原因，"环艺"自身专业理论方法与系统建构的缺失是根本。由此，市场催生的专业在市场发展过程中逐步处于一种尴尬境地：一方面，专业产生的定位过于笼统，始终游走于建筑、园林、规划等相关学科的缝隙之中，专业的核心竞争力始终模糊不定；另一方面，在所有与人居环境的相关设计专业的设置数量上却又体量庞大，从业人员众多，以至于长期以来一个问题始终萦绕在所有"环艺"专业的学生和从业者心中：作为一个"不专业"的"专业"，"环艺"专业的未来在何方？

我思故我在——把"自己"作为方法

一般而言，一个学艺术设计的人没接受过国际化教育是一个缺陷，毕竟"设计"专业是一个舶来品；而从另一个角度上来说，也可能是一种特色，只要你足够勤奋，在某些中国特色的专业上则会呈现出独有的竞争力。中国文化是一个基于系统之学而非分科之学的文化综合体，"环艺"这个只出现在中国教育学科目录上的专业，正是这样一个基于系统之学的独特专业。作为一个完全由本土清华大学美术学院环境艺术系培养的学生，我也正是以此为驱动力，力求能够以自己的方式推动这个独有专业的建设与发展。

《把自己作为方法》是由著名社会学家项飙所著，上海文艺出版社出版的一本对话录。所谓"把自己作为方法"，其实是通过回望自己的成长，进一步认识到出身、阶层、学习环境，乃至我们所处的时代，探索塑造一个人精神底色的影响要素，关照自己，进而更加理解他人。作为一个极具中国特色的设计专业，一个环境设计师的从业经历比相关专业要丰富得多，甚至由于长期处在主流专业的边缘，所以成为很多新兴职业的实际承载者，表现出独特的专业活力。

> ※　纵观历史，环艺学科有自己清晰的发展和演变脉络；横看世界，同类难觅，这是中国国情所致，是时空轮转纠缠所产生的现象和社会实践形式。

"把自己作为方法"由此可能成为一种极为适合环境设计专业理论的方法。这个方法可以以每个环境设计师丰富的专业经历，通过对"自我"的分析，揭示出附着其上的专业角色与设计方法，将个人经验问题化，进行一种"盘根式"的思考，并从个人经历开始谈及更大的问题，建立学术共同体。作为一个社会需求巨大的专业，新时代的"环艺"专业需要以一种独特的理论方法体系构建，才能有效凝聚自己的专业特色与核心竞争力，进而切实推动艺术类院校环境设计类专业的可持续发展。

行走在路上——三个十年的探索

» 　"我"自 1992 年通过美术学习过渡到艺术设计专业，到 1997 年正式考入中央工艺美术学院环艺系，至今已经三十年整。回望专业历程，至今为止，"我"的"环艺"之路基本可以分为三个阶段，分别是：第一个十年——多种可能的探索阶段；第二个十年——多学科交叉理论方法研究阶段；第三个十年——环艺理论体系与方法的多领域实践阶段。这三个阶段也就是三次重要的碰撞，"我"，由此成为一个"环艺人"！

» 　通过运用"把自己作为方法"的策略，将"我"作为一个社会样本，通过梳理"我"三个阶段的设计实践与理论研究，自下而上地将附着其上的专业逻辑提取出来，也许能够为有效地应对环艺专业的建设与发展提供一个可能的样本。

"万金油"——第一个十年（1992—2002），多种可能的环艺专业探索阶段。

» "万金油"，又称为清凉油，一种膏状药物，常常盛在一个大拇指甲盖大小的红色铁盒之中。除蚊虫叮咬、皮肤瘙痒或者有轻度烫伤之外，伤风、头痛时取万金油涂在印堂、太阳穴处，便有清凉缓解之效，可谓 20 世纪居家必备的良药。在现代汉语中，"万金油"常被用来形容人或物用处较多，在很多地方都能起到一定作用。20 世纪的环艺从业人员，在面对经济发展带来的各种机遇与挑战之时，大多数就处在这种可以用得着、但又不精通，无法完全胜任的"博而不精""广而不专"的"万金油"状态。

» 20 世纪的"环艺"设计师生涯基本都是从画效果图这项技能开始的，以至于当时评价一个"环艺设计师"的水平高低，就是以手工绘制效果图的水平为标准。

※ 环艺和效果图的关系是"天然性"的，因为环艺学科诞生在美术学院而非环境学院。从这片"沃土"走出去的环艺自然注重造型和表现。效果图是一种集空间、工艺、气氛于一体的表现语言，虽有点呆板、庸俗，却十分有效。

20 世纪 90 年代后半段，电脑还没有普及，在过长的考学生涯中，我因生计所迫练就了一手绘制水粉喷绘效果图和针管笔施工图的技能，足以应对一些社会的需求。其实，水粉喷绘法弊端很多，绘图过程中颜料化为粉尘到处飞扬，即便戴了口罩，也很难避免进入鼻孔，以至于每当看到同学中有人鼻孔发黑，就知道此人手上有"活"，应该正在画效果图，进而会起哄让他收到钱后请客吃饭。现在想来，真正使其被逐步淘汰的是缓慢的绘图速度，难以满足甲方对时间与数量的迫切需求。往往突然而至的设计任务，带来的不只是对可能收入的欣喜，更多的是呼吸困难、连夜加班的辛苦。

» 当我正式进入中央工艺美术学院环艺系开始学习时，一种速度快甚至可批量化生产的水色技法使我眼前一亮。坊间传说，曾经有一位前辈老师在一个星期内以此技法画效果图，所得收入居然能买一辆汽车。尽管这种技法的画面真实度稍逊于水粉喷绘，但也足够应对当时

笔者手绘水粉喷绘效果图

3dmax 建模渲染的效果图

的设计市场，更由于其上色速度快以及设计线稿的批量复制应用而受到大家追捧。基于之前手绘效果图的基础，我比较迅速地掌握了这门技法。

» 然而，还没来得及沾沾自喜，"电脑"绘图横空出世，以迅雷不及掩耳之势占领了市场。在 1998 年底左右，手绘效果图很快落到无人问津的境地。

※ 20 世纪末电脑效果图的出现对于环艺设计主体而言不啻于一次解放。解放思想从解放手开始。

当时学校的老师也还没从这个转型中缓过神来。当时价格不菲的电脑绘图教学主要以社会培训为主，而且教材等教学资料的滞后以及电脑的价格昂贵，使得学习电脑绘图代价不小，自然而然，参加过培训班而又同时拥有一台电脑的同学是备受关注的。

» 我学习的第一个电脑绘图软件是 3DS，是我通过一顿饭换来一本培训资料和一个星期的借阅权，然后在学校旁边的一个网吧里，在大家玩《红色警戒》游戏时学会的。由此，我逐步学习掌握了 3dmax、AutoCAD、photoshop，还有 lightcape 软件，基本完成了手绘向电脑的转型。

» 这个阶段是设计师与绘图员分工的开始。步入 21 世纪，我也迎来了真正的设计时代！第一个阶段的学习与探索，是以"绘图"作为设计实践抓手，以市场需求作为设计动力开始的。

» 在作业和社会实践中，我通过大量描摹国内外的优秀作品，开始了诸如室内设计、商业门头设计、照明设计、景观设计、建筑设计、雕塑、家具、灯具产品等多种专业实践与可能性的探索，完成了相当数量的设计实践。在此期间，有三个设计经历（也可称之为小碰撞）值得分享，分别是北海飞碟保龄球广场项目、东大桥文化广场项目以及北京金万众办公楼项目。

"社会教育"的北海飞碟保龄球广场项目

» "北海飞碟保龄球广场"项目是由一个台商投资建设的，完成于1996年，也就是我考上中央工艺美术学院的前一年。由于会画效果图以及怀揣宝典——《室内设计资料集》所带来的自信，我被当时的一个台湾设计师指定为他的执行设计师。

» 这个项目的操作程序极不规范，再加上台湾设计师的间歇性消失，我由此成了项目的直接负责人，现在想来，这倒也成了我施展所学所用的良好机会。在历时一年的项目中，除了绘制方案效果图，我还配合工程师绘制施工图，与工人同吃同住，一起商量着无标准但有可能的工艺做法。除了室内外的装饰装修设计，还做了保龄球馆主题设施、夜景设计、壁画设计与绘制、小吃街商业设施设计以及开业时的海报绘制等各类美术与设计工作。

» 看着自己绘制的图纸一个个变成现实，成就感满满的我甚至大胆地租下了一个小吃街上的门头，开了一家名为"来一碗汤"的小吃店，专营羊汤烧饼，满足自己口味的同时，也自己做了一把老板——结果可想而知，三个月后，随着台湾设计师的再次消失与设计费的索要无门而关张。此时，时间已经来到1997年3月，临近高考专业考试时间，身无分文的我开始到处筹措考试经费，在临开车前两分钟才登上南下的火车。我专业生涯的第一次较为深入的设计实践以如此狼狈的结局告一段落。

"倒果为因"的东大桥文化广场项目

» 时间一晃，来到2001年初临近我本科毕业开题之际。此时的"自己"已经基本实现了"电脑绘图员"的转型，开始面临来自真实"设计"的挑战。这种挑战的起因是电脑绘图的低门槛，使很多并没有学习过绘画的人通过短期的培训也能绘制足以应对市场需求的效果图，美术生的绘画优势荡然无存，于是电脑绘图市场开始进入恶性竞争阶段，反而推动真实的"设计"市场发展起来。当然，这使一直迷恋于绘图创收的我有了深深的失落感。设计，不再只是一张张可视化的效果图，而是由技向道，开始逐步向专业的本质回归。屡屡碰壁、以"万变应万变"的我开始尝试更多元的设计可能，开始大量试水照明设计与户外环境设计（当时还没有景观设计这个概念）。以此为基础，开始从事所谓"广场设计"，从而有幸成为第一代所谓景观设计从业者。"万金油"的我，有机会代表当时歌华集团下属的景观设计公司参加北京"东大桥文化广场"的景观设计竞标，居然战胜了当时刚刚成立不久的"土人景观"与"北京创新园林"，开始当时为数不多的北京公共空间的环境设计。

※ 环艺人因为长期吃"杂食"而具有更强的生存能力，他们不断开疆扩土，在迅猛发展的年代里左右逢源。"东大桥"这个项目曾是环艺系学生的骄傲，因为它在教师群体尚未实现思想转弯儿（从室内到景观）的时候，率先为学科做出了示范，关键还迅速建成。

这个项目周边商业氛围浓厚，而且有当时最为火热的百脑汇商城（一个销售电脑的商场）。我于是以一块电脑主板为设计形式语言，基于之前的各种项目实践，构建了一个我心目中年轻时尚的市民广场。这个项目集风景园林、建筑设计、照明设计、公共艺术于一体，由此也成为我本科的毕业设计作品。在这个项目的中标方案中，值得一提的是我的一段设计说明文字，描写了虚拟与现实环境的相关设计问题，在"元宇宙"概念泛滥的今天，这个当时自以为是的巧合也着实让我感到些许自得。

» 当然，现在看来这个设计是倒果为因的，我先想象了一个理想的空间形式，然后再给它套用了一个看似合理的概念，这种先打枪后画靶子的设计方法充分体现了美术生的优势与缺陷。幸运的是在项目中标后，歌华公司组建了一个由建筑、园林、照明、多媒体等各专业组成的设计团队，对方案进行了系统修改，从而使我的第二版设计方案得以在毕业之际顺利完成，并最终得以实施完成。

"另辟蹊径"的北京金万众办公楼项目

» 现在想来，这个项目甲方找我的关键是为了省钱！

» 在看了我的一些设计作品（主要是效果图）后，甲方对我表示了充分的信任，当场付款让我放开手设计，鼓励我做出一个引领时代的建筑来。

> ※ 在资本欲欲跃试的早期，狡诈的业主总是这样调动年轻设计师的创作激情，二者情投意合，这是实现创意的情感基础。

得到信任的设计师是幸福的，也是盲目的，当时的我脑海中闪过很多大师的身影，觉得我正在有机会向他们靠近。

» 我在建筑学方面的认知，也仅限于大学时的建筑设计初步课程，专业短板显而易见。当然，做建筑设计也不是只有一种方式，我自作聪明地采用了一种由室内空间展开的建筑设计方法实践，那就是先完成室内空间的设计，结合结构、暖通、电气等各专业将各空间做一个有序的联结，然后再给空间穿上一层"外衣"，最后再将建筑通过"路线、视线与轴线"与周边环境空间做一个贯通，从而实现整体的环境营造。

» 正所谓"有之以为利，而无之以为用"，面对这个项目的时候，我想人类最初开始盖房子的时候，一定留存着祖先居住山洞的空间原型记忆，因此，如何构建一个生存与生活空间是建筑的本质，也就是说，建筑是空间的"有"，空间是建筑的"无"，而有用的是"无"而非"有"，所以室内功能才是用户最应该关注的。由于甲方基于省钱的初始目标，被设计自由遮蔽双眼的我早已忘记了设计费的多少，由此反而占据了一个比较有话语权的位置，其他专业的人以配合我的设计为主，整个项目的结果还是极大地满足了一个"环艺"专业学生作建筑设计的理想与尝试，更为重要的是，这次建筑专业实践使我不再执着于"建筑优于环艺"的认知怪圈，逐步树立了专业信心。

» 现在回想这十年的专业经历，基本可以说是一个"万金油"阶段。只要有可能，年轻的"自己"会尽量尝试各种类型的设计项目，而且不局限于所谓专业，想来应该不只是经济的推动，其底层的思维动力应该是一种源于对世界好奇的本能。世界的问题肯定不止一个答案，我也怀揣着理想和现实正式走入了这个有问题的世界。值得庆幸的是，这三个项目都得以建成，从而也为我第一个十年，也即我的学生时代画了个相对圆满的句号。

"老中医"——第二个十年（2002—2012），多学科交叉的环艺专业理论方法研究阶段。

» 第二次的碰撞来得还是比较快的。经过上个十年各类项目的实践与实现，信心百倍的我甚至一度以为自此成功地走向上了大师之路。直到正式步入社会，我才发现一个以前从未意识到的问题，环境艺术专业其实是一个"有专业，无职业"的中国特色专业。

※ 社会角色的合法性是许多环艺人的困惑，而现实中另一幅矛盾的图景是环艺人几乎是设计界最为忙碌的人。这从根本上说不是环艺专业的问题，而是社会准备不足。

诸如建筑、园林、规划等相关专业都有各自的职业认证系统，而环艺专业却没有"环艺设计师"这个职业认证。尽管有前辈老师的努力，才有了"室内设计师"这个"职业"名称，但是却始终无法拥有真正体现专业含金量的"执业"资格，从而不得不成为相关专业的附庸。随着时代的发展，室内设计专业从学理上也逐步回归了建筑学，所谓景观设计也更多的是由园林专业衍生出来的一个后现代称谓。现在看来，自己毕业时完成的两个项目更像其他专业的漏网之鱼，总体来看，环艺专业的核心竞争力是逐步减弱的，难道我们只能为一些专业锦上添花或者直接成为另一个专业的人？专业存在的意义到底在哪里？我开始意识到，环艺专业到了需要静下心来思考其学理性的时候了……

» 在大学期间，除了维持生计的技法学习，一套标有"FA"字样的《国外著名建筑师》系列丛书，因其价格便宜（彩页很少）且内容丰富（大量文章与评论）一直伴随着我的大学生涯，成为我认知设计与提升眼界的窗口。赖特、路易·康、密斯·凡·德·罗、贝聿铭、菲利普·约翰逊等建筑大师开始走入我的世界，尤其是一本名为《贝聿铭传》的传记书更成为我的枕边书，

※ 看来诚实的叙述才是真相所在，哺育作者的"奶粉"也是建筑牌儿的。

里面第一篇名为"金字塔之战"的文章，使我提前学习到了如何以设计的智慧去应对工程项目的复杂与艰辛，以至于后来我到苏州博物馆参观时，书中的文字还能清晰地出现在我的眼前。尽管当时这些书对我并没有"经济变现"的实际作用，现在想来，理想和榜样的力量也许就是在那时开始建立的。

» 基于上一个十年多种可能的设计实践与社会历练，我开始了环艺专业理论方法的研究，同时基于环艺专业的特征，也关注到更多相关学科的研究与实践。在此期间，我进入两个北京的甲级建筑设计院以及当时的北京园林古建设计研究院设立工作室，从而得以系统了解学习建筑及园林的相关知识与技能，另外还长期参与北京市政设计研究总院诸如道路与桥梁等市政设施项目。我发现，在这些相关的专业设计院中，艺术是失位的存在，其在某种程度上反映了分科教育的局限性，

※ 技术本位主义罢。

从另一个方面也充分说明了我们的城市建设还处在物质需求的"量"的阶段，中国的人居环境设计营造还处在从无到有的初级阶段。这个阶段的优点是需求巨大，各专业都有活干；缺点是千篇一律，品质不高。艺术在这个阶段更像是锦上添花、可有可无的视觉游戏。当时，我的工作大部分是在主要专业完成工作之后，将一些漂亮的造型点缀于建筑、园林或者道桥之上，用以标明其所谓"独特性"。

» 想要在众多相关专业中体现自己的专业性，需要回归环艺专业的本体，要明确"艺术"始终是环艺专业独特的核心内涵，更要明确环境艺术是整体的艺术。

※ 环艺专业的艺术不是传统的艺术，不是主客体之间审美关系对峙而形成的那种独立性的、边界不明确的东西，而是一种新的审美形式。

分科的方法必然导致系统的缺失，所以学科的边界是环艺专业的敌人。我

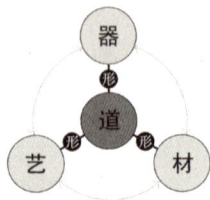

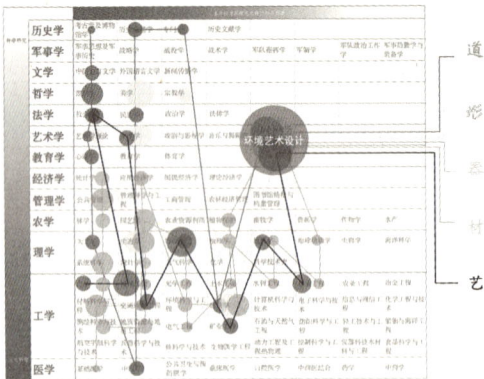

"道、形、器、材、艺"五字联结的环境艺术设计方法理论体系

开始向古人借智慧，通过对分科前的知识体系，诸如中医理论以及中国传统人居环境学的理论学习，以及参与多个学科不同类型的项目实践，在2007—2009年回到母校通过读研进行相关理论的梳理与凝练，初步形成了"道、形、器、材、艺"五字联结的环境艺术设计方法理论体系。

» 在此期间通过三个设计经历进一步验证五字联结理论，分别是：清华大学新百年学堂建筑外立面设计，凸显了与建筑学专业所不同的艺术优势；北京天图创意园区规划、建筑、景观及室内设计，进一步强化了五字联结设计方法的系统优势；北京城市副中心"千荷泻露"桥梁艺术设计，充分体现了环境设计的整体艺术特色。

"艺术优胜"的清华大学新百年学堂建筑优化项目

» 接到时任环艺系主任苏丹老师的电话时，应该是2008年的最后一天，12月31日，也是我重回清华美院攻读研究生的第二年。电话中，苏老师给我说了一个鼓舞人心的消息，那就是我所设计的清华大学新百年学堂建筑形式的优化方案被校委会通过，并将以此为基础来推进下一步设计工作。通话间苏老师也不时称赞与鼓励我，希望我能够继续配合清华建筑设计研究院推进下一步工作。挂了电话，我真是思绪万千，这个项目的设计进程开始浮现眼前。

» 时间回到同年9月，在时任常务副院长郑曙旸老师和系主任苏丹老师的带领下，环艺系承接了清华大学新百年学堂建筑形式设计任务。

※ "立面设计"是这次任务的核心，这种为建筑学专业不齿的称谓因为成为一个问题而得以成为一个独立的专业环节，无言地述说了艺术匮乏的原罪。

事情的起因是为纪念即将到来的 2011 年清华大学建校一百年，决定兴建百年学堂，校方对已有建筑方案形式设计不满意，想到美术学院在形式设计上的艺术优势。于是，环艺系就组织了一个内部设计竞赛，挑选出比较成熟的形式设计方案提交给清华大学建筑学院专家组成的评审委员会评审，评委包括一位两院院士和一位工程院院士（这个项目的总设计师）位列评委会之中。

» 整个评审与讨论的结果可想而知。评审委员会对美院提交的方案基本是一边倒的批评，尤其是对我所做的方案更是大加批判。有一句评论让我印象深刻："这个方案过于强势，跟不远处的清华艺术博物馆一样都不适合清华校园。"这句话让我哭笑不得：难道我的方案能跟马里奥·博塔的方案相比吗？这也许是老院士对清华园里的建筑风貌的一个整体考虑吧。当时我作为一个学生，还是以向老师汇报的语气，仔细陈述了我如何通过红砖这种清华园的代表性材质，围绕清华"自强不息，厚德载物"的清华校训，以颇有时代特征的"波粒二象性"参数化构成手法来重构新百年讲堂的建筑形体，以实现清华百年精神的传承与创新，并通过自己的图纸强调建筑前广场的开放性，建议取消环形围廊；在近两个小时的陈述中，大家也都像听一个学生汇报作业一样津津有味。会议结束后，各方好像都如释重负。事情的变化据说是源于校方领导偶然经过评审会现场，看到了我的方案效果图，觉得它是符合新时代清华建筑的风貌，于是就把我的方案上会通过了。这一下一石激起千层浪：相对劣势的清华美院环艺专业与一直强势的清华建院建筑专业被放在了同一个赛道之上！当我正在信心百倍地凭借自己多元的实践经验，化解一个个方案实施工程技术难题的时候，事情再次起了变化：我被通知环艺系此次任务已经完成，不需要再做深化设计工作

清华大学新百年学堂建筑优化设计

了。尽管这个结果也在意料之中，我还是感慨万千，唯一能做的是将我心中的理想方案转化成我的硕士毕业设计，并获得了优秀毕业设计奖。

» 时隔多年，每当我经过这座已经建成的建筑时还是会想：如果由我来按我的方案深化建设，是否会比现在更好呢？

"聚集风景"的"千荷泻露"桥梁环境艺术设计项目

» 历经通州县、通州区、通州新城、北京城市副中心的区域名称变化，梁思成先生当年的设想化为现实。作为中国京杭大运河的北端起点，北京城市副中心需要一座国际化的桥梁来展现城市的新风貌。在2012年，一次集合了14家国内外顶级桥梁设计团队的国际竞赛的帷幕徐徐拉开。通过六年左右的桥梁设计实践，与传统桥梁设计的思路不同，我认为此次设计竞赛优胜的关键，是如何在一个高楼林立的五河交汇之处，塑造一个能够体现中国传统文化审美意境与新时代语言的新风景。

» 海德格尔曾说过，桥让大地聚集成为河流四周的风景。换句话说，桥梁是大地环境的风景开关！但是，在我国实际的桥梁工程设计中，作为力与美合一的人造物，"美"却基本是缺失的或者说是不受重视的。作为创造美的主要路径，艺术专业最多参与的是在桥梁的选型与结构设计完成后，做一些装饰性的"美化"工作。

» 那场雨来得真是时候，项目地址旁边的西海子公园荷花开得正旺，不时有荷叶上的积水在随风摇曳中滑落到水塘之中。这幕景象使正在探勘现场的我顿时灵感爆发，"千荷泻露"的风景在我脑海中定格。这

北京城市副中心中国京杭大运河"千荷泻露"桥梁艺术设计

座桥应该重新定义人与桥、河与桥、城与桥的友好关系，并通过不同形态的人行步道，打造一个古今结合的具身体验场所，成为一个"水上城市客厅"般的公共环境系统。

» 十年后的今天，尽管现在还没有完全通车，主体已经完成的"千荷泻露"桥还是迅速成为一个网红打卡地，我也时常在各类媒体的采访中多次描述这个设计经历。西海子公园的荷叶还是一如既往地生长枯萎，它不知道的是，它已化为我桥上的风景，正如"我在桥上看风景，看风景的人在楼上看我"！

"满汉全席"的天图创意园区整体环境设计项目

» 这个项目的原址是一个生产食用油的工业厂区，与新建建筑不同，更多需要关注的是如何系统梳理场地的现状问题，结合甲方的艺术园区的需要来使之呈现新的面貌。近二十年实践与理论研究所形成的"五字联结"环境设计方法，使我具备了更多的组合技能包，不再执着于某一种专业的束缚。

» 我对这个项目的各种设计相关要素以及社会要素作了诸如"望、闻、问、切"的系统分析，决定采用一种中西医结合的策略。首先运用中国传统环境学的思想理论，如中医般对场地进行针灸式的梳理与更新，同时运用"五字联结"的方法，在实施建筑、景观、室内、公共艺术等各专业技能时，又能各尽所长、恰如其分地实现设计目标，从而达到环境艺术专业最理想的状态。多年来的万金油实践，随着时间开始积累发酵，各相关专业学来的知识技能包此时发挥了巨大的作用，小到一个门把手，大到整个园区的规划与景观，都在我设计的范围之内，这使我有了一种治大国若烹小鲜的舒畅感，也使我对"环境料理"这道大餐的认知与实践走到了一个新的方向，建筑、景观、室内、雕塑、照明等各类环境要素在五字联结方法的调理下，开始共同构成了一桌用"艺术"调味的满汉全席。

» 第二阶段这十年的设计经历，可以说是一个以实践带动理论研究的"老中医"阶段。借鉴中国优秀的传统文化思想，通过理论研究与项目实践，将现有分科化的各专业做了打通式的了解与学习。"以不变应万变"方为设计之道，吾将一道以贯之！

»   "艺术"是环境设计专业的本体属性，环境艺术最大的特点是如何实现"环境的艺术化"和"艺术的环境化"。

> ※ "环境的艺术化"是让环境具有审美的可能和深度。做到这点不容易，即让平凡、日常的事务具有感染人心的力量。而"艺术的环境化"是将艺术创作活动和其所处环境密切关联起来，在文本上成为上下文关系，在形态上产生呼应。

就像绘画材料与工具技能之于绘画一样，环艺就是环境要素（材料）以设计的方法策略（技能）进行的艺术创造。通过"自己"总结的五字联结设计方法，逐步树立了"自己"环艺人的专业优势与特色，并通过出版专著《易禾十年——中国环境艺术设计之探索》以及相关的研究论文与教材，开始了跌跌撞撞地迈向"环艺"专业的学科化道路。

"讲故事"——第三个十年（2012—2022），主题叙事理论体系的"环艺"专业实践阶段。

»   玉不琢，不成器，"自己"的第三次碰撞，更像是琢玉般的精细研磨，是一种潜移默化、润物无声的"反刍"性思考。现在回想，这个思考的起点源于我曾经接触的一种独特的环境设计类型——博物馆的展陈环境设计。与其他的环境类型相比，博物馆的展陈空间似乎有着某种独特之处。反刍式的思考使我冷静下来，慢慢回味之前的设计经历，并以博物馆的展陈空间原型为基点，开始从更广阔的维度思考环境设计、设计以及生活的意义。

»   据说，我们的智人祖先之所以在物种进化中淘汰其他的原始人种，是因为语言能力的发达而催生的"认知革命"。换句话说，"会讲故事"是我们的人种本能，是人种优胜的核心竞争力。纵观人类文明，无论是西方的经典《圣经》，《荷马史诗》，还是东方的经典《论语》、各类佛经，大多是不立文字的口述故事。这些经典之所以能历经历史长河的考验而延续至今，应该是故事中所蕴含的丰富质朴的生活智慧，故而被口口相传，从而可以跨越时空，成为人类文明延续的基石。故事记录智慧，故事传播智慧，这些经典其实就是一本本的故事集，人类历史上的众多圣贤，也就是一个个擅长讲故事的人！

» 在备受关注的史诗美剧《权力的游戏》中，第八季结尾有一处关于故事的言论十分点睛。在漫长的剧情中，多方势力经过长期争夺王位之战，曾经的大人物一个个逝去，新涌现出来的大人物也悄然离场。历经八季，最终登上国王宝座的是一个残疾人布兰，据说他能够知晓过去，从而掌握了所有的"故"事，也相当于拥有了所有人的智慧。剧中借着宰相之口阐述了故事对于王国稳定的重要作用与力量，也就说明了这个世界是由故事推动发展的，人人愿意相信某个故事。人类社会的不断进步，是因为有一些故事被大家所接受，从而成为人们的信念。据说，好莱坞的大片故事架构基本都源于一个"英雄之旅"的剧本。尽管各有版本，其实背后是一个故事逻辑：英雄尽管有千面，但故事其实只有一个。人们乐此不疲地观看，究其原因，也许是剧中故事暗合了人类命运轨道的共性。

» 当然，现实中并没有拥有如此能力之人，所以并非所有往事都能够成为故事，人类也不可能保存所有往事。全部人的记忆、所有史料、所有文物加起来也只是往事的很小一部分，故事只是过往的一些片段，大多数往事注定如烟。但是，在有限的故事之上，人们不断以叙事、解释和反思而使之形成一个无穷延伸扩展的精神世界，从而使故事具有了形而上的一种根本品质，甚至可以催生智慧，从而实现了"有限性中的无穷性"。

» 造物主在创造这个世界的时候，心中也一定有一个理想世界的原型设想，并通过自己的神力将其一一实现，然后被后人以"故事"的方法予以记录与传播。人作为神创造的万物之灵，其造物行为也许就是神力的延续，也在不断创造自己的故事。其实，任何人造物都是人体的某种延伸。比如房子和衣服是皮肤的延伸，汽车是脚的延伸，桥是路的延伸而路是脚的另一种延伸。随着生产力的发展，也催生了人们大量精神需求的延伸，比如书是记忆的延伸，电脑可以说是大脑的延伸，教堂庙宇则是人敬畏心的延伸！

» 如果说"故事"是人类智慧的非物质容器，那么博物馆则是人们智慧的物质容器，是人类集体记忆和生存智慧的延伸。

» 反观工业文明以来的现代造物行为，这种延伸有着明显的缺陷，因为"时间"这个维度是缺失的，甚至是故意删除的，毕竟一件经久耐用的物品是违反资本主义市场运行逻辑的，以至于近100年来，人们的造物行为大多是以功能与形式二元标准来评判的。由此所造之物，很难经受时间的检验，即便如密斯、柯布西耶等第一代现代主义设计大师，其作品也不能避免此类尴尬。现在看来，"人"由于被物化而异化，生活整体被资本有意分割是一个重要的原因。只要有利于资本发展，人的各种延伸是不完整的，甚至是畸形的。随着生产力的发展，物质需求充分被满足，人们的精神需求开始凸显，原有的"造物"设计师开始显得力不从心。于是，人们开始思考从无到有的那个无，设计也不再只是人这个造物主所造之物的身体延伸，而是开始从精神上探索这个从无到有的创造行为本身，开始思考以"人"为中心的生活系统。

» "时间"这个维度开始被逐步引入到造物行为之中。很多设计师开始从传统文化中提取设计灵感，很多的建筑师特别重视场地的遗迹或者某种传统空间的转化，以此获得时间维度的加持，从而实现造物行为某种自圆其说的合理性。

» "讲故事"的学术称谓叫"叙事"，是用一段时间来处理另一段时间。环境艺术设计专业是一个以空间为对象的专业，而叙事则是一个时间性的行为。一般来说，叙事往往局限于话语或者文学领域，是一种时间性较强的行为。随着叙事理论的逐步独立与发展，叙事也开始进行空间转向，空间叙事学逐步发展起来。空间作为故事媒介的作用开始被人们重视。作为专门用于处理"时间"的博物馆展陈空间，是一个典型的空间叙事环境，具备空间与时间两种属性，比传统的环境类型多了一个维度，从而具备了空间上的设计优势。在博物馆的展陈环境中，可以抛开现实生活的束缚。

» 人们通过收集、整理与研究不同时间、不同空间的不同事物，并以某种逻辑将其串联起来，并赋予其某种意义，最终实现为一个非虚构的故事文本，这就是博物馆展陈的大纲脚本，就相当于一个世界原型设想的故事化表述。它相当于一部电影的剧本。依据这个剧本进行造物，一个可以被称为"第三空间"的人造世界就产生了。通过讲述自己的故事，创造自己的世界，一个新的造物主由此而生。

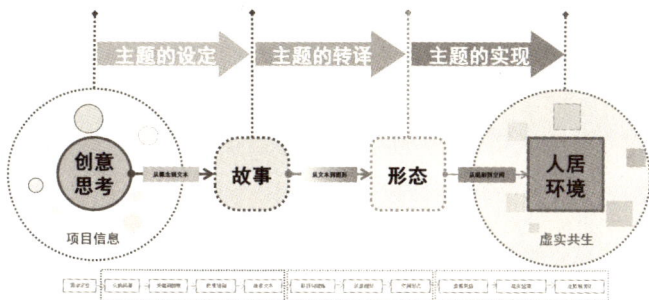

主题叙事环境设计方法流程图

※ 略显夸张，但表现出与专业的信心，和对能力的自信。这种能力应当从人类建造神庙就具有了，博物馆的叙事历史已有几百年的时间，环艺人的介入应当是丰富了手段，提高了表现力度。

⬏ 随着信息时代的到来，时空被压缩，海量的信息大多以碎片化的形式涌现在人们面前，人们的生活被大量的信息消解。虚拟技术的发展，短视频的冲击，"元宇宙"的出现，人们面临真实与虚拟、精神与身体、自我与社会以及人类与自然的多种矛盾与压力。我们需要一种途径来应对如此巨大的时空压迫。如果把"博物馆"这个名词，动词化为"博物馆化"，使之拓展至更多的环境类型，这种博物馆化的"第三空间"环境，将会成为我们应对现实环境"时空压缩"迫害的桃花源，从而实现包括建筑、园林景观、环艺等各种传统环境设计类专业的更新与突破。

» 这次碰撞，实现了从博物馆到博物馆化的延伸性思考，"主题叙事环境设计理论"逐步成熟起来。主题叙事环境设计基本的概念，核心是编一个故事，针对受众者的特性来选择讲述的语言，在特定的环境空间内，以某种形式通过选择的语言将故事讲出来，由此形成一个时空合一的叙事性环境空间，空间中的生产由此变为空间的生产，"环艺人"也由此变成了一个用空间"讲故事"的人。

» 值得一提的是，我的这个叙事设计模型与当下最为人关注的 AIGC 人工智能设计工作流有着完全相同的内在逻辑。

» "我的世界我做主"，环艺专业真正迎来了自己的时代！

» 在北京世界园艺博览会中国馆展陈设计与北京碳中和主题公园环境艺术设计两个项目设计中，我发挥了主题叙事环境设计的理论优势与专业特色，充分体现了从博物馆到博物馆化的转换。

在夯土技术学习中所做的夯土山水画艺术实验

"走着看戏"的世界园艺博览会中国馆展陈设计项目

» 我还记得 2010 年上海世博会排队两小时观展十分钟的痛苦，作为同级别的世界级博览会，位于北京延庆的世界园艺博览会中国馆也同样万众瞩目。建筑由建筑大师、工程院院士崔愷亲自操刀，而位于中国馆内的中国生态文明展，就好比是一部气势恢宏的大戏，据统计在展会期间每天将面临 1.5 万名观众的观看。

» 场地狭小、观看人数众多、体现中国优秀传统文化等设计要求，促使我不得不思考如何通过有限的环境空间要素设计来讲述中国优秀的生态文明。众所周知，大家看戏的时候，都是静止不动的，舞台上的戏剧是通过时间慢慢展现在空间中的观众面前。我想，如果这部戏剧是通过观众的移步观看来逐步展开的，是否就解决了驻足观看所造成的空间狭小问题呢？当然，移动观看所需的空间叙事场景一定是能够被瞬间认知体验的，而非需要细细研读的；是能够直达心灵的震撼与回味无穷的想象的，而不是流于表面的感官刺激；是将五千年生态文明浓缩为九幕戏的起承转合，层层递进而不是毫无关联地各说各话；是艺术与技术的创新合一，而不是局限于展览形式的常规认知。为此我联合团队编写了展陈大纲，为了实现每一幕空间戏剧的独创性，我还跑到浙江安吉学习了传统的夯土技艺，并利用一切可以表达主题的技术手段来实现空间叙事。

» 随着国家领导人的参观与肯定以及历时半年的博览会的运营检验，项目受到大家一致好评。最令人欣慰的是，原定于半年后博览会结束计划拆除的中国生态文明展区，将作为世界园艺博览会的重要遗产予以保留，成为未来生态文明博物馆建设的重要展示内容，这充分说明了"艺术"在环境空间设计创作中的独有生命力。

"寓教于乐"的北京碳中和主题公园环境设计项目

» 一个没有独特风景的普通公园是如何变成吸引人的主题公园的呢？如何将一些晦涩难懂的科学知识，通过人们在公园中的休闲游玩行为自然而然地实现传播与理解呢？当北京昌平未来科学城项目找到我的时候，距离国家双碳战略的提出已经过去九个月了。作为三区共建的温榆河公园的组成部分，昌平未来科学城未来智谷公园的场地条件可以说是最平平无奇的：场地平坦，毫无起伏，除了一片普通的绿化林带和几个高压线塔，场地内还有一个污水处理厂和几条排洪渠。主管领导经过深思熟虑，提出打造一个"碳中和"主题公园，来响应国家战略以及体现未来科学城的区域特色。不得不说，现在看来这个决策是高屋建瓴的，但对当时的园林设计单位以及当时的科普专家来说这是一道陌生的难题，各专业都有些束手无策。对我来说，这是主题叙事设计策略的又一次实践检验。为了更好地表达我的设计思路，我提出了"博物馆化"的环境设计思路，就是说将这个公园变成一个"碳中和"的户外博物馆。我将晦涩难懂的碳中和知识以碳百问的形式进行了故事化的转译，以"一个××的故事"实现普通观众对碳中和知识通俗化、生活化的具身认知，并以环境艺术和交互技术的方式实现碳中和的主题实现。

» 作为北京乃至中国首个真实意义的碳中和主题公园，公园一期实施完成后，受到了各界的广泛关注，并接受了包括中央电视台等各类媒体的报道，还登上了湖南卫视的《天天向上》节目，不得不说是对我们新时代环境艺术设计方向的一个认可！

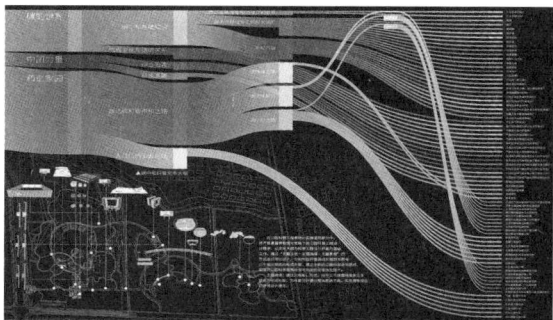

碳中和主题叙事环境设计拓扑图

» 通过上述设计实践可以看出，在主题叙事设计理论指导下，环艺实现了时间与空间的合一，由此具备更广阔的专业维度，形成了以"不变"应"万变"的独有专业竞争力，我也开始了一种随心所欲不逾矩的专业逍遥游。后来我逐渐明白，其实三十年来，我一直应该是个找寻自己艺术语言的艺术工作者，始终在运用设计的技能与方法，在环境中书写我的艺术理想。

» 叙事连接虚拟跟现实，现实与梦想，过去、现在与未来。也许是巧合，在我毕业整二十年的 2021 年，被称为"元宇宙元年"，而我对虚拟环境设计的认知，也不再是二十年前误打误撞的语言描绘与设想，通过主题叙事设计理论的构建，我们不难想象环艺不只局限于现实物理空间的环境设计，而是对虚拟环境空间的设计营造更具优势。

» 以此为契机，我完成了虚拟环境艺术设计教材的编著，开始探索信息时代语境下人居环境营造新的可能。

不只专业——环艺专业的内涵与外延

» "环境艺术设计"专业自 20 世纪 80 年代诞生以来，先后以室内装饰、建筑装饰、室内设计、环境艺术、环境设计 5 个学科术语作为专业称谓。

※ 历数环境艺术设计专业演化的诸多环节，应当意识到许多——这是一场旷日持久的观念变革。在 60 年的专业进化过程中竟有过 5 个称谓，这是外在环境和内在的思想意识双重作用的结果。而自从改称"环境艺术设计"以来，它的种群的确得到了空前发展，最后一次"去艺术化"来得略显草率，对其未来的发展有许多不利影响。

» 据可靠数据统计，在全国高等院校设置设计学及相关专业数量排名中，环境设计专业的数量排名第一，并且从 2018 年的 1421 所增至 2020 年的 1830 所，可以说几乎不到两天就增加一个，从中可以看出广大的社会需求以及强大的专业发展态势。

» "把自己作为方法"并不是一个个案，而是大时代发展潮流下一个具体的样本。"自己"可以作为一种方法，艺术类院校环境设计专业可以不再受建筑与风景园林学科的影响，在一定程度上体现出本专业独有的特色与核心竞争力。中国特色专业的建设也不只有遵从所谓国际化的一条路。

» 步入 21 世纪，随着科技、经济和政治的进步，整个世界逐步成为一个命运的共同体。人居环境是人们幸福生活的容器，而环境艺术设计正是担当着增强这个容器的审美韵味、文化品位的专业，一直在践行与发挥服务经济社会发展的作用。时至今日，我们感受到互联网虚拟环境带来的便利与可能，但也同时面临景观社会的去身体化，消费社会的去地域化以及信息社会的去现实化所造成的生活环境的碎片化、时尚化、虚拟化的弊病。各门学科与专业都需要重新梳理自己的学科定位与专业方向，环艺设计专业也需如此。由"自己"这个方法策略所引发的理论体系建设，将会促进"环艺"专业向学科的转化发展。

» 需要提醒大家的是，一个专业的建设与发展，不但需要一定的深度，还需要丰富的外延。2018 年，我加入了中国美术家协会环境设计艺术委员会，新一届艺委会立足当下，构建了"两点、一线、多面"的环艺学术格局。所谓"两点"，是指"为中国而设计"全国环境艺术设计大展和"中国空间艺术构造大展"两大学术活动，二者隔年轮流举行，一重"服务"，一重"美育"，并通过大展主题的设定，充分

历经 20 年的"为中国而设计"全国环境艺术设计大展作品集

"中国空间艺术构造大展"现场

推动"美术、艺术、科学、技术相辅相成、相互促进、相得益彰"，保证信息时代环艺专业的外延高度。

» "一线"指的是建立"中国环艺档案"的计划，将系统梳理环艺专业的历史文献，由此推动环艺专业的历史研究工作。而"多点"则是广泛联合与环境艺术设计专业相关的学术团体与组织，以"联合主办、协办、学术支持、学术指导"等多种形式参与各类学术活动。"两点、一线、多面"的学术布局，将形成一个以"环艺"专业的充分外延，实现一个以环艺专业为中心，良性、生态、可持续的学术共同体。

» 1946年，梁思成出席了在普林斯顿大学举办的"人类体形环境规划"（Planning Man's Physical Environment）研讨会。受这次会议的启发，梁思成体形环境论的整体理念得以形成。彼时，他已不满足于结构技术的研究，而是希望在此基础之上，向建筑的人文领域进军。他明确提出中国建筑史研究体系——"结构技术 + 环境思想"，在《中国建筑史》绪论中，他敏锐地指出："政治、宗法、风俗、礼仪、佛道、风水等中国思想精神之寄托于建筑平面之分布上者，固尤深于其他单位构成之因素也。"这也说明，"结构技术 + 环境思想"具有重大指导意义。

已出版的《了不起的中国古建筑》

» 大卫·伊格曼在《生命的清单》中说:"人有三次死亡! 分别是人从生物学、社会学到信息学三个层面的逐步消逝,揭示了生命终结的深刻意义。它不仅是对个体生命的终结,更是对存在意义的终极追问。"此时距离1992年的那个冬天,已经过去33年了,一生已然过半,作为环艺人的我终于明白——"自己"才是那个最重要的方法。黑格尔说:"只有方法才是世界上唯一的、至高无上的、不可战胜的力量。"我也不断基于环境思想的视角开始描述我们生存的世界与生活的环境,于是,写作成了我作为环艺人的下一个目标。筹备了《了不起的中国古建筑》《造一座桥》《博物馆的故事》《十境论》等系列环境艺术专业写作,开始通过不断拓展环境艺术专业的内涵与外延,来延长我的第三次生命!

天下所有的专业都是人们自己定义的,按专业学习有利于对世界"某种"特质的理解,可是,世界是复杂的,所以,如何专业而又多元地解决问题,也许才是未来专业的发展方向吧!

——王国彬

邬迎晞

AIA 美国建筑师协会会员
世界华人建筑师协会创会会员
RIBA 英国皇家建筑师协会会员
德国注册建筑师
德国 syn-architects 建筑事务所联合创始人
裂蓝建筑创始人兼主持建筑师
裂蓝（北京）文化产业集团有限公司创始人
成都裂蓝联合创始人
上海裂蓝联合创始人
山乡（山东文旅）裂蓝联合创始人
裂蓝（贵州）文化产业发展有限公司联合创始人

教育背景
清华大学美术学院　　学士
柏林艺术大学建筑学院　硕士

职业经历
作为建筑师进入建筑及规划设计领域已超过 20 年
专注于中国城乡融合 / 乡村振兴已 12 年
实现了从设计到产业研究及方法论研究的跨越

先立后破

引言

» 1993 年，历经两年拼搏，我终于考入原中央工艺美术学院（现清华大学美术学院）环境艺术设计系。自进入校门伊始，"环艺人"便成了我身上永不磨灭的标签，至今已有 31 年。

» 在 2024 年临近尾声，步入 2025 年之际，即将迈向"百年未有之大变局"的关键之年，整个与建筑空间相关的全设计行业已然经历并即将继续面临几十年来最大的挑战。

> ※ 历史地看，环艺因建筑而生，环艺的学科体系汲取着建筑的养分，建筑行业的转折必将引发环艺体系的震颤，也许这是环艺真正出走寻求独立的开始。

为何如此？自然是房地产泡沫的崩塌以及随之而来的土地财政退出历史舞台，致使原本充裕的设计业务骤减，无论哪个专业，在脱离了项目"投喂"的"圈养"阶段后，尚未磨炼出野外生存能力，安身立命都成了难题，未来的发展又该去何从？当下的设计市场宛如台风过后的平静海面，但能扛得住的船只寥寥无几。但台风属于不可抗力，与设计师无关，我们并非时代的弄潮儿，只是地产时代"助纣为虐"的帮凶。并非我们成就了时代，而是时代成就了原本平凡的我们——说得有些扎心，但这是事实，这一代设计师们成于地产，也毁于地产。"大建设"为中国设计师提供了充足的实践契机，但由于一切来得太过容易，西方历经几百年的工业革命与商业文明沉淀，远非中国几十年房地产催生的"巨婴"所能企及。所以，设计师们在审美与理念等认知层面欠缺，又被"圈养"太久，突然"断奶"，自然没有应对新的残酷竞争的能力与心理准备。不过我认为这都属于正常现象，实际上，当下的状态才是常态，是西方尤其是欧洲经历大规模建设后回归正常的市场竞争状态。面对市场环境的巨变，环艺人自然也难以置身事外，环艺在中国的发展乃至存在，都值得我们这些贴着环艺标签的人深入思考。

> ※ 当环艺人的标签被环艺人主动性昭示于天下的时候，我看到了难能可贵的自觉。

» 一年前接到苏丹老师的电话，他希望我作为其选定的十三名清华美院环艺系优秀毕业生之一，接受为他编撰的《环艺人》这本书撰写其中一个环艺人例证的邀请。为此欣然应允。痛快答应的原因有三：其一，出于对母校培育之恩以及环艺系对我启蒙塑造的感恩与回报；其二，正是苏丹老师在我求学期间短暂的建筑设计课程里，给了我日后学习建筑学并毅然赴德留学，将建筑设计作为终身职业的引领与启发，这一点无疑是我最想借此文字表达感谢的初衷；其三，作为从业多年的建筑师、规划师，我始终认为自己仍是一名环艺人，环境艺术设计的训练与熏陶对我现今的职业生涯助力颇多、影响深远，并且在实践过程中，我也一直在对环艺学科的发展进行观察与反思，故而也想借此次写作契机作一番总结并提出些许建议。

93 环艺全班合影

序曲

» 我 1997 年香港回归那年毕业。在这十几位受邀者当中，貌似我是最为年长的大师兄了。经过近两年留校，任职于系里的环境艺术发展中心（不算教师）做了一名设计师。一次机缘，偶遇一位本届陶瓷系的同学，他居然在德国柏林艺术大学建筑学院学建筑。因当时国内没有文科类院校（艺术大学在国内属文科类）有建筑学专业的可能，

※ 国内建筑学科的没落或许就缘于其长期以来秉持的"封闭"策略，把许多"节外生枝"的可能性都堵死了，以至于当大势已去的时候，方知"何枝可依"的危局。

这一下燃起了我当初被苏丹老师在心中埋下的学习建筑的火种。一年之后，在几乎还不会德语的情况下考进了柏林艺术大学建筑学院。入学后才发现，整个建筑学院仅有两名中国人，另一位便是那位原陶瓷系的同届校友。

» 回想在中央工艺美院求学时，个人成绩优异还担任班长，可说实话，初到德国时自己内心满是不自信，这可是包豪斯的故乡，当代设计的发源地，当地的学生该有多厉害啊！然而，怀揣着这份敬畏之心，历

经前后五年的学习生涯，我竟惊讶地发现没有人郑重其事地教你怎么作设计——整个五年的经历，就是问你"为什么？"，并通过不同侧重的作业训练回答教授们的十万个为什么。

» 在我带着为国争光的责任心并几乎所有科目满分1.0临近毕业的时候，深刻理解了设计的本质是——"解决问题"！设计是什么，是在人类文明进程中，解决当代美学与功能需求的问题，并通过实践为人类文明的进步提供佐证的艺术。这一感悟让我受益至今，也是后续将要围绕环艺人展开深入探讨的重要基石。留学的这段经历深刻且难忘，对当代设计学子极具借鉴价值，不过这并非本文重点，日后若有契机，再专门详述。总之，我踌躇满志并毅然决然地回来报效祖国了（其实毕业设计前就回国创业一年了，不然花不了五年时间）。

» "狂妄"，是我回国初期的鲜明写照。当初，我凭借优异成绩考入全国仅招十几个人的中央工艺美术学院最热门的专业"环艺系"，而后又以出色表现毕业并留校，接着再度以优异成绩毕业于欧洲顶尖的艺术大学。回国伊始，我便连续拿下郑州新郑国际机场、龙门石窟博物馆、中央美术学院燕郊校区三个至关重要的建筑设计项目的竞标与比稿。当时的我，曾扬言必将在三年内成名，"不破不立"是我内心的答案，先抓住机遇成为一号儿人物，再思考中国当代空间艺术的理论贡献问题吧。然而，命运却给我好好地上了一课。伴着狂妄之心的我，接了回国之初的贵人——蔡恒老师的整个团队。蔡恒老师曾是北京十大建筑师之一，卢沟桥抗日战争纪念馆的主持建筑师，早在我出国之前便与我相识，对我赏识有加，回国后更是对我诸多帮扶。合作两年后，他甚至在我还未真正从德国留学毕业时，就无偿将自己苦心经营多年的涵盖建筑、结构、水暖电全专业的团队以及总建筑师头衔一并赠予了我。

» 但为了维系这个团队，我随后陷入了虽说内心不屑，但现实无比的商业与地产时代价格内卷，以及关系至上的恶性循环，实则自己也并不擅长的领域。紧接着，又遭遇2008年金融危机爆发。为了给几十号人发工资，我几乎来者不拒，什么项目都接，只求不辜负蔡老师的信任与托付。好在心中的建筑理想以及追求卓越的信念从未磨灭，让我将每个项目都视作成长契机。虽说失败的次数远远多于成功，但在这惨淡经营的过程中，我积累了大量原创创意以及未来发展所需的经验，再加上留学期间养成的以解决问题为导向的思辨习惯，不禁让我开始反思工作的意义：明明是要解决问题，怎么反倒沦为地产时代助纣为虐的帮凶了？！更何况，日子过得也并不顺遂啊，曾经的狂妄之心，荡然无存。

躬身入局

» 这个时候，命运再一次垂青于我。一次偶然的机会，邂逅了无锡的"田园东方"——中国首个以"田园综合体"为概念的项目，在当时一众商业项目中独树一帜，似一股清流。项目创始人张诚，前万达集团的第一副总裁，以"打工皇帝"之姿加盟东方园林集团。彼时，众人都在疯狂追逐地产红利，尚未察觉地产时代"最后的晚餐"已悄然逼近，正欲大快朵颐时，他却毅然扛起了打造那么难能可贵并清雅脱俗的田园农文旅社区的担子。

» 初次踏入田园东方示范区，我至今仍清晰记得内心的震撼。真正打动我的并非某一座建筑，而是涵盖建筑在内的整体场景，是它引发了强烈的情感共鸣与共振。在这里，乡土与时尚交织，传统与当代碰撞，人工与自然相融，建筑、景观、室内、室外相辅相成，完美演绎了城市需求与乡村场景的契合交融。当时，内心涌起的那股强烈触动难以言表，事后回想——这，不就是环境艺术吗？

无锡田园东方项目二期

» 自那之后的十一年间，我再未离开过乡村。那个场景征服了我，不是"她"多么完美和杰出，而是在饱经城市里喧嚣的浸淫后，偶然出离钢筋混凝土森林，意外地与幸福撞了个满怀。也像是看久了俗脂艳粉后，意外地撞见一个倾心的清丽女子，至此一见钟情。

» 与张诚的合作契机，缘自一次参与他的项目开发研讨会，此后这类会议频繁召开。那一次我说了什么几乎都忘了，毕竟当时毫无田园乡村建设经验，但有两句话，自己仍记忆犹新。第一句是"建筑只有两个结果，一个是炸掉，一个是保护起来；被保护起来的，就是当代建筑遗产"，

　　　※　这两句话让我想起战场上的一句台词"不成功便成仁"，这种勇气与决绝有点狠。功利心驱使下的狠话，但容易打动人心，尤其业主的。每一个业主都希望自己的每一个项目榨干设计师的才气和精力。

相信是这句话切中了张诚出身东南大学建筑系的职业神经。第二句是"希望给我一个参与这个项目的机会，对这个题目极度的认同感让我迫不及待地想投身进来，甚至免费都行！"或许是"免费"一词起了关键效用会后我得到了一个与他东南大学的同门师弟比稿的机会，——当然，我赢了，也没有免费，并在后面的四年成了他的御用建筑师。除建筑设计外，项目规划、操盘研讨、招商谈判、经营会议，乃至拓展项目的概念设计与政府对接等事务，都成了我的日常。张诚的求知欲、内省精神以及田园情怀深深打动了我，让他成为我亦师亦友的工作伙伴，也促使我每次回应他的需求时，都力求超越预期。在这一次次给命题带来惊喜的磨合历程中，我收获了作为建筑师难能可贵的成长与历练。幸运的是，投身该项目及赛道四年后，田园综合体被纳入中央一号文件，随着全国各地考察团纷至沓来，我们一跃成为行业标杆企业，多年的磨合与携手探索铸就的信任与欣赏，也让我和张诚成为合伙人。

» 然而，一路顺风顺水并非全然是好事，这也是我对当下遭受市场冲击的同行及师兄弟们的衷心告诫。很快，田园东方的发展模式暴露出难题——复制难。这也不难理解，在城市地产蓬勃发展之际，消费者与资本方都企图抓住房地产高增长、高周转的尾巴，虽隐隐预感崩盘终将来临，却都心存侥幸，盼着这天永远不要到来。毕竟，谁会愿意跑到城市外围，那些配套稀缺、出行不便且升值潜力有限的地方购置

房产呢？何况，田园综合体需兼顾农业与文旅产业，我当时总结其模式为"田园（农业）＋乐园（文旅）＋家园（社区）"的三园模式，其中家园即田园生态社区，本质上就是田园地产。农业与文旅实则是这类地产的消费场景，也正是当初吸引我投身其中的关键因素，只是二者的前期都投入不菲。市场现实考量，以及农业、文旅高成本投入的双重压力下，再加上国家中央一号文件对国家级、省级田园综合体严禁房地产开发的规定，使得各地涌现的诸多此类项目，因只能局限于农业与文旅这两个"烧钱"领域，缺乏地产板块平衡收支，大多以失败告终，田园东方除无锡首个项目外，后续拓展也举步维艰。但对于陷入发展困境的裸蓝而言，这反倒成了蜕变的契机。

» 留德期间，"解决问题是设计的本质"这一理念始终萦绕心间，促使我再度陷入沉思。

※ 目前在诸多设计的定义之中，"解决问题是设计的本质"应该算是最精准的。它的精准之处在于它的高度概括和抽象性，超越了技术和知识，直指思维和行动的目标。环境设计在这个概念的定义指引下，聚焦于不同维度下的环境就有了清晰的边界和具体的抓手。

彼时，国家尚未正式提出"乡村振兴"战略，新世纪之初便已启动"社会主义新农村"及"美丽乡村"的战略建设。我不禁疑惑：国家为何不扶持乡村地产？无锡田园东方坐拥6000亩高经济价值的阳山水蜜桃种植基地，为何盈利艰难？乡村文旅看似是城市人的刚需，为何落地困难重重？为何文旅项目不成规模难盈利，规模稍大成本又飙升？还有个更为棘手的困惑：我们倾力打造的大型田园项目，当地农民去哪儿了？为何项目与土地的原主人几近脱节？那时，我和我的设计机构已经有了知名度，积累沉淀了一定作品，更重要的是，我已钟情于乡村，退回城市心有不甘，继续前行却又迷茫无措。此时，我忆起几年前读过的周其仁所著《城乡中国》，也是这本书，在我初入田园时给了我下定决心的助推力量。书的开篇第一页第一句话便是"中国只有两种人，城里人和乡下人。"这句简单又震撼人心的话，实则讲明了中国"城乡二元"的问题，也暗指中国城乡的问题本质上是"人"的问题。此时的我，也产生了关于中国第三种人——"新农人"的理论雏形，即那些厌倦城市生活、希望回乡村创业的新村民们。

» 带着解决这些问题的思考，裂蓝孤独地踏上了征程。但有个本质性的变化，一个规划与建筑设计公司，该如何弄清楚这些复杂问题？——更别说去解决了——做个纯粹的建筑设计师不好吗？然而，田园东方时代的历程告诉我一个事实：努力与勤奋固然重要，但必须先做对。当时的美丽乡村建设已暴露出诸多问题，网上不断披露大量乡村盲目建设形象工程的负面案例，粗制滥造且假大空、建成即空置的乡村项目比比皆是。另一种现象是，随着社会经济的蓬勃发展，农民兄弟们富裕起来了，无论是否衣锦还乡，先把老家房子翻翻新，于是各种花色翻新的瓷砖罗马柱出现了，原本的粉墙黛瓦、小桥人家变成了粗鄙不堪的不中不欧与蓝色彩钢板的海洋，这与我留学期间看到的欧洲美丽的乡村景象形成强烈反差。再有就是政府动辄修建的农民新村，虽像别墅小区，但成行成列的兵营式排布，既不节约用地也毫无错落有致可言，原本在先民们生活生产中逐渐生长出来的村庄变得了无生趣。而在这个时期，除了少量独立建筑师和小型事务所承接乡建领域的精品民宿和小品类建筑项目外，就是些地方小院

» 应付政府做些不入流、不走心的乡村风貌提升类项目，造成了上述诸多乱象。像我们这种成规模、成本高的在京公司，在乡村能生存下去吗？或许这是一条万劫不复的死路。

» 但我几乎没有丝毫犹豫，便一头扎进了乡村，而且是躬身入局、挽起裤腿下地那种。2017年，在与田园东方合作的尾声中，我们去了高槐村，这是一个距成都驾车一小时、离德阳城区仅十几分钟路程的小山村，也是一个市级贫困村。当时的高槐已小有名气，但我们第一次进村时，它却在走向落寞，村里的乡村咖啡店从曾经的20多家到只剩下13家，部分还挂着"转让，非诚勿扰"的牌子。

» 村子所属的旌阳区政府领导是在无锡田园东方考察调研时与我相识的，本以为只是去给他们作个设计，结果我们不仅作了整村的规划与落地改造的乡村风貌设计，还在 2019 年答应德阳市旌阳区政府承接高槐的乡村运营，并于 2020 年正式开始乡村运营实践。为什么呢？那时的我并无确切答案，冥冥中似有一股力量推动着我去探寻乡村美丽面纱背后的本质。并非"不破不立"那种建筑师成名后再著书立说的套路和妄念，而是被乡村里某种神秘的力量化解了，↘

※ 乡村对于今天的城市人来说，其神秘性和魔力究竟是什么？这也是一个世纪性的命题，在此作者留下了一个包袱，令人好奇心陡增。

↖甚至最终反转过来。高槐在一年后变成了远近闻名的乡村振兴亿元村，年游客量逾 60 万人次，各类乡村休闲业态 60 多个且还在不断增加。曾经在田园东方出现的各种政府企业考察团蜂拥而至的现象再次发生，旌阳区政府的接待反倒成了阶段性负担，而我自身也发生了翻天覆地的变化。令我产生变化的并非上述这些数据——这些只是成绩，是地方政府满意的答卷罢了，真正让我作出改变的是另外一些数据。

» 这时候不得不提到一个人——陈哲维。他是中国台湾人，因他叔叔陈甫彦先生是我的忘年好友，便推荐他来袈蓝参与了高槐的初创运营。就是他，2019 年一个人背着包一头扎进高槐村，才有了后来的所有成果。他还做对了一件看似不起眼的事——儿童素质教育。它貌似和高槐的运营成绩关系不大，实质上非常关键，这令我萌生了总结乡村振兴"方法论"的思考。一切从"破冰、松土、播种、浇水"开始，高槐的成功并非只是 2020 年努力的结果，而是从哲维进村就开始了。他从村民眼中的外来人瞬间变成了村里所有狗的朋友和孩子王。

※ 这段写得生动，社会学的视角下，乡土中国熟人社会的特质要求立志解决乡村问题的人先想尽一切办法成为本地人。

» 看到孩子们（部分是留守儿童）放学后无所事事地闲逛惹是生非，他先把房东的孩子及其朋友两人组织起来，自己教他们画画、唱歌、做手工，后来村里孩子参与多了，他又自掏腰包请来兼职老师教，一小时 100 元劳务费，并请示我成立了"高槐儿童创新实验室"。当我在村里看到对他感激万分的孩子家长们以及暖心的村民对我们露出的灿烂笑容时，我突然悟到一个真理：一切从"破冰"开始。当时流行一句话"下乡创业，就是开着大奔进村，骑着自行车出来"，还有很多人挂在嘴边的"农民说了不算，算了不说！"，甚至黄山地区还有村民给民宿主的水井下毒的极端事件。为何会有那么多进入乡村又被迫退出或抱怨四起的事件发生呢？是因为未得到村民的接纳！"绿水青山不管是不是金山银山，那也是我们村的！"我瞬间领悟到了哲维的苦心，他是在解决村民的问题。

» 我们获得了村民的认可，也得到了村集体的帮助，村集体为我们原本打一枪换个地方去上课的方式提供了专门的教室。

　　※ 乡土中国的人文环境中，"熟人社会"是其文化的特征，进入熟人社会的语境和情境之中是解决乡村社会问题的良好开局。就像蚯蚓和土壤的关系，邹迎晞使用"松土"的概念非常准确，并且生动无比。设计师、知识分子惟有跻身其中才能完成目标。

慢慢地，邻村及周边村的孩子和家长也慕名而来。孩子们上课期间，家长们就在村里现有的业态里消费等候，这反而促进了村里的消费和人气。渐渐地，甚至吸引了德阳市区的孩子们，最后城里人也来了，村里原有的咖啡餐饮生意也随之好转。而我们在建设期也没闲着，还向政府申请了一笔活动经费，搞了一个系列的培训活动"高槐众创营"，培训村里和附近的新农人做咖啡、搞美食、开民宿、学非遗。村里日渐热闹起来，我们后来总结这一阶段叫"松土"。

» 这时，我把在北京公司总部开的袈蓝咖啡搬进了刚翻建好的老村委会，并融合了"三尺集、不鸟书店、袈蓝大讲堂"几个补充内容，取名为"袈蓝公社"。

» 袈蓝公社的开张，不仅为村里增添了一个新的咖啡业态，还成了高槐村新老村民的社交场所和迎接来村里咨询创业的新农人的"会客厅"，这个袈蓝公社鼓舞了村民、政府以及对高槐感兴趣的热爱田园生活的新农人们，我们把这个阶段称为"播种"。这个袈蓝公社至今依然还开着。最后，就是转过年来的正式运营了。在政府的大力支持下，我们利用五一劳动节、十一国庆节等重要长假，在村里举办了热闹的"文创嘉年华"和"山谷音乐节"等聚集几万人的田园大型活动，高槐村从此成为周边寻求田园创业的人们的首选地，其受欢迎程度甚至冲破了疫

老村委会改造后的"裂蓝公社"室内

情第一年的恐慌和封堵，让高槐村获得了爆发式增长，我们把这个阶段叫"浇水"，即我们招商扩充业态的最终过程。自此，"破冰、松土、播种、浇水"成了裂蓝的乡村运营心经和口诀，而这个总结性的口诀作为一个理论的开端，最终发展成裂蓝"做好土壤"的县域乡村振兴与城乡融合的方法论。

» 那是因为，在高槐村运营的同时，我们并非在其他方面无所作为。一方面继续在本专业基础上深耕城乡赛道的策划规划及建筑设计；另一方面以高槐为起点，拓展与旌阳区其他乡村农旅项目的合作，并在全国其他地区开展类似项目的拓展。随着我们不断参与实际落地案例的研究与执行，我们一方面反向回顾高槐的得与失，另一方面总结新项目的新感受与新经验，同时还与大量新农人交流乡村农文旅的发展观念，逐渐从不同侧面获得自我完善的滋养与补充。在不断实践的过程中，我还发现一个基本事实：乡村和城市是一体两面，乡村的问题离不开城市。

　　※　在我看来乡村的问题是城市化造成的，人口流动的原因是经济、文化的失衡。乡村的价值所剩无几？这需要认真思考和细致盘点。同样，城市问题的破解，也可能离不开乡村的再造，再造的核心是揭示乡村的核心价值。

乡村与城市此消彼长，农业人口也从占全国的绝大多数慢慢下降到与城市人口五五分。在国家正式提出乡村振兴战略之后，又跟进了"城乡融合"的概念，还有一个早已耳熟能详的词叫"新型城镇化"，而且当时最热门的词是"特色小镇"。事实证明，特色小镇火了起来，一时间各种奇怪的所谓

"特色"小镇层出不穷，如"机器人小镇""诗歌小镇""戏剧小镇"等，这些还算说得过去，甚至还有"袜子小镇"等令人哭笑不得的提法。这些现象惊人地向我们展现了一个事实：乡村振兴越做，乡村越少！这又是为什么？学界对此各执一词，有说城镇化是国际必然趋势，应大力发展城市甚至城市群；也有说乡村是我国经济软着陆的压舱石，农民是经济发展过程中数次挽救我们的良药。

任督二脉

» 事实上，自改革开放以来，中国消失了一百多万个乡村，数量减少了约35%，平均每年消失5万个左右。2002年到2017年，中国小学减少了64%，达29万所，这些减少的小学基本都在乡村。据统计，因临近小学消失，每天徒步5公里以上的农村小学生超过10万个。类似的数据不再一一列举，但已明显表明一个不争的现实，即乡村在大量消亡。

» 党的十九大中，习近平总书记提出，要把乡村振兴战略这篇大文章做好，必须走城乡融合发展之路。我们一开始就没有提城市化，而是城镇化，目的就是为了促进城乡融合。在高槐实践的同时，我通过与山东某国企合作打造泰安九女峰项目，以及与央企华侨城合作打造青岛即墨国家城乡融合发展试验区项目发现，乡村振兴没有对错，但乡村振兴只是抓手，不是目的，真正的目的是高质量的城乡融合。

» 世界的平衡正在被打破，城乡格局此消彼长，经济、政策、产业、结构等都在变化，而人的基本需求以及对自然与和谐的情感需求不会改变。声音、乐器、乐谱乃至人都可以变化，但被触动的心弦不会变。

» "乡村振兴"是国家战略，但其是在"城乡融合"这一大布局下的战略。新型城镇化的步伐历经演变，从"统筹城乡发展"到"城乡发展一体化"，再到"城乡融合发展"，一脉相承。如果说一个乡村的振兴是一个演奏单元，那么整个乡村振兴就是一个声部，而城乡融合则是一个交响乐团。音符就是业态，而产业，就是乐器！演奏者就是城里人和乡下人及第三种人"新农人"，一场当代与传统，民族与国际，西洋与民乐，经典与创新的交响盛会即将奏响。指挥自然是我们的中央，无论大家演奏什么，是乡村振兴的田园交响曲，还是城市更新的蓝色狂想曲，目的还是拨动心弦，是欢乐颂！还差什么？这段文字，就是关于编曲和乐谱的。

» 奏响的交响乐曲是由音符组成的，音符就是业态，业态就那些：餐饮、会议、酒店、民宿、采摘、垂钓等，动听还是刺耳，在于怎么组织这些音符。乐器就是产业，是由音符组成的有特征的声音发生器，相当于组合的业态服务，乐器就是几类：弦乐、管乐、打击乐等，对应着常说的一、二、三产，而其他声部则是细分产业，如农、林、牧、渔等。当下重要的工作是有效且艺术地组织这场"演奏"，乐谱至关重要，需明确主旋律为城乡融合，调动音符组合，把握音色音质与节奏，平衡好业态、产业、分期和资金，以产生动人效果。此外，还需强调空间，音乐的空间并非指回荡于某空间，还包括音符间的停顿与连贯间歇，这正是音乐的魅力所在，乐曲的感染力在急促与舒缓、停顿与静默中得以展现，城乡产业的乐章亦如此，停顿是积蓄力量再次爆发的准备，是以时间换空间。

» 产业的再结构化类似于和谐音符与节奏的结合，优美动听的田园牧歌是农文旅几件乐器合奏出的协奏曲，演奏者是创业乡村的新农人与原住民，城市同理。城乡融合的交响乐是各个声部在合理比例与强弱控制基础上的演绎，编曲者是产业结构的架构师，指挥则是不断调整结构以达和谐动人效果、推动接近高潮并控制间歇的产业与市场战略家。中国城乡融合的序曲已奏响，乡村振兴的乐章也已开启，且乡村并非孤立发声，城市的和声从未停止且终将重新占据曲目的重心。

» 带着对城乡的新领悟，我们在河北易县易水湖国家级旅游度假区开启了新一轮规划与落地。易水湖是当年荆轲刺秦出发之地，"风萧萧兮易水寒……"我们这些接连开展的项目有一个特点，即项目规模越来越大，内容日益复合，问题也随之增多。但新的发现是，把城乡的平衡看作一部协奏曲，工作便是愈发美好了起来。易水湖项目环湖跨越四个乡镇，湖面达 27 平方公里，整个项目共 144 平方公里。此次从城乡融合入手，意味着继以田园东方为代表的田园综合体时代、以高槐为代表的乡村振兴时代之后，我带领的裂蓝建筑迈入了自身发展的第三阶段——城乡融合时代。

» 真正的自身修炼与巨变由此开始，即通过打通城乡之间的"任督二脉"，这一认知的提升，也打通了自身发展的关键脉络。在历经若干综合性区域规划与落地的实践、训练及总结后，我们正式提出了"做好土壤"的城乡融合方法论。

» 这是在放弃先破后立理念后的质变，即先立后破！立什么？立的是建立我们在城乡之间的理论体系，并不断打磨完善，通过项目实践持续修正；至于"破"，破什么？破的是击穿表面乱象，树立起"中国乡建"与"当代建筑的中国表达"的旗帜。

做好土壤

» "土壤"的基本作用是承载与提供营养，无论是富饶的农田，还是荒芜的沙漠，皆是如此。而生长于其上的万物才是盎然生机之所在，且各自构成或纷杂或简单的生态体系。花盆难以长出大树，可暂忽略不计；沙漠贫瘠，寸草不生，更无法长出大树。《小王子》里我最喜欢的一句话是——"让沙漠变得美丽的是，某个地方藏着一眼井"。有井之处多有绿洲，绿洲是生机盎然的生态，而承载此生态的土壤与周边沙漠的区别，在于其适宜的湿度与营养。总体而言，什么样的环境依赖什么样的土壤，或者说什么样的土壤决定产生什么样的生态环境。当然，亦有特例，如《火星救援》中，不毛之地的火星竟能长出几百公斤土豆，这说明通过环境改善，土壤是可以改良的。

» 既决心做好"土壤"，那么什么是土壤，什么又是好土壤呢？土壤最基本的特性是够低、够厚，且可降解一切物质，好的土壤还具有湿度与营养。

做好
土壤
以做好土壤方法论
县（区）城乡融合为原则

产业配方　新农人　内生力　解决问题　承载力

"做好土壤"方法论

» 土壤是低的。有人见过土比树还高吗？土必然处于最底层，方可承载万物。故而，做好土

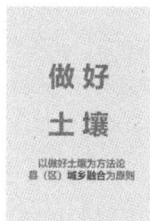

壤首先是个姿态问题。大地沉默而安详，隐匿于或高大繁茂或低矮稀疏的植被之下。土壤亦如此，谦卑有加，虽本就广袤无垠、物产丰富，却默默成就万物生长，助力人们安居乐业，放弃了花枝招展与搔首弄姿。解决乡村问题，就应像土壤一样，做坚实的承载者与支撑者。土壤是厚的。它可承载无限纵深的根系，输送水分与营养，成就参天大树与广袤农田。土壤的厚是无尽的，源自内在的沉稳大度，任人翻掘，皆能给予无尽的肥沃。土壤还具包容性，容纳自然变迁，降解有机无机之物，经时间转化为价值回馈人类。土壤是庇护所，为生灵提供安全容身之处，以温暖怀抱孕育万物繁衍生息，任天空风云变幻，大地始终岿然不动。土壤是敦厚老实的，与相伴的农民性格相符，表里如一。厚德载物，正是对土壤的绝佳描述。

» 经过十一年的城乡耕耘，袈蓝在诸多实践中感受到，众人往往关注地面以上的"花枝招展"，而决定产业生态发展的，实则是易被忽视的地面以下低调、厚重且包容的土壤。究竟何种土壤才是适宜的？我们边实践边思考总结，得出以下五点，作为"做好土壤"的核心要素，也是五个维度方法论的结合，即"产业配方、承载力、新农人、内生力、解决问题"，它们分别代表"产业、道、人、价值观、态度"五个维度。

» **产业配方。**正如"硫磺、硝石、木炭"，三者分开价值有限，但按恰当比例组合便是炸药，每个规划项目本质上都是产业规划，需将适合当地、具本地固有特色以及发展所需补充的产业，依据"一、二、三产"融合发展的要求，合理布局于项目空间，并找到优质业态以产生激活效应，正如有了炸药还需引信。而我们每次植入乡村的以袈蓝公社为核心的"田园会客厅"，便担当此任。

» **承载力。**其关乎土壤的厚度，是托起产业生态的能力与输送营养的载体，本质上是"人、地、钱"三大要素的组织。进入到乡村的资源，其实从来不缺，但貌似结果并不尽如人意。这里还有个"水、渠、塘"的比喻，大水漫灌进入到乡村，结果呢？不是把乡村冲没了，就是渗光了。皆因无"渠"引导。应让资源沿正确方向、以适宜流速，如涓涓细流般汇入村里的池塘，如此存住的水方可与乡村固有资源发酵共生，形成新的产业循环体系。

» **新农人**。即前文所述的"中国第三种人"，是乡村振兴的活力因子、产业引路人，是新时代由"新乡贤"带动的返乡创业者。

» **内生力**。最为抽象却至关重要，是原住民接纳新村民、新农人并产生主动呼应联动的意愿，是费孝通先生在《乡土中国》中所描述的中国乡村基于数千年农业文明形成的历史沉淀的巨大力量。这股力量如果形成互动力，则事半功倍，反之则会成为巨大阻力，甚至激化社会矛盾。

» **解决问题**。正如设计的本质是解决问题，以农文旅为基础的城乡融合亦需立足于此。实际上，首先需关注解决谁的问题。乡村事业之难，在于需解决五类问题，即"政府、企业、新农人、原住民、生态"，缺一不可。其次才是解决何种问题，这需要具备敏锐的洞察力与解决问题的能力。而政府在调配资源、动员宣传及背书站台等方面能力卓越，是其他力量无法替代的。

» 需说明，此处并非方法论的解读论文，仅对裂蓝的理论作简要描述。总体而言，需五点联动、相辅相成，才能改造和创造出城乡融合时代的新土壤。改造一块适宜生态有机农作物生长的农田尚需五年左右，何况构建一个有机的产业生态。裂蓝选择了一条正确却艰难的道路，虽难，但总得有人前行，走的人多了，便成了路。幸运的是，实践这套方法论需有落地设计，而我们的设计能力为我们提供了必要的生存保障。

» 自 2007 年回国，因重大机缘投身中国城乡建设大赛道，作为出身环艺的建筑师，我做了不少建筑落地实践。其中，回国早期的龙门石窟博物馆项目，对我形成当代建筑的中国表达影响深远。结合早年在德国留学时对中国传统哲学的反思，我在该项目的落地中有了深入思考与实践，获得了认知升华。下面，我将讲述一下这段心路历程。

龙门石窟博物馆

有无相生

» 通过对龙门石窟博物馆设计理念的重新整理与阐述，一方面梳理了这几年对该项目的思绪，另一方面也有了些新的感悟。特别是在写"空"的过程中，由佛教哲学上的"悟空"引出了中国艺术辩证的"有"与"无"。我感到有必要在此题目下进一步分析，这也是自我拓展一下思维空间。借此机会，审视自身的"有"，而目的是探寻那未知的"无"。

» 中国人的艺术观与西方世界的艺术观很大的不同在于，西方运用抽象思辨的模式，中国运用直觉感悟的模式。抽象思辨属纯理论形态的思维，由整体出发，向微观发展，是一种自上而下，自大而小，由外及内的逻辑推理过程。例如丹纳的《艺术哲学》，提出种族、环境、时代三大因素对艺术品本质面貌的重要作用，详尽分析了艺术品诞生地的自然气候和精神"气候"，如宗教、政治、历史等对艺术品的内在影响。谢林的《艺术哲学》则提出"潜能"说，与亚里士多德的"潜能"说相呼应，是对西方艺术哲学的重要补充，且着重于艺术辩证法方向，但其也着重于自上而下的思辨。而中国与之相反，是一种自下而上的直觉体验模式，因此没有系统的古代艺术辩证法专著。在我国古代诗文、绘画、戏剧、舞蹈、书法、园林等的理论资料中，充满着艺术家们切入艺术本身的独到辩证，如形神、虚实、曲直、方圆、有无、正反等。在阐释具体艺术辩证范畴时，总是深入艺术内部去发现和发掘自身体验到的独特之处，以形象的语言表述其精要，将抽象理论形象化。中国古代文论、画论均表现出直观领悟高于推理思维的特征。由此可见，我们重感性，注重形象意会，重妙谛；西方则重本质、规律、比较和价值判断。我们的思维广度与深度虽空灵无际，但缺乏系统，相互重叠且有疏漏；西方理论虽具强大系统性优势和力度，力主鸟瞰、高屋建瓴，却触及不到阴影背后那迷离神秘、"只可意会，不可言传"的玄妙之处，而这正是"有无之境"的迷人之处。"有无之境"表达的核心是科学思维的理性界限与直觉体验无限伸展之间的辩证关系，抽象思辨无法抵达的形象本体层，直觉体验却能够深入。本文无意全面叙述艺术辩证全貌，只想从"有无之境"的角度探索一种艺术与设计的方法，并作为一名建筑师，对中国现代建筑艺术的现状与发展提出方向性建议。

» "物莫不因其所有，用其所无"，经典地表达了"有"与"无"的辩证关系。以中国传统绘画为例，写意山水与花鸟画一直是中国文人钟爱的主题。我曾疑惑，为何千百年来人们乐此不疲地画同一主题，甚至有人只专注于画虎、马、驴等其中一种类型。最初，我对国画不屑一顾，觉得不过是千百年来几张构图不同的画罢了。直到有一天，在贵阳，进入我的同学家的客厅，看到墙上有一张小画，画的是一幅冬天的大树，枝叶全无，笔法简练，遒劲有力。一种莫名的感动突然涌上心头，让我的目光久久舍不得离去。画面留白很多，每根枝条以近乎奇怪的方式向四周发散，但放到一起又很均衡。单纯的黑白水墨，极简的画风，却表现出一种无以名状的丰富。这幅画彻底改变了我对国画的看法，作者是同学的父亲杨长槐。此后我开始关注中国绘画，尤其读了吴冠中先生的《我论石涛画语录》后，才将心性进步到另一个我原先完全不了解，现在却深深着迷的新境界。我认为中国画的奥秘是以"有"画"无"，画中的对象只是传达画家心境的媒介。画面虽小、对象虽单一，但所表现的情感与内涵却可无限放大，至无边无际。从这个角度看，画的具体内容并不重要。所以中国画关注的是"无"，是相对存在于画面与构图中的"有"的以外之事物。而笔墨的多少，笔法的功力，繁简的对比，主题的明暗都是为"无"而服务的。吴冠中先生说："笔墨等于零"，虽略显强硬，却于我而言是至理名言。他还说"艺术贵在无中生有"，补充了"有无之境"。这里他强调的是主观因素的作用了，也是强调艺术家在动笔之前对对象赋予的情感，这个对象仍然是种媒介，只是从画面外切入进来，体现在"有"中。同时还有一种偶然性在里面，因为结果是水墨韵染的必然，而水墨是很难控制的。毕加索有一句话："创作时如同从高处往下跳，头先着地或脚先着地，事先并无把握。"这也是就偶然性的描述。从偶然性里面也可以看出"有无"之间的微妙。吴老的话看似说"有"实则说"无"，"有"为"无"服务，偶然性只是"有无"间的调味品，令"有"相对"无"产生了些许的变化。毕加索放大了其剂量，使结果充满新的期望。因其作品是传统西方艺术哲学时期，穷途末路中的新曙光，也正是重视经验与直觉的开始。他决不是靠偶然性创作的人。

» 搞艺术创作的人常有类似感受，给满意的作品加修饰来增色，经常会破坏其表现力。这是因为改变了"有"与"无"的平衡。中国人擅长留有余地，如"话说一半儿，心领神会""犹抱琵琶半遮面"，艺术创作亦如此，需留"境与情"的空间。中国画讲究留白，画家着笔时从空白开始，空白处是"气"，是与画外融通的关键。"疏可跑马，密不插针"说的是构图疏密，而本质是"意在笔先"，"趣在法外"，早已"胸有成竹"了，而画蛇添足则是败笔。

» 再以音乐为例，人们常评价音乐旋律优美、音色悠扬，旋律源自单个音符的组合方式。有趣的是，音乐也是有空间的，通过音符间的停顿调动听觉，一首乐曲从无声到渐进、序曲、高潮、结尾再到无声。音符是"有"，停顿是"无"，音乐便是"有无相生"的典型。"大音希声"的含义便在于无声间隙，包含了一切下一个可能。而诗歌更极端，它以高度洗练的词句，创造深长的意境，引人遐想。词句的出现颇有画意，词句是媒介，传达无言情境，即"言有尽而意无穷"。刘熙载《艺概·诗概》说"律诗之妙，全在无字处"，言为"有"，意为"无"，诗歌是"有无相生"的佳例。如王维的"大漠孤烟直，长河落日圆"，"直""圆"不仅表明形态，暗示了一种广阔无垠，同时平和无风，清朗透彻中的苍凉、色彩、尺度及孤寂。中国的绝句无论五言或七言，有意控制字数与押韵，反而在强调"言"的规整严谨时，更反衬出"意"的可贵难得，这与绘画有别。此外，造像艺术、明式家具、书法、戏剧等也能体现"有无相生"。下面回到建筑领域。

» 建筑实在且强势，矗立在场所中，彰显着坚固和尺度。在当今中国，它是城乡一体化进程的功臣，却也是资源消耗和环境恶化的帮凶。

※ 建筑对资源的消耗是巨大的，从环境的视角来透视世界，即是一种平等的关照，关照组成环境的诸多要素，追求整体的和谐。因此"环艺"虽拥有建筑的血脉，却造了它的反。

作为有责任感的当代建筑师，应如何应对？先看古代中国，讲究"天人合一"，因技术限制，除宫殿庙宇外建筑尺度不大，空间关系成为建筑者发挥才能与想象的重点，园林建筑便是典型。园林建筑的理论分析有很多了，包括我自己也写过类似的东西，这里我们就前文"有无相生"的角度来看看园林建筑吧。园林建筑是不能孤立地看待的，需结合诗、书、画等艺术形式来看，前文已述诗画的"有无之境"，证明"有无"的意境，特别是"无"的意义之重大。而建筑是如此之实，与语言、书画不同，先人们又是如何处理的呢？有趣的是，他们用的同样是很实的东西——"墙"，尤其是白墙。建筑虽实，但内部、外部及建筑间皆有空，一墙之隔形成了空，墙成为空间媒介，类似诗画。看来任何事物都是决定于角度的不同。先人们将墙视作绝句韵律，墙有其规则、工法与材料习惯，而墙的实或"有"，成为空或"无"的有力的衬托。同时墙有其特有的特质，可以附着很多东西，如光与影，如诗与画，如雨

"故乡的月"室内和室外

与渍。同时也可以去掉很多东西，如窗与洞，如门与扇。这些都是为了墙以外的东西。光影赋予墙时间性、运动性和生命性，竹影的斑驳与诗意带给白墙无限的生机；诗与画令白墙以更实的存在，证明了其相对意境的不存在，其自身的物质属性的虚无；雨水的冲刷留给白墙的是浓淡的渍，如水墨般的偶然性与历史的必然性形成了"有无"的对话。门窗位置特别，它既是虚的洞与周边实的"有无"对比，又是尺度与密度（数量）上的"留白"。从中感到先人们如绘画般寻求墙中的"气"，以及"气"与周边场的关联。而最重要的是洞以外的世界透射进来，这时相对墙的"虚与无"，变成了更为有意味的另一种"实"与"有"。外面的空与里面的空有了对话的渠道。这时的门与窗不再只是通行与采光的功能构件，而是借景与对景的道具，空间融通了，情绪涌动了，氛围来到了。这就是我们的前辈建筑家造就的神话般的传奇，运用了原本无比实在的手段——"墙"，成就了建筑的灵性。

» 墙还是连续空间的媒介，如"进"。中国建筑精髓在园林与民居、宫殿与庙宇，都讲究"进"。墙在这时表面上退化到了界限的范畴，实际是"进"与"进"之间的"有"，院落则是"无"。院落氛围各异，墙决定其基本性格，有墙才有园林及诸多附着物，如太湖石、水池等。此时的墙成了庭院与庭院之间的过渡，室内与室外的过渡。室外景观成为室内墙面开窗部分的理由，太湖石变成室内窗洞后的装饰画，窗成为取景框，最终墙成了沟通的媒介，空间的延展，也就由原本的局限物变为拓展物。

» 中国园林里还有一种墙，是白墙的兄弟，叫"格栅"。顾名思义，是木格子的隔栅。它是墙的延展，更具通透性。格子是抽象构成装饰物

及空间划分限定手段，更虚、轻、灵动。尤其在内墙中，栅起到了灰空间的作用，兼具白墙优点，可开洞设门，有实虚对比，同样吸纳了光与影，只是光影透过它时，成就了室内的迷离，影在地上的移动，引来室内其他物品的嫉妒。栅以虚空构成重叠景象，变幻时空，还吸纳声音与味道，竹雨

华侨城城乡融合展示中心

沙沙，水流潺潺，鸟语花香，与影子的光怪陆离，组成了空间的主体。感官不只局限于视觉了，墙与栅调动了听觉、嗅觉。栅为木制，更为近人尺度的虚墙，更接近家具的功能。触感是温和的，所以触觉也被融合进来了。最终墙与栅成就了感观之大成。让死板空间变活，融入情感。"苔痕上阶绿，草色入帘青""谈笑有鸿儒，往来无白丁"描绘的便是这种富有诗意的空间，人成为主角，令空间灵性升华。先辈建筑家的工作充满智慧与愉悦，我辈应寻回这种工作状态，否则会沦为强势建筑的俘虏和空间的奴隶，"有"与"无"本末倒置，而本来是正相反的。它们早就存在在那里，等候我们多时了。

» 回到现实，当代建筑师虽有更多技能技术支持，能挑战各种难题，但创造的作品未必都正确。一次与肖老师聊天时，他说中国正处于青春期，年轻人犯错正常，长大就好。话虽如此，但我们不能听之任之。季羡林老先生说，21世纪是中国人的世纪，指的是中国哲学与文化的发展空间。此前我们多是拿来主义，若此时不反刍自身文化精髓，难道等老外来教我们做园林建筑？我们应学习西方优点，如健全的理论体系、分析比较方法和理性认真态度，然而在他们正努力从东方的精神家园寻找突破口时，我们又有多少人意识到自己与生俱来的优势呢？再拿建筑来举例吧，我们建造的空间从来就不会是完美的，建筑本身就是遗憾的艺术。何况现在的更高更强是下一个更高更强的笑柄。中国的青春期充满了欲望，并且引发了世界的欲望，我们更需要了解自身的结构，调整内分泌，而不是纵欲过度吧。

» 有人说存在即合理，难道"有"就是有用？为了有而有，那只是占有

欲，为了情感的共鸣，心性的融合才是爱情。建筑师应该和自己的建筑谈一次恋爱了。而感情就像水流，最终是要流向大海的。中国的建筑向何处去？我的答案就是"有无相生""有无之境"。当我们面对项目时，需要首先从"无中生有"的角度看待它。场地就像张白纸，我们勾画的物体要如同"留白"一样建立存在"气"的场，令场所与周边对话。应从"场"开始工作而非先考虑建筑轮廓。

» 建筑是与城市、历史及社会对话的媒介，它可以表达我们对建筑与社会的责任及对建筑艺术的追求。任何对象的符号背景都不是必须妥协的，符号是低级代码，画家的主题是心性而非所画动物。可见的建筑体是道具，材料是单词、音符，词或音符间的空间与停顿是我们调动其特征产生为已所用的效果的工具。营造空间要学习先辈用"墙"的智慧，让墙为灵性的空间服务，使空间划分限定变为创造空间联系与流动的丰富性工作，如同绘画追求画面外的联想与意境。当我们具备功能合理布置能力，再以空间的表现力与我们赋予空间的精神性等这些并非一眼看得到的"无"为手段的话，我们很可能就不会为建筑的形式感而困惑了。它就在那儿，它就应该如此，"得之于手而应于心"吧。

» 另外，地域性是我们努力要铭记的。中国建筑师常摧毁地域特色，沦为同质化的粉刷工。地域性并非一定要用或不用地域特色形象或符号，如同之前讨论园林的精要一般，地域性源于人们的综合感官体验。我们要善于观察建造地点的特色与人文景观的深刻之处，选择承载它们的媒介，将全部感官作用转化为功能，完成富有地域特点的闲情美，让看不见的，但逐渐浓郁的地域氛围来填充空间的全部。适当的符号可用，但要以有用无，传达我们对建筑意义的思考分析，而非无奈的粉饰。

无锡田园大讲堂

» 当我们执着于形式语言、业主喜好、符号等"实有"时，要跳出表象，提高感悟能力，用艺术家的眼光看待对象，以技术与功能为"有"，"因其所有，用其所无""得之于手，而应于心"，创造无限的"无"。

环艺人

» 终于回到本书正题。前文的所有经历与感悟，都基于我在环境艺术设计的教育背景。当年德国柏林艺术大学认证建筑学院入学资格时，教授看了我公证处翻译的中央工艺美院成绩单后说："你学了这么多门类，成绩又好，还有这么好的考试成绩（柏林艺大入学需专业素质考试），我觉得你直接可以毕业了，不用学了啊。"我哭笑不得，解释环艺的复合训练是对建筑及内外关系的美学与功能的创造或再定义，是场景营造与主题打造的综合学科，但我现在想专注建筑学的研究。教授回答说："建筑也永远不是孤立存在的，你学习过的正好是很多建筑师应该重视却偏偏忽视的地方。"结果我被认证到高年级入学，免了建筑系基础阶段（入学新生需要平均两年的学习阶段），类似中央工艺美院的基础部阶段。

» 解释虽如此，但我说的也是本意。我读环艺时主要方向是室内设计，环境艺术的宏观概念对我影响深刻。

> ※ 环艺的格局很大，与时俱进的发展是常态。20 世纪 90 年代之初，室内设计是它面对时代命题回应的方式，也算是抓住了要点。但不能以时代的局限性来定位专业的未来。宏观概念的思忖的确很重要，可惜大多数人未曾这样思考过。

事实上，我改读建筑学并无难以逾越的门槛，初期仅语言障碍让我吃力，不过我会画画。初入建筑系学习，我受益于国内训练带来的"从里往外"的思考空间优势。

» 当时中国建筑师像建筑服装设计师，处于从功能主义走向美学需求的初步阶段，受西方冲击又缺乏美学启蒙。记得当时系里也请了国内几名知名建筑师来给我们讲课，没记住说了什么，但感觉就是牛得很，室内是他们的下游，是在和他们配合，在尊重建筑空间的基础上修饰一下就够了。但他们粗陋的梁板柱四方空间有什么值得尊重的？这种被轻视的记忆，也是我暗自下定决心学习建筑学的潜在动力。我认为建筑也可以是个有机体，内部功能决定空间，空间感受决定品质，进而影响甚至决定建筑外观，而建筑摄取光线与外部信息及能量的渠道再次与建筑内部产生对话关系，再次产生内部与外部的影响。建筑周边景观与室内空间的介质才是建筑，前文在"有无相生"里对中国园林有过详细描述。所以，在我受过的训练里，建筑常是造景工具，而非主体，这是中国空间美学的突出精髓，却被我辈设计人忘得一干二净。

» 建筑是造景工具、场域空间一部分，是室内空间与外部景观的联系和媒介，景观是建筑的延续，室内是建筑空间本质。重要的话再说一遍。而这些要素加起来叫环境艺术。正因如此，我在德国的学业上手极为容易，室内尺度与功能划分的基本功及手绘表现能力让德国同学佩服。但他们对理念与立意的把握及基于解决问题的设计观也给我上了深深的一课。这个不得不说，是国内设计教育的缺失。环境艺术设计是超越单体建筑的场域研究门类，应是建筑学必修板块，却在中国成了专门专业。其原因不仅是张绮曼教授当年的推动，更代表了当时国内建筑设计领域的认知缺陷，是时势造英雄的产物。中国以室内设计为代表的环境艺术设计是对当时较弱的建筑设计师的补位。正如我在学校期间对无能又傲慢的建筑师的不屑，这也是国内环境艺术设计专业在中央工艺美术学院带动下，在中国方兴未艾发展起来的本质原因。

田岗田园大讲堂

» 但现在中国的建筑学和建筑师逐渐成长，大建设提供了训练机会，信息化时代降低了学习成本。我们这批留学归国人员投身国内建设大潮，部分进入建筑教育领域，带回先进教育思想，为培养优秀建筑师打下了基础。优秀的建筑师甚至无需室内设计师。当然，中国建筑教育和建筑师整体水平还远

田岗艺术中心

241

田园市集

未达至自认为的高度，关键岗位的老资格们能力与认知的差距显得滑稽可笑。但是，毕竟世界的真相是能量守恒的。建筑与室内设计的成长此消彼长，环境艺术设计该如何应对？

» 本不想谈这个话题，却不自觉扯了进来，也许这是自身的心声。离开学校多年，一直牵挂母校，当年环艺系是美院最好最难考的专业。所以我想，解铃还须系铃人。

» 环艺系必须自强，要放下曾经的辉煌与骄傲。当年环艺系老前辈参与了北京十大建筑等新中国成立献礼项目，成绩斐然，但我们不能忘记当时的专业名称叫"建筑装饰"，实际上是张绮曼教授把专业领域作了质的提升，这不仅是名称变化，更是研究方向和认知的提升。

※ 建筑装饰是建筑设计的一个环节，并且是非必要环节。它有时代的局限性。从"建筑装饰"转变成为"环境艺术设计"是学科发展中创造性的转化，符合时代发展的要求。

在我看来，建筑、室内和景观无本质差别，都是空间研究的切片，是环境艺术设计的一部分。但在中国，建筑学强势的时代还会持续很长时间，对于环艺系而言就有是"先破后立"还是"先立后破"的话题了。而环艺系已经在前辈大师们的努力下完成了"不破不立"的使命，吾辈要在"百年未遇之大变局"中接受变化，思考自身求变。《未来简史》的结尾表明了态度：三十年后的未来不可预测。出书的时候还没有 AI 的世界级现象突变，我认为不用三十年，十年以后的世界已经不可预测了。正如我十年前在房地产时代如日中天的时候，未料到如今中国设计市场的萧条，但当时我选择逃离，建立城乡融合新赛道；在更早的 1999 年，我在中国室内设计最火时放弃，去德国学建筑，并非有先知先觉，而是主动选择未来，在乎的是自己想要什么。

» 在此，我代表苏丹老师挑选的十三位来自不同行业与赛道的师兄弟，作为最年长的环艺学子，表达我的观点：既然环境艺术设计是一个综合性专业，与其和建筑学专业硬拼，争夺行业与市场地位（也许我们能赢，但这是一项即便我们这一代乃至之后几代设计师与设计教育工作者秉持开创新世界的价值观去努力，也极有可能失败的任务），不如换个思路：我们的专业范畴大到可以涵盖所有空间设计门类，小则能具体到家具和陈设的微观视角。那么，我们不妨把环艺系当作孕育空间设计全部门类的土壤。在学生培养方面，应更加开放、自由。

※ 环艺专业的开放性，是维护自身价值的关键，营养富足才能供给未来发展各种可能性。"土壤"的比喻也很耐人寻味，宽和厚是各种"专"的前提，十三不靠就是现实中最有力的证明。

环艺专业的毕业生，既可以从事建筑师、室内设计师、家具设计师、景观设计师等工作，也能够涉足空间内容的展陈设计、活动策划设计领域，甚至可以成为乡村场景的守护者、古村落的研究者、文物的研究者等。我们是场景的美学导演，是艺术人生的编剧，是实现人类对美好生活向往的践行者。不要再纠结于职业选择，学生入学时就应被告知：你们是环艺人，是与人类环境艺术及美学相关所有行业的基石，

※ 环艺的未来一定不是当下的专业规定，而是像一个富有能量的"环"。在现实问题的纠缠中不断飘移，不断化解问题，并生成自己新的边界的形式。

正所谓"种瓜得瓜，种豆得豆"。基础部不再单纯训练素描、色彩，而是以一个目标为导向——帮你找到兴趣点与擅长领域，为后续专业方向奠定基础。清华美院环境艺术系将全力以赴，为你们所选的专业方向匹配相应的师资力量，助力你们实现梦想。到那时，我会欣然接受邀请，回到系

无锡田园东方项目

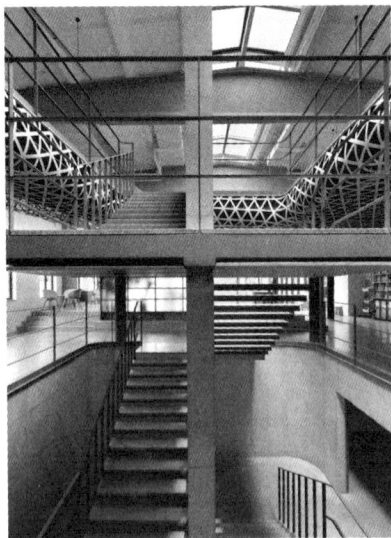

马蜂窝全球总部二期

里担任选修课导师，给师弟师妹们讲授建筑设计、城乡融合以及文旅相关知识。

» 当然，我深知这或许如同痴人说梦，看似只是一个理想化目标，却对现有的学院体制与师资配置构成巨大挑战与考验。不过，考验的并非每位老师自身的专长与方向，而是其开放的胸怀。老师们或许不再以传授专业技能为主，而是转变为学生发展与兴趣的引导者。如此一来，教师真正回归到园丁的本职工作，我们是枝条的修剪者、长势的引导者，施肥浇水成为真正的日常工作。

　　　　※　一直以来，美术学院的教师热衷于传授专业技术，这似乎也没什么错，但这并不完美。真正的教育工作，应当把学生拆分成具体的个体，有差异的个体，然后因势利导，并针对性传道、授业、解惑。

» 以上，是我作为一名毕业二十多年的环艺人，基于自身成长经历与反思，与当下及未来环艺人分享的一点个人心得。

　　　　　　　　　　　　　　　93 级环艺学子邹迎晞
　　　　　　　　　　　　启于 2024 年 11 月，结于 2025 年 1 月

施宇峰

毕业于清华大学美术学院环境设计专业
云南民族大学环境设计专业负责人
云南省非物质文化遗产保护工程专家委员会委员、云南省级非遗项目评审专家

研究方向：长期从事云南各民族非物质文化遗产调查，并致力于非物质文化与村落空间关系的研究。足迹遍及云南十六个地市一百多个县的近千个乡镇，对云南 26 个民族的民居和非遗都有深入的了解。多次作为指导专家参与云南省文化厅非遗中心非物质文化遗产田野调查培训活动，辅助完成十余个文化生态保护区的申报工作。

设计实践：主持云南昭通文庙及周边景观设计，鲁甸地震广场设计、云南马龙四旗田村景观设计，中国纺织协会 2017 上海非遗展览馆设计，云南省文学艺术馆音乐展厅设计。

从环境设计到非遗保护

—云南乡村文化的探索与乡土实践

他走在了我的前面

» 在非物质文化遗产的保护和传承这项工作领域，环艺这个学科恐怕只有施宇峰和我把它变成了自己的一项本职工作。这可能是我们过去都没有想到过的事情，因为三十多年以来，环艺这个学科一直处在一种激扬亢奋的状态，这是中国社会现代化和城市化高速发展的必然。总是有大量边缘性的工作，需要经过"环艺"这样的训练体系的人去面对，去奉献。

» 然而，我昔日的学生施宇峰从很早就进入到这一个领域，可以说在那个时候"非物质文化遗产保护和传承"这项事业还没有被更多的人所认知。从这一点上来看，我的学生比我更高尚，比我更真诚。

» 每一次去云南昆明，我都要找到施宇峰，喜欢听他跟我讲他所做的那些田野调查的故事和经历。他的投入状态，令我感到吃惊，如果把那个巨量的数据罗列出来，恐怕会让很多的人感到不解。人们的疑惑首先在于，为什么一个在市场经济中机会多得很的"环艺"毕业生，会主动投身到这样一份辛苦又不被世俗关注的事业中。我经常打电话找施宇峰，这学生要么不接电话，要么就是用极短促的只言片语进行回复。和他商议的很多事情也经常如泥牛入海般杳无音信，后来没有办法我就只有求助于他的太太吴穷女士。每一次他的太太都满怀歉意地告诉我，施宇峰把电话扔在家里，自己又跑到大山深处的寨子里去了。人们疑惑的另一点在于，过了而立之年的施宇峰为什么不像其他的同龄人一样，努力写文章、做课题，在高校中绞尽脑汁去解决职称问题。几年前，他的职称尚停留在刚入职时获得的助教水平上。

» 直到有一次他和我聊起了有关云南少数民族营建环境的文化传统和理念的时候，我才大吃一惊，深感这个学生不得了。他通过长期的田野调查，已经掌握了现代文明以前，人们在自然环境中营造人工环境的诸多密码。在他看来，当下进行的许多轰轰烈烈的乡村建设尽是不着边际的皮毛工作。他的发现对我的启发也非常之大，我突然意识到我们这些长久生活在城市里，浸泡在现代文明中的人，早已丧失了和身处的自然环境对话的能力。而更为可悲的是，我们却全然不知，并不认为失去了这种灵性是一种耻辱，应当引起警觉。

» 在震惊全国的翁丁古寨被焚毁事件之后，有一次在一个专家学者论坛上，我欣喜地看到了施宇峰的发言，我觉得他的观点有真知灼见，有自己独到的见解，而这种见解是建立在十几年来长期深入调研所获得的认知之上的。我为自己曾是他的老师感到由衷的骄傲。

» 从去年开始，我自己也步入了非物质文化遗产保护与传承的阵营中，我对这个自己并不是完全掌握的领域充满了好奇与向往。或许施宇峰过去工作的经历和心得，对我工作的转折也产生了某种暗示罢。我隐约地意识到，我们应当觉悟了，应当主动去从传统文化中获得某种力量。

苏丹

2022 年 7 月 12 日

于中国非物质文化遗产馆

云南乡村设计的探索：从空间营造到文化自觉

理性设计的在地化尝试

» 2009 年，我从清华美院环艺系毕业后来到云南民族大学任教，刚踏上这片土地时，心里头满是设计师的雄心壮志，渴望这片神奇的土地所孕育的创作机会，能让我拿个大奖。

» 母校的精英教育，给我打下了扎实的专业底子，让我到了云南没费多大劲儿，就找准了做云南乡村设计的大方向。很快，项目就像雪片似地找上门来。接手这些项目后，我充分发挥在学校里学到的本事，理性的分析、规范的制图、绚丽的图表……一下子就把设计的魅力和亮点展现得明明白白，项目推进得特别顺利。日后我反思这段经历，发现其实内心是很排斥这种"窍门"的，总觉得和云南没什么关系，尤其和乡村没什么太大关系。

» 虽说这些设计作品从专业技巧上看，挑不出啥毛病，可当我每次走进云南乡村，看着当地老百姓那质朴的生活场景，感受着独特的文化氛围，就总觉得这些设计和本土实际情况之间，好像隔着一层说不上来的别扭。那些在图纸上看起来花哨的方案，真要落地到乡村生活里，似乎很难融进周围环境，更难产生那种有机的共鸣。

※ 现代化的专业教育总体上是讲求通用，但是在具体方法上应当追求针对性、具体性。环境艺术设计专业尤其如此，因为它的方式方法是由项目所处环境中的具体问题形成的。现场踏勘解决的是地形、地貌、交通方面的信息，文化信息需要深入调研，甚至要以本地人的视角去看待生活万象。从学校进入社会就是通用被具体粉碎的开始，是概念化为现实、简括走向复杂的开始。

» 此时的我，一方面陶醉于专业训练带来的成就感，另一方面也开始了反思。云南是少数民族最多的省份，多样的自然环境叠加独特的民族文化，让云南的村落比其他任何省份都要来得复杂和丰富。明明是差异很大的村子，在我的设计方案里，差别就没那么大，如果抛开元素的差异，看着几乎就像是同一个方案。

板仑乡龙迈村高裤脚彝跳宫节

» 细想原因，这与标准化的设计手法以及执着于形式美的追求有很大关系，尤其是构成手法的运用。这些手法都是工业化建造背景的产物，有着很强的适应性，以至于在面对不同村落的时候，不仅可以得心应手完成设计任务，看起来还不差。但当多个方案并置的时候，问题就出现了。

对云南乡村的思考

» 云南乡村设计的成败，取决于是否能够准确理解复杂的云南。这种复杂源于各民族在特定自然条件下形成的独特文化生态系统，其村落形态、建筑样式、生产生活方式均是对环境的适应性应答。通用设计范式的失效，根源在于将文化视为可剥离语境的符号拼贴，而非与自然、社会、经济深度交织的动态系统。

※ 对于云南这样一个地理条件复杂，文化基因多样的地方，乡村设计唯有地方性自主才能做好。但这并不意味着设计师变得无足轻重而成为旁观者，也许设计师可以成为一个个好的助产师。即设计师的通用知识和"产妇"自身身体条件紧密结合，相互助力。

村落形态的丰富并不是追求不同形式美的结果，本质上是生活方式差异的空间映射。不同民族为了在这片复杂的土地上生存下去，都会真实地与他们的生活环境相适应。形式美的追求，看起来创造了丰富的效果，本质上是另一种雷同。当地民众需要的是有个能适应环境、承载集体记忆的生活空间，而不只是一个视觉效果丰富、符合美学标准的广场。如果不去梳理复杂的环境，而仅陶醉于形式美的变化，本质上是设计的偷懒。在云南乡村那种"基于真实的震撼"不停地提醒我思考一个问题：好的村落设计到底是什么样的？

»   "环境意识"是苏丹老师常挂在嘴边的话，即设计不仅仅由设计本体决定，很大程度取决于对周边环境的解读，甚至可以极端地理解为设计不是由它本身所决定，而是由环境来决定。↘

> ※ 周边环境对于环境设计的过程和结果都有重要的影响，因为既然是设计就要有一个目标，这个目标或许是环境中新的介入。在这个介入过程中，理想和环境因素就存在摩擦和冲突，直至妥协。因此环境设计是内外互动的过程，极端的情况下设计由环境决定。

↖因而，在云南作设计，对在地环境进行关照是我无法绕开的，于是我开始思考那些过于绚丽的东西到底适不适合这片土地，或者说开始思考设计到底应该是什么。设计是否仅是设计师一厢情愿的想法或者是一个听起来很美的概念，还是一些适合得奖的说辞？从根源上看，这些所谓的设计与当地人的生活相比，生活的真实让一切华美的辞藻都失色。

»   在云南乡村待的时间越长，越发深切地感受到无形文化和有形村落之间的联系。村落空间的形态生成本质上是文化实践的物质化过程。活动的类型、频率与规模直接决定了空间的功能分区与尺度配比。农耕祭祀需要开阔的广场，手工艺传承需要特定的工坊布局，节庆集会塑造了街巷的网络结构。这种空间生产并非单向度的物理建构，而是经过世代实践固化为建筑形制，形成文化记忆的物质载体。

澜沧布朗族铺设缅瓦

» 物质空间一旦形成，便成为文化实践的容器与框架。村落的空间序列、特性与尺度会对活动的开展产生约束，密闭的空间适合私密性的技艺传授，开放的广场便于集体仪式的举行，特定的声学环境则影响着音乐表演的形式。这种约束并非限制，而是通过空间的物质性强化文化实践的规范性，使无形文化在特定空间中获得稳定性与可识别性。

» 无形文化与有形村落构成了一个共生的文化生态系统。这种系统的核心在于动态平衡，即文化实践持续塑造空间形态，而空间物质性则反哺文化传承。这就需要设计者理解这种"互塑"机制的深层逻辑，在空间改造中保留文化实践的弹性，并通过空间设计引导文化创新。

田野调查重塑专业视角

» 2015年，对我的专业发展而言，是具有转折意义的关键节点，因为这一年，我第一次真正接触到非遗保护工作。当时，云南非物质文化遗产保护中心在全省范围内大力开展田野调查培训活动，而我因在民居营造技艺方面积累了些许专业知识，有幸获邀参与前期踩点与调查工作。在那次培训与调查进程中，我接触到非遗领域里一个极为重要的概念——"文化空间"。犹记当时，研读教科文组织发布的《人类口头和非物质遗产代表作申报书编写指南》，里面提到："文化空间"既不同于单纯社会学范畴里文化事项所处的生存环境或宽泛的文化生态概念，也有别于文化地理学视角下简单的文化区定义，而是一种将空间、时间、文化实践紧密叠加的时空伴随的文化实践复合体。这个概念仿佛一道光，照亮了我内心潜藏已久的困惑，打破了我过往对文化与空间认知的边界，也让我对非遗一下子就有了一种难以言喻的亲近感。

» 与非遗的接触，让我心底有个声音愈发笃定：环境设计与非遗之间一定有着紧密关联。非遗的文化空间强调"活态性"，空间与人的实践共同构成遗产的整体，环境意识则着重凸显空间中人与实践活动的"在场"情境，

藏族建房仪式

藏族木雕建筑装饰调查

翁丁灾后重建场景

这与非遗所强调的"此时、此地、此人、此物、此实践"高度契合。

> ※ 文化空间的空间视角下的非遗形态，也是非遗时间概念里的空间表现形式。它是时间、空间、文化三者的紧密结合。

» 于是，我开始转变以往的工作模式，将非遗思路融入环境设计中。在我看来，村落中无论是日常饮食起居、闲适时的歌舞娱乐，还是节庆时的会客、祭祀祈福，这些活动都在空间里发生，受空间约束，同时也塑造着空间。所以在设计时，只要把这些复杂的活动都梳理清楚，就可以找到村落的结构，再给这些活动安排合适的空间，村落设计就完成了。自此，将非遗与设计融合的思考方式，为我的专业工作注入了全新活力。

> ※ 不仅如此，我想非遗与环境设计的结合也一定是这个专业在未来发展中的增长点，广阔天地，大有作为。

从环境设计到非遗保护：学科边界的拓展

环境设计的开放性特质

» 环境设计与其说是一种专业，不如说是一种独特的思维方式。这种思维方式的核心特征在于其开放性——它没有固定的本体，也没有明确的终极结果。

※ 环境设计是一种方法论，也是我们在人工环境与自然环境间取得和谐的专业工作。

相比之下，建筑设计、产品设计等传统设计领域往往具有清晰的设计对象和成果，例如建筑的最终形态必然是一个实体建筑，而产品设计的结果也必然是具体的产品。而环境设计则截然不同，其成果可以是一个建筑、一个构筑物，甚至是一块空地。即便最终选择"不建造任何实体"，只要这一决策是基于对场地要素的理性分析和深度解读，它同样可以被视为一种设计结果。环境设计的本体始终处于开放状态，其最终呈现依赖于设计师对自然生态、文化脉络、社会需求等多重维度的综合考量，并在环境系统的复杂关联中寻找平衡点。

» 环境设计是一种动态的思维范式。它不预设固定的物质实体作为设计目标，而是将设计视为一个持续的过程，而非单一的结果。

※ 也可以这样理解，环境设计不仅着眼于设计结果的物化，也着眼于物化结果的未来。

这种过程性使得环境设计能够在系统发生变化时不断调整和优化，从而成为调节人地关系的动态平衡器。在面对复杂多变的环境问题时，环境设计的这种动态特质使其能够灵活应对，避免因僵化的思维模式而导致失衡。

» 环境设计关注"整体"和"关系"。并不是说别的设计专业不关注"整体"和"关系"，而是从环境入手的设计方式，天生就将设计对象视为一个有机的系统，在不停的关系调整中完成设计任务。每个部分都要放在整体的框架中去考虑，关系梳理对了，设计就自然生成了。

» 环境设计尤其侧重"人的行为"这个要素。环境设计里，人是环境的一个组成部分，空间是人的活动的背景和载体。空间的表现形式，不完全由空间本身决定，更受到人的活动的影响。

※ 所以说环境设计不是环境工程，而是具有工程属性的社会规划。社会性方法是这个学科的底层逻辑，作为训练手段就是学会如何调研，作为工作前期的工作方法也是调研。科学性调研是解决问题的基础。

设计过程中会花很大的精力对人的活动进行梳理，这些活动安排好了，设计也就做完了。于是，设计也由"物"的设计转变成对"人的活动"的设计。这个概念和非遗中的"文化空间"非常接近。

» 环境设计的思维内含反形式主义的利器。当设计思维陷入形式美学的自我指涉时，往往会导致设计方法的降维——即将多维的文化生态系统简化为二维的平面拼贴，将复杂系统的分析转变为对表面元素的提取。

※ 环境是无形的，因此环境美学的审美对象是模糊、综合的。形式主义是环境设计的美学误区。

而环境设计则能够穿透形式的表层符号，直抵空间语法生成的底层逻辑。通过这种方式，环境设计避免了形式主义的陷阱，真正实现了对环境问题的深度回应和系统性解决。

» 环境设计需融合历史、当下与未来，其跨时间尺度思维独具魅力。设计师需跳出"当下"局限，兼顾历史延续与未来预判，同时尊重自然与人类活动的时间规律。历史是环境设计的根基，城市和景观承载着特定时期的文化与社会特征，设计师应尊重场地的自然与历史文脉，将历史信息与当代需求结合，创造兼具传统底蕴与现代审美的空间。同时，环境设计的动态性要求设计师关注当下变化，如村落景观的不断演化，需在保留传统风貌的基础上融入当代元素，实现历史与当代共生。预判未来是环境设计的关键，设计师需具备前瞻性，考虑科技进步与需求多样化，尊重自然的内在节奏及人类活动受社会、经济、文化影响的规律，使设计与自然时间节奏协调，满足未来需求，从而

怒江边的聚落

彝族月琴制作调研

在功能、美学、生态与社会价值间达成跨时间尺度的平衡，创造可持续的环境设计作品。

非遗保护中的环境意识

» 非遗保护离不开对其所依赖空间的关注。空间不仅是非遗存在的物理载体，更是其文化意义和社会功能得以实现的关键。非遗往往根植于特定的地理空间，与当地自然环境、文化资源和社会结构紧密相连。这些非遗项目通过长期实践，与地方空间形成共生关系，成为地方认同的象征。非遗传承依赖于具体的社区空间，这些空间不仅是技艺的传授场所，也是文化仪式的展演平台，社区空间的凝聚力保障了非遗代际传递和文化功能的延续。

» 非遗保护需保护对应空间的整体性。非遗是"活态文化"，依赖特定生态，其并非孤立存在的技艺或符号，而是与特定空间中的自然环境、社会结构、信仰体系、日常生活紧密交织的文化实践。当非遗被剥离原生空间后，可能沦为"博物馆展品"或"舞台表演"，便丧失其原有的社会功能。

» 非遗空间的功能往往通过节点与路径串联，如传统节庆中的巡游路线、市集与庙宇的空间关联。这就要求保护非遗需修复这些空间逻辑，让非遗保护能在这些空间中顺利进行。

» 非遗的存续、传承和演变始终与特定的物质空间紧密相连，非遗的活态传承不仅依赖技艺本身的延续，更离不开物质空间的支撑。物质空间不仅是非遗存在的物理载体，更是其文化意义和社会功能得以实现的关键。物质载体包括工具、材料、器物、服饰、建筑等实体，它们是文化实践的物理依托，承载着技艺知识、文化记忆与社会关系。

澜沧江边的傣族夜市

物质空间对非遗活态传承的支撑作用，本质上是构建文化基因与物理环境的共生系统。

» 非遗传承的本质是文化基因的代际传递，而物质空间是基因编码的重要介质。物质空间并非被动的"器物"，而是承载技艺逻辑、凝聚文化认同、激活社会关系的活性介质。非遗技艺的实践往往需要特定工具组合才能完成，这些工具不仅是技艺操作的必要条件，更是技艺逻辑的物化体现。

» 物质空间中的仪式器物和服饰穿戴也具有重要的文化意义。仪式器物不仅是宗教或文化仪式的物质载体，更是神圣性的象征，承载着社区的文化认同和精神寄托。在传统节庆活动中，特定的祭器和礼器不仅是仪式的必需品，更是社区文化传承的重要象征。服饰穿戴则通过特定的装饰、图案和穿着方式，体现了身份、地位和文化归属感。这些物质载体不仅是非遗技艺的外在表现，更是文化基因的编码和传递。

» 非遗传承往往发生在特定的社区和群体中，物质空间为这些社会关系的形成和延续提供了基础。传统村落中的建筑和公共空间不仅是非遗技艺的展示场所，也是社区成员互动和交流的平台，通过这些空间，非遗技艺得以在社区中传承和传播，文化认同得以强化，社会关系得以巩固。物质空间在非遗活态传承中扮演着不可替代的角色，为非遗的存续、传承和演变提供了坚实的基础。

※ 空间是社会的载体，因而包含了各式各样的社会活力和社会生产。空间和内容之间相互的关照、对应会形成一种稳固的观念，即相互指涉。在历史的发展过程中，两者都会发生变化，也会相互影响促进对方变化。简单性地将二者剥离开会导致二者在现实中的错位、分裂，最终会影响内容。

» 非遗保护的整体性与系统性，是理解其存续与传承的关键。它们不仅是保护工作的逻辑起点，更是实践中的行动指南。"整体性"所强调的是非遗作为一个有机体的完整性，"系统性"则揭示了其内部结构的层次性、动态的开放性以及核心的稳定性，这种双重特性决定了非遗保护的复杂性与深度。

» 非遗是一个不可割裂的整体，非遗的整体性意味着它是一个自成体系的存在，任何一项非遗本身都是一个完备的系统，是文化表现形式、相关实物和场所的集合。任何一项非遗都由诸多要素组合而成，包含内容、流程、技巧和相关材料等，这些要素相互关联，共同构成了它的文化意义与社会功能。非遗的整体性保护要求我们关注其边界与范畴，确保所有构成要素都被完整保护，而不是简单地挑选"核心"部分。

» 整体性是系统性的基础，非遗的整体性强调其作为一个有机整体的完整性和不可分割性，这是系统性保护的前提和基础。只有认识到非遗的整体性，才能从系统的角度去分析和理解其构成要素及其相互关系。

» 非遗根植于人们的生产生活实践，凝聚着丰富多样的地域文化元素，因历史上不同地域、各民族间的交往交流交融而渗透着中华文化基因，具有鲜明的系统性。系统性是整体性的具体体现，系统性保护将非遗视为一个复杂的系统，关注其构成要素的层次性、开放性和稳定性等系统特性，通过科学的方法和手段对非遗进行全方位、多层次的保护，是整体性保护在实践中的具体体现和深化。

» 非遗保护的整体性与系统性要求保护工作不仅要关注非遗项目本身，还要关注其相关的文化生态和传承环境。保护措施应涵盖非遗的各个构成要素，以及与之相关的自然、人文和社会因素，确保非遗在传承过程中的完整性和稳定性。

» 非遗系统具有层次性，不同层级的非遗项目和要素在文化生态系统中具有不同的地位和作用。保护工作应根据非遗的层次性和特点，进行分类保护和管理，既要关注具有代表性和影响力的大型非遗项目，也要重视那些具有独特文化价值的小型非遗项目和相关要素。

» "过程性保护"强调对非遗从产生、传承到发展的整个动态过程进行关注，而非仅仅聚焦于某个时间点上的静态形式，这一理念体现了非遗保护的动态性和活态性。

» 非遗的活态性决定了其保护必须具备过程性的特点。非遗是"传统的、当代的，并在同一时期是活态的"，其保护重点在于知识、技能及意义的传递，而非具体表现形态的产物。这种活态性使得非遗在不同社会环境中能够吸收新元素，形成新的表现形式，从而保持其活力和生命力。保护重点是"过程"而非仅为"结果"，如保护饮食类非遗项目时，不仅要关注最终的食品成品，更要关注种植、采摘、筛选、制作等一系列活动，以及这些活动所蕴含的社会实践、观念表述、表现形式、知识和技能等。非遗的过程性保护还要求保护行动要照顾到非遗项目的所有组成部分，而非因为突出某个重点部分而忽略其他要素。在保护传统技艺类非遗项目时，不仅要保护技艺本身，还要保护与之相关的工具、材料、器物、服饰、建筑等物质载体，以及这些物质载体所承载的文化记忆和社会关系。

» 非遗的过程性保护以社区作为实践主体，社区参与是其核心原则。

※ 非遗传承的媒介是人，人是社区的组成元素。非遗具有明显的社区属性，因此社区的人必定是非遗传承、保护的实践主体。

社区是非遗的创造者、承载者和传承者，社区不仅要决定保护措施是否具有可行性，还要最大限度地参与实施，保护非遗项目的意愿应该来自社区内部，而非外部的政府组织或机构的意愿强加。社区的参与和认同是非遗保护的关键所在，保护非遗需要尊重社区的文化传统和习俗，支持社区成员在非遗保护中的主体地位，鼓励他们积极参与到非遗的传承和创新中。

※ 同上。

因而，加强社区自身的能力建设，巩固其在保护过程中的主体地位，可以更好地实现非遗的活态传承。

» 非遗保护的过程性还体现在保护措施的动态性上，强调非遗在时间推移和社会环境变化中的适应性和生命力，其保护措施应随着非遗项目的变化而不断调整和优化，以适应社会环境的变化。在实际情况中，非遗能够根据社会情境的变化进行自我调节，并超越物质形态和人类个体，这种流动与变化使其不能被固定在某一物质载体上。通过过程性保护，非遗可以在新的环境中吸收新元素，形成新的表现形式，从而保持其活力和生命力。

» 非遗是活态的文化遗产，随着时间推移和社会环境变化而不断演变。非遗的活态性体现了其适应性和生命力，它能够在不同的社会环境中生存和发展，通过不断地吸收新元素和适应新环境，保持其文化价值和社会功能。这种适应性和生命力是非遗作为活态文化遗产的重要特征，而活态传承则确保了非遗在现代社会中的生命力和影响力。

» 非遗不是静止、固定的文化形式，而是动态、不断演变的过程。它能够根据社会、经济、文化等环境的变化进行自我调整和创新，吸收新的元素，形成新的表现形式。这种动态性和适应性使得非遗能够在不同的历史时期和社会环境中保持其活力和相关性。

» 非遗的活态性要求在传承传统的同时进行创新。传承确保了非遗的文化根基和核心价值，而创新则使其能够适应现代社会的需求和审美。这种传承与创新的平衡是非遗保持活力的关键。

» 非遗与社会环境密切相关，它反映了社区的生活方式、价值观和社会结构。非遗的活态性体现在它与社会环境的互动中，通过这种互动，非遗不断丰富和发展，同时也影响着社区的文化认同和社会凝聚力。

※ 非遗是人类和环境互动的产物，包括对自然环境的适应和对社会环境的促进。它的环境是有边界的，地域、社区就是它所依存的相对固定的环境，非遗在社区中发挥着强化共同体意识的作用。

» 文化意义的再创造。非遗在不同的历史时期和文化背景下，其意义和价值可能会发生变化。活态性强调对非遗文化意义的再创造，使其在现代社会中焕发新的生命力。这种再创造不是对传统的简单复制，而是在尊重传统的基础上进行的创新和发展。

» 非遗作为文化生态系统的有机组成部分，既是生态智慧的结晶，也是生态平衡的维护者。非遗赖以生存的文化生态是一个复杂的系统，包括自然环境、人文环境、社会习俗、相关物质文化遗产等，这个系统中的各个要素相互依存、相互影响，共同为非遗的传承和发展提供了条件。

» 文化生态保护区是以保护非物质文化遗产为核心，对历史文化积淀丰厚、存续状态良好，具有重要价值和鲜明特色的文化形态进行整体性保护的特定区域。

> ※ 文化生态保护区是个空间概念，也是个文化概念，它是非遗产生的源头和孕育的母体。文化生态保护对于非遗保护传承事业至关重要，在实施过程中需要环境意识和环境设计的方法。

任何一项非遗绝不是孤立存在的，它的产生、存续与周边整体的生态必然有内在的关联性。这种保护区的建设，不仅保护了非遗项目本身，还保护与之相关的文化生态环境，为非遗的传承和发展提供了良好的条件。

» 文化生态的保护理念在于，非遗保护需要从整体上考虑其文化生态系统，包括物质文化遗产和非物质文化遗产、文化遗产与人文自然环境的统筹保护和协调利用。非遗只有参与到创造当代社会精神财富和物质财富的活动中，并成为民众日常生产生活的一部分，才能确保存续力。保护传承非遗必须强调"见人见物见生活"这一重要理念，从生态的角度来推动非遗项目保护与相关文化空间整体保护。

从空间设计师到文化记录者

» 文化记录不仅是对非遗项目本身的保存，更是对非遗的文化内涵、传承脉络和社会功能进行的全方位研究，为传承、研究和创新发展提供了坚实基础。

» 文化记录通过文字、图像、音频、视频等多种形式，能够较为完整地保存非遗项目的多项细节，包括技艺流程、文化背景、社会功能等。这种较为全面的记录确保了非遗的完整性，即使在传承过程中某些环节出现断裂，也能通过相关记录进行修复和传承。

» 非遗的文化内涵往往深藏于其实践过程中，文化记录则能够将这些内

奔子栏藏族民居中的经堂

奔子栏藏族转经筒

涵显性化，使其更容易被理解和传承。通过"记录"非遗项目的产生、发展、传承脉络等，人们可以更好地理解非遗背后的文化价值和社会意义，这种理解有助于增强人们对非遗的认同感和保护意识，促进非遗的代际传承。

» 文化记录为非遗的传播与交流提供了重要的媒介。通过数字化记录和现代传播手段，非遗可以突破地域限制，在更大范围内被了解和认识。这种广泛的传播不仅有助于提高非遗的知名度，还能促进不同文化之间的交流与融合，为非遗的创新发展提供新的思路和契机。

» 文化记录为非遗的研究与教育提供了丰富的素材。研究人员可以通过这些记录深入分析非遗的历史渊源、文化内涵和社会功能，为非遗的保护和传承提供科学依据。同时，文化记录也可以作为教育资源，帮助学生和公众更好地了解非遗，培养他们对非遗的兴趣和保护意识。

» 文化记录能够帮助非遗在现代社会中保持其适应性和生命力。通过对非遗的记录和研究，可以发现其在现代社会中的价值和意义，从而为非遗的创新发展提供方向。这种创新不仅能够使非遗更好地适应现代社会的需求，还能为其注入新的活力，使其在新的文化环境中焕发新的生机。

» 文化记录有助于维护文化生态的多样性。非遗作为文化生态系统的重要组成部分，其记录和保护能够确保文化生态的完整性和多样性。通过记录不同地域、不同民族的非遗项目，可以丰富文化生态的内涵，促进文化的可持续发展。

» 作为一名从空间设计师转型而来的非遗文化记录者，在探索非遗保护的道路上，我逐渐摸索出一套行之有效的实践路径。

» 深入田野调查是开启这一切的起点，也是至关重要的一步。起初作为空间设计师，我满脑子想的都是怎么把空间设计得美观又实用，眼睛只盯着空间尺寸的大小、布局规划这些物质层面的东西。但当我接触到非遗保护工作后，我意识到光有这些远远不够，必须深入到云南的每一寸土地，走进各个民族村落。我带上相机、笔记本，用自己的双脚去丈量那些充满故事的土地，全身心地投入到田野调查当中。在民居建造现场，我跟着民间手工艺人，看他们手把手地传承手艺，从材料的挑选到制作的每一道工序都进行细致的观察与记录。这些实地调研的经历，不但让我收获了大量鲜活的第一手资料，彻底拓宽了我的专业视野，也让我从单纯关注空间设计的物质属性，转而开始挖掘非遗文化的精神内核，更为我后续设计工作积攒了源源不断的灵感。

» 将文化记录与环境设计进行有机融合是我实践道路的关键环节。

※ 文化记录在于观察和认识，即对文化对象进行持续性的动态捕捉，了解其存在规律和对环境的要求，这是环境设计的基础。

一方面，我依据自己记录下来的资料，力求精准地还原非遗项目的原生空间环境，在传统村落保护中，仔细参照记录里的街巷布局、建筑样式，将那些历史建筑、传统公共空间按照原来的模样复原，让它们重现昔日光彩。另一方面，我巧妙地把非遗文化元素融入环境设计当中，通过保护性重构，非遗项目在现代社会中找到了属于自己的生存空间，力图实现传统与现代的有机融合。

» 此外，持续跟踪与反馈是保障非遗保护工作长效发展的必备环节。我深知，非遗保护不是一蹴而就的事情，所以在工作中我逐渐建立起项目的长期跟踪机制。如，在一些手工艺产业扶持项目实施后，我密切关注其市场反响，定期回访手工艺人，了解作品销量、市场需求变化等情况；在传统村落复兴项目完成后，通过观察村落里的文化生态变化，看看民俗活动是否持续开展、村民对传统文化的认同感有没有增强，并将这些跟踪观察到的情况翔实记录下来，根据反馈及时调整优化保护策略。在这种跟踪机制下，若发现某个扶持政策对某个手工艺产业效果不佳，我就会重新分析原因，向相关部门提出改进建议。

云南特色的非遗保护学科的建立

云南非遗资源的丰富性和独特性

» 2021年2月，教育部正式将"非物质文化遗产保护"专业列入普通高校本科专业目录，这一举措标志着作为学科建制的"非遗学"被纳入中国高等教育学科系统，已有越来越多的高校开设了非遗保护专业。

» 作为地方知识，非遗的地域性特点非常明显，地域分布、文化生态及保护实践都不相同。中原地区以农耕文明为基础，与农耕相关的民间信仰、传统技艺等体系相对完整；江南地区以水乡文化和文人传统为底色，非遗多体现为精致的工艺和雅集文化，并且与园林、古镇等物质空间高度融合；西北地区以丝绸之路多元文化交融为脉络，乐舞、手工艺具有显著的跨境性和游牧文化底色；东北地区以渔猎、冰雪文化为核心，非遗多与自然适应相关，强调集体记忆与生态的结合；东南沿海与海洋信仰和侨乡文化相关的非遗为多；西南地区则以多民族文化共生为核心，非遗与自然生态和民族文化深度绑定。云南作为西南一带多民族非遗的"活态实验室"，具有典型案例。

» 云南作为非遗资源最为丰富的省份之一，拥有26个世居民族、43项国家级非遗项目和近千项省级非遗项目，其非遗的多样性、活态性、跨境性特征，使得传统学科体系难以覆盖其保护的复杂性。建立具有云南特色的非遗保护学科，不仅是地方文化传承的迫切需求，更是国家文化战略的重要支撑。

非遗学科建设的综合性与跨学科性

» 非遗学科本质是一门从田野到田野的学问，其研究对象是活态的、动态的民间文化，性质和内涵是跨学科的，非遗学的重要使命在于非遗生命的存续以及文化命脉的延续。

» 非遗学科具有鲜明的跨学科属性，需要民俗学、人类学、艺术学等多学科的交叉融合。

> ※ 非遗学科用文化和历史的视角透视人类生存方式的方方面面，涉及创造力问题、行为模式问题和民间信仰、礼仪等问题。此外，还有自然科学相关的知识体系和工程学、农学方面的知识。在研究和实践过程中，和环境设计的方法是相似的。

这与非遗的文化形态特点有关，即非遗并非孤立的文化形式，而是与特定自然生态、社区实践和精神信仰密切关联的活态文化系统，且除了文化表现形式外，也极为重视文化空间与环境互动。故而，非遗涉及民俗学、人类学、艺术学、管理学、数字技术、社会学、法学、生态学等多领域，单一学科无法应对其复杂性。

» 在学科设置上，非遗学需形成自主知识体系，超越传统学科分科框架，也需打破传统学术范式，注重田野研究与现实问题的结合。非遗学科要培养兼具理论素养和操作能力的复合型人才。

» 在我国，非遗项目可分为十大类，但它绝不是这十大类的机械拼盘或简单叠加。整体性和系统性是非遗的核心价值所在，在这一视角下，非遗是一个有机整体，承载着丰富的文化内涵和社会功能，这就要求我们在保护和研究中必须重点关注其内在的关联性和文化生态的复杂性，在研究时也必须强调多学科交叉与融合，形成非遗学科自身的知识体系与研究范式。

» 非遗的保护与研究需要多学科的支撑，但这种跨学科的研究与单纯的学科本位研究有本质区别。非遗研究的核心在于保护和传承，而不是单纯地将非遗作为研究对象进行分析。有些学者声称自己从事"非遗研究"，但这种表述并不恰当，确切地说，他们的研究对象是非遗，但研究方法和视角可能仍然局限于某一学科的框架内，而非从非遗保护的实际需求出发。

» 非遗研究的真正意义在于理解其文化内涵、社会功能和历史价值，并通过科学的方法和手段为非遗的保护和传承提供支持。这种研究需要从整体性和系统性的角度出发，关注非遗在现代社会中的适应性和生命力，而不仅仅是对某一类别的孤立研究。只有这样，非遗才能真正实现从"保存"到"活化"的转变，成为连接过去与未来的文化桥梁。

» 非遗不仅是文化遗产，更是生活实践的倾向，应保持对日常生活的敏感与敬畏，通过田野调查等方法深入生活，理解民众的文化逻辑与价值观念。

» 民俗学是与非遗学关系极为密切的学科，但二者仍有所区别。就研究视角而言，非遗学除了关注民俗事象的历史，更注重非遗活生生的现在；非遗学者把非遗作为一种文化生命，在他们眼中，非遗是活态的、动态的、应用的，在时代转型中充满不确定性；在非遗学研究中，不但需要总结历史与描述现在，更要通过对现存非遗的研究来探索它们通往明天的合理道路。

» 非遗的"活态性""系统性""复杂性"，决定了田野调查与社区参与是非遗学科根基。非遗学是一门田野科学，在田野中认知、发现、探索、生效，从始至终都在田野。如果在田野中只局限于采风和搜集材料，并非非遗学的实质与核心。与此同时，非遗学的教育也必须在田野中进行。田野就是民间，就是活生生的民间文化，只有问道于田野，才能得到切实的答案，才能感悟非遗的精髓与神韵、彻悟非遗的需要，以及非遗学的学术使命。

» 在非遗学的专业设置中，我强调要以"民族生态学"为基础，开设云南少数民族语言与口头传统、跨境非遗比较研究、生态智慧与传统技艺等课程，强调非遗与生物多样性、文化多样性的共生关系。

» 这一考虑是从云南的文化生态多样性角度出发。云南拥有中国60%

以上的生物多样性资源，其中 70% 与传统非遗实践直接关联。其典型案例包括红河哈尼梯田的"林－水－田－村"生态体系与稻作文化共生，以及普洱景迈山古茶林的"林茶共生"传统智慧等，将非遗保护嵌入生态可持续实践，实行"生态－文化协同保护"是非遗学探索的实践之路。

» 云南还是东南亚的"桥头堡"所在地，在非遗学体系建立上，也应该依托云南与东南亚接壤的地理优势，推动"南亚东南亚非遗比较研究"学科建设，联合东南亚国家制定跨境非遗保护协议。开设南亚东南亚非遗比较研究，推动中老缅泰跨境非遗联合保护，如傣族孔雀舞、南传佛教节庆的跨国协同申遗。

» 在文化记录方面，云南也走在全国前列，如云南积极参与中国首个非遗数字化行业标准《非物质文化遗产数字化保护数字资源采集和著录》的试点工作，并在 2023 年由文化和旅游部批准发布。这些非遗文化记录，不但可有效促进地方发展，通过学科建设对于增强民族认同和文化自信亦有所裨益。而且，将数字化保护、生态协同等经验提炼为国际行业标准可以为东南亚传承人提供数字化记录、生态保护技术培训，输出中国标准化的采集与著录方法，增强中国文化软实力。

非遗课程体系架构蓝图

» 非遗课程设置

» 培养目标：培养非遗保护、管理、研究、教学、展示等相关的人才；调查记录存档工作是五个方向共同的基础

» 非遗理论：非物质文化遗产概论、非物质文化遗产保护理论与方法、非文化遗产法规与政策、濒危项目抢救方法、非遗数据库与数字化建设

» 田野调查方法：非物质文化遗产保护与田野工作方法、非遗器物绘图、非遗文本与写作、非遗影像志、非遗口述史、非遗档案处理与保存

» 交叉学科：民俗学与非物质文化遗产、文化人类学与非物质文化遗

产、社会学与非物质文化遗产、民族学与非物质文化遗产、文化产业与非物质文化遗产、传统村落与非物质文化遗产

» 史论：中国工艺美术史、民族音乐学、舞蹈史、云南民族文化概论、少数民族建筑概论（专门列出来是因为要树立文化空间的概念，建筑和村落是非遗最重要的物质载体）

» 软件：二维 PS、AI、ID，CAD，三维 SU、犀牛、Lumion，影视后期 PR、AE

» 拓展：非遗与旅游、非遗文创、非遗与展示、非遗与管理、非遗与教育传播、非遗与经济

未来展望：环境艺术设计的展望与未来

» "多样化"是现代社会的显著特征之一。这种多样性不但体现在文化上，在个体中亦是如此，我们承认个体的独立性和多样性，而这种多样性背后，是需求的多样化。现代设计正是在这样的背景下发展起来的，它没有对错之分，只有功能与需求之间的匹配关系。然而，现代设计的学科体系却很难完全涵盖现代人复杂而多变的真实需求，许多新兴的、边缘的、模糊的事物，往往找不到对应的学科来容纳它们。

» 环境设计以其特殊的形态，在现代设计领域中扮演着不可或缺的角色。即便是在当下大力提倡交叉学科的背景下，仍然需要有一个能够

翁丁全景

容纳这些新兴事物的学科，而环境设计正是这样一个开放而灵活的领域。它所体现出的"不设边界"之特性，虽然有时让环艺人感到缺乏归属感，仿佛总是在别人搭建的框架下工作，但实际上，这种开放性正是环艺的优势所在。

※ 在相当长的一段时间里，环艺这种不设边界的学科理念被一些传统学科所不屑，甚至连我们自己也对此表示怀疑。而在 21 世纪技术和学科观念频繁生变的今天，我们恍然大悟，如梦初醒，意识到这才是我们未来仰仗的法宝。它也使得环艺人永远能遭遇"山重水复疑无路，柳暗花明又一村"的境地。

» 环艺人比其他学科的人见过更多的"屋子"（不同的设计领域和项目类型），也适应过更多的"屋子"。在我们所处的这个充满变革的时代，环境设计的不设边界特性，使其成为那些不安分、勇于探索的人的理想选择。尽管环艺专业在发展中也遭遇了一些困境，但长远来看，没有任何学科能够一成不变地守着原有的程式而不受时代的影响，只要时代在变化，我们就需要对时代作出回应。在这方面，环境设计展现出巨大的潜能。它曾随着房地产行业的兴盛而蓬勃发展，也随着房地产的波动而面临挑战，这种随时代起伏的特性，使得环艺在解决时代困境方面具备独特的优势，这也使得环艺专业成为少数几个能够胜任多种工作的全能型专业之一。

与吴学源老师、苏丹老师合影

» 我很幸运自己选择了环境设计这个学科。它不仅让我有机会接触和适应各种不同的设计领域，还赋予了我在时代变革中不断探索和创新的能力。

石俊峰

北京青年榜样
北京市特聘专家
朝阳区凤凰人才
北京市创业导师
光合未来（北京）绿植科技有限责任公司创始人、董事长
园林设计副高级工程师

2008—2012 清华大学美术学院 环境艺术设计系 获文学学士学位
2012—2015 清华大学美术学院 环境艺术设计系 获设计学硕士学位
2013—2015 米兰理工大学设计学院 室内设计专业 获工学硕士学位

无党派人士
清华大学"火星旅行计划"主题课程讲座嘉宾
北京工商大学研究生校外导师
北京海外高层次人才协会现代农业专委会副主任
顺义区青联委员
顺义区党外联理事

白纸与空地

疑惑与反思

» 我总是喜欢在某一个维度上具有纵深感地去思考问题，无论是《Power of Ten》还是巴黎到马赛的时间长度变化（一个与时间流速有关的话题）。

» 因为我们必须明白，我们每个人的认知正在这些坐标系中的某一个点上，并试图接受，我们的使命是去向维度上的另一个点。这个点在哪里并不那么重要，重要的是我们不能停在那里，只看脚下和头顶的风景，我们的思维和认知必须要动起来，而不是选择一个以"擅长"为名的安逸角落沾沾自喜。

» 对专业的认知也是如此。

» 在专业上，有两件事让我发现了维度的那条线：
» 第一件事是在德国哈瑙这个小镇旅游时，发现了一座"德法和平公园"，这个以两个国家对战争反思为主题的公园却是由村子里每一户居民分包完成的，每家认领一个方格的土地，在里面建小木屋，种植自己喜欢的植物，甚至是农作物，这种自发的景观，其丰富度和层次是任何一个设计师、设计团队都做不出来的状态。

» 这个公园对当时正在留学、向往成为一个优秀设计师的我带来了很大的震撼。因我曾觉得设计师是具有"引领者"光环的职业，却在那个公园前发现，根本没有谁需要设计师的"设计"和"引领"，我们引以为傲的"美学""技术"，在那里毫无立足之地。

» 这个公园让我看到了设计"神性"的维度，向上在造神，向下接近众生，我们必须在维度上作出选择。

> ※ 自然的美本来就是自然而然的事情，无师自通是天性使然，对大众来说是天赋，人人皆有之。丧失这种能力者往往是专业教育的恶果呈现。

» 第二件事是在我研究人与自然关系演变的过程中，惊异地发现，我们生活中习以为常的"公园"，在人类历史上才只有三百多年的时间。要知道，人类研究农业有几万年，现今仍在不停探索，人类研究太空几千年，仍只是一个开始，而我们设计公园才不过三百多年，我们却常看见一种迷之自信和自大出现在设计师的身上，我们看大部分论文、作品，充斥着造作的思考和内卷的平面设计。关于它的未来和时间尽头的

德国哈瑙德法和平公园

可能性，没几个人能够教我们，消费主义下的社会让大部分"设计从业人员"放弃了探索，如上所说，站在某个点上，沾沾自喜。

» 看到维度才能确定目标，目标当然不是"我要成为一个优秀的设计师"这种虚无缥缈的目标，也不是"我要成为一个赚很多钱的设计师"这种相对好实现的目标。这个目标的选定不是思考出来的，而是看到许多维度编织成一个坐标系之后，降临于身的使命感。

» 我认为环境艺术设计应当是非常具有想象力的，一切人与环境关系的处理，都应当是这个专业的范畴，这个网之大让人觉得自己渺小，可是又很渴望看到网的边界和维度的未来，这种使命感自然会推动人向前进。

※ 这句话反映出石俊峰看到了环艺专业的根本目标（终极目标），这个目标并没有规定实践领域的界限和思考的尽头。因为环境太广阔、太复杂了。并且建立人类和环境关系的途径也是多元化的。突破的瓶颈在于长久的作茧自缚，专业限制了想象力。

于是我开始学习社会学、心理学、统计学、植物学、材料学，读了哲学、文学、音乐、历史，自己练习编程，参加木工资格考试，研究金属加工与注塑工艺，我甚至觉得大学的环艺系没有动物学课程简直不可理解。可学习时间有限，无限地拓展边界意味着无限的薄，在"大海"里游了一圈的我精疲力尽但信念坚定：我发现了太多白纸与空地，可以落文字与建高楼。

» 我曾在研究生阶段锚定一个点进行了大量非常具有结构性的研究，我

试图用一种设计工具来帮助设计师梳理环境要素中的时间变化以及这些变化为大众带来的精巧情绪，这得以让人们用非视觉性的视角来解读环境设计成果，毕竟在二维界面上设计三维是不自量力的，以个人视角辐射大众是武断独裁的。环境是动态的、发展的、强交互的，只有二维界面做设计工具是远远不够的。

» 我的论文在米兰理工大学获得了满分，但在清华美院毕业答辩时却刚过及格线，我永远记得那一天，一位有威望的专业前辈批评我说，我们专业的学生不应该去读社会学，更应该画好图纸，做好乙方，顺应市场和社会的需要。

　※　对此我也有同感。曾经有一名硕士研究方向涉及"动物学"相关知识，结果在毕业论文答辩环节遭到了"群殴"。我们自以为是万物中最具灵性的种类，但在对环境敏感性方面，我以为我们早已丧失了天然的能力。

» 那一天对我来说是印象深刻的，我曾以为在探索维度和网格边界的路上，会有许多前辈的足迹和指引的灯塔，那天我发现，现实可能没有那么浪漫。

离"家"出走

» 不过，桥洞里无法发射火箭，庭院里无法训练烈马。彻底放弃一个旧系统对我来说反而意味着正式的启程。

　※　好在还是在一个概念范畴里闯荡，"初心"在就好，初心在不远行，行必有方。

不是体系否定了我，是我放弃了体系。我同时也放弃了读博士，创办了自己的公司：光合未来（北京）绿植科技有限责任公司，组团队，写计划，谈融资，搞研发。

» 具体做什么事呢？

» 我认为，环境设计的本质是构架和梳理人与环境的关系，这种关系无处不在，大到宇宙，小到细胞。可当下专业里在讨论的更多集中在景观、室内这种尺度的空间，家具这种尺度再小一点的也有，再大一点的规划也可以做，它的边界也就这样了。我们知道人类需要自然，于是设计了公园，看起来似乎是找到了答案，但我们无视了许多可能性。

　　　　※　中国"环艺"产生和发展的背景是现代化中的城市化，是基础设施建设，因此工作聚焦于因建筑而形成的"人工环境"问题。于是先是"室内设计领域"开路，后是"景观设计领域"完善。而当这个阶段完成后，我们将走向何处呢？这是新时代的命题，环境意识驱动之下的转向应该说是宽广得很！石俊峰就给我们很多启发。

» 桌面上的绿植算不算环境？厨房发芽的土豆算不算环境？它们是否影响了人的体验和情绪？它们是否还有更好的答案？如果我们无法在大尺度里精细化设计人与自然的关系，那产品尺度是不是可以做到？产品尺度是不是会补全我们擅长宏大叙事而带来的缺点？

» 但貌似上述的产品情况所能拥有的可能性非常有限，无非就是一个盆栽，大大小小，常见且枯燥，顶多沦为空间边角里的装点，看起来毫无再去设计的价值和发挥的空间。

» 设计专业的教学往往更倾向于去塑造善于对现有的技术、材料、产品进行创造性和美学组合的学生，这很好，但一旦遇到需要创造性技术的时候，就捉襟见肘了。设计与技术之间的隔墙，让我们很难因为一个设计需要而去变革技术，至少现状是，绝大部分设计师是无法发起从设计到科技的变革的，

　　　　※　设计提出问题，科技协助解决，也相当于设计向科技间接提出了问题。"环艺"的过去是艺术和工程技术结合的历史，未来将会新拓展出一条路径，即艺术和科技。环艺设计也许将成为率先打破设计仅仅为科技创新着装扮相的格局。

注意我说的是科技，不是建造与装饰的工艺工法。

» 我从小就对自然科学非常有兴趣，我在数学、化学和生物这三个学科上有不错的底子，这帮助我在构思设计时多了一种技术的手段。在遇到上面关于盆栽是个空间里的小角色的问题时，我稍微深挖了一下：为什么那么多人喜爱自然，向往森林和草原，但却对身边无处不在的绿植视而不见呢？这些绿植产品出了什么问题？

» 我找到的答案是，这些植物失去了大自然里最宝贵的惊喜感。我们在郊外露营时惊喜于草地上不知名的小花，在森林里好奇下一棵树下会不会有蘑菇，这些情绪吸引着我们不断探索，深陷其中。但桌面的绿植没有，它们受限于室内环境干瘪的光照，正是因为它们的进化能够尽可能减缓生长速度才能适应这种低光照，因此缺乏了惊喜。

» 还有一个问题是，桌面的盆栽没有容错率，而大自然能让我们在失败中成长。传统的栽培形式可能让我们因一次忘记浇水就葬送了植物的生命。没有包容率意味着我们更多时候能够获得的只剩下挫败感。

» 总之，现有的植物类产品，太差了，没有办法把自然真正性感的东西带入人们的生活中，这就造成了在近人尺度里，环境意识的根源性缺失。

» 我创业的这家公司，就是要去寻找和开发一种植物栽培的技术，这种技术可以把大自然的惊喜感、成就感、包容性呈现在人们面前，让人们因一株花草也可知世界。我们决定开发一种全新的种植形式。让人们可以轻松地在室内任何地方种植任何植物。

» 这个决定很有"离家出走"的味道，毕竟清美的环艺系（现在叫环境设计系）是那么的有名，毕业后做一个自由设计师或者进设计院，会有着让人羡慕的工作和相对体面的生活。从学院的角度，花了那么大力气和资源，培

清华大学校长杯大赛

养了一位研究生，结果出来后不干本专业了，这是对专业教学资源的浪费。

※ 这是传统的教育观念，我一直对此不以为然。专业教育教本事的时代已经远去，专业教育也教方法论，具有通识教育的属性。成为对社会有价值的人才是根本，什么时候环艺能培养出一名出色的足球教练，赛前能掐会算，料事如神，在比赛中能够审时度势，排兵布阵，率领国足冲出亚洲走向世界，我也会感到骄傲的。

创业明星的九死一生

» 创业以来自然受到了一些质疑，在刚成立的那几年，自己也很不成熟，我们曾经在 8 个月里让公司的估值翻了 16 倍，外界甚至都猜我到底是谁家的富二代，不然种植一种植物，这个连生意都算不上的事，怎么就能成为清华创业的一个明星案例。

» 说是明星案例，真的一点也不自夸，2016—2017 年前后，在清华系的创业圈里，应该没人不知道光合未来，借用我们一个"友商"的话说，光合未来几乎拿了当时能拿的所有奖。一株小植物所产生的宏伟商业愿景，这种反差更是吸引了很多关注。

» 然后 2018 年事情急转直下，因为一家基金信誓旦旦拿下了我们一轮 1500 万元的独投之后，在三个月里因自身基金风控问题，导致出资人叫停了所有在投项目，引发我们现金流断裂导致公司研发受阻，而再回过头找当时对我们有投资兴趣但是被我们拒绝过的投资机构的时候，大家也失去了当初的兴趣，因此开发了一半的人工有机基质栽培产品也难以量产。公司几度发不出工资，濒临倒闭。

» 人工有机基质，简单说就是给植物盖房子时用的"混凝土"，我们可以根据植物的需要，为植物定制"混凝土"的配方，这样就能摆脱传统土壤或者水培对植物的限制，让植物更好地生长。我们开发的材料可以在长达十年的时间里给植物持续地降解营养、不含虫卵、不易掉渣、水冲不散，因此在种植的过程里也不需要添加化肥和使用农药，从而激发植物类产品的更多可能性。

» 我们从大学生创业明星的神坛跌落，可想而知当时面对的窘境，像极了离家出走的孩子食不果腹、衣不蔽体，被现实扇了大耳光之后，又很难转身回家的尴尬。↘

　　※ 坠落的经历很重要，是事业和生命中的资历。能挺住的都是强者，能起死回生的更是幸运儿。但做强者是一个前提条件。

↖我并不想细节描述那段黑暗的日子，我现在已经从黑暗的谷底爬出来了，那段时间里经历的人生冷暖、恶意善意，真实深刻，但都过去了，我只能说，未曾亲身经历黑暗的，也很难从文字中体会爬出来时感受到的那种深刻。好在那时候身边还有支持我的朋友，尤其是我的导师苏丹教授，他是那段时间里第一批自己花钱购买我们当时尚未完全成熟的产品，来支持我们的、为数不多的客户。同时在自己的讲座中也将我们作为案例，还亲自出镜参与了北京电视台为我们拍摄的创业纪录片。这种持续的鼓励和支持，带有非常主观的看起来似乎有点"盲目"的信任，成为我绝不能放弃的强大动力，也让我理解了什么才是真正的"导师"。↘

　　※ 对于有理想，敢探索的学生，我一直鼎力支持，从关注到语言上的声援……作为他的导师，我希望他的成功能证明我的教育理念，在众说纷纭的当代教育界，拥有话语权的人不一定对教育有爱，有真正的爱徒。我觉得对自己有抱负的学生的爱应当是无条件的，就像许多歌星、球星比赛时，为他摇旗呐喊的亲友团。

↖多年之后我自己也登上了清华大学的讲台，在北京工商大学也有了自己带的研究生，这段经历深深影响了我，让我明白作为一个"导师"应如何去教导自己的学生。不过这是后话，我想在我这部分讲述的最后，详细刻画几个和导师之间珍贵的小故事，借着本书出版的机会，保存为一个公众的记忆。

» 这段苦难时光里还有许多熠熠生辉的故事。总之，我们并没有放弃研发，即使是勒紧裤腰带，也想办法自己给产品的开发注入资金。很长的一段时间里，我们创始团队拿着 4000 元的薪资，在北京租房北漂的同时，还在做着突破专业边界、领导行业发展的梦。

市园林绿化局

» 事情的转折点是遇到了市园林绿化局的领导。2023 年，因为朋友的介绍，园林局的领导来我们公司考察，我向他们汇报了这几年我们做的研发与实践，尽管产品尚不成熟，但其创新力仍旧帮我们承接了很多有名气的项目，如北京大兴国际机场的室内综合绿化、珠海横琴通关口岸澳门侧的建筑体综合绿化等。

» 我们也有很多个人客户，他们反馈了很多使用我们产品在家里种植的真实案例。在他们拍摄的照片里，很多是小孩子使用我们产品种植的，小朋友们在毫无经验的情况下，种出丰硕的果实，脸上洋溢的笑容是那么真诚动人，这是传统种植产品难以给予的。

» 多年的坚持和成果也让园林局的领导深受感动，他们也一直在寻找在产品层面、科技引领、居家的近人尺度下，发动大众感受自然，参与花园城市建设的典型案例。那一天我们比原计划的交流时间延长了四个小时，一句"俊峰你就是我们一直在找的人"像一轮红日破出地平线，照亮了我们正身处的深谷。从那之后，园林局给了我们很多支持和展示自己的舞台，不仅在"园林绿化科技周"这种行业内顶尖的专业平台上推广我们的产品和技术，还帮助我们对接资源，助推我们产业园区的落地与建设，引导我们从黑暗的谷底爬出，逐渐被更多人看见。

» 2024 年年底，我们完成了一轮超千万元的融资，算是补上了 2018 年那一笔断裂的资金，六年的忍耐和坚持，终于让企业回到了正轨。我们拥有了一个 300 亩的产业园区，签约了 100 个销售渠道，在居家种植、成品盆栽和劳动教育三大业务板块均有喜人的成绩，还把产品卖到了联合国以及中国航天的体系中，公司被 CCTV1 综合频道、CCTV2 财经频道、CCTV10 科教频道、CCTV13 新闻频道四次报道，被日本 NHK 电视台以"中国科技强国之路"为专题在日本全国早间新闻中报道，做实了行业领先的地位。

» 这里最有意思的地方是，我在大学期间曾经为了调研一座公园，以景观设计师的身份去某个区的园林局做访问，为了能够获得绿化局的信任，我还特意找了学院开具了介绍信。↘

> ※ 石俊峰的硕士论文调研惊天地、泣鬼神，绝对肉身大数据，他亲自调查了北京市内数百个形形色色的公园，发现了许多有趣的人和事，看到了空间中重重叠叠的社会学迷雾。我相信这种认知会对他未来的事业发展产生作用。

↖结果多年之后，却因为我开发的种植产品，成为市园林绿化局重点关注和推荐的行业案例。当初那个愣头青环艺系的学生，在区局门口胆怯紧张等待的时候，应该想不到多年之后自己会受到市局的大力支持吧。如今我们还与市园林科学技术研究院、市农林科学技术研究院等机关院所建立了技术合作与产品合作关系，我本人也被评选为北京青年榜样、北京市特聘专家。

» 说实话这个转变我还是挺骄傲的，毕竟这意味着，园林系统正式认可了我们的研发成果，视之为园林行业边界之内的科技创新成果。那也自然意味着，我们所做的一切，就是在补全环境艺术设计的专业范畴了，让其以产品的姿态，更深入地融入大众的生活之中。我并未"离家出走"，而是在它地基的旁边，扩展出了一片新的面积。

自然答案农林一体化产业园

» 截至目前我们已经销售了超过 150 万份种植单元，让几十万用户在家里享受到了种植的乐趣，与环境产生更为紧密的链接。我们还参与了北京市劳动教育研讨会，推动社会大课堂培养下一代在劳动教育中对环境意识的全面认知。我们在清华大学开设了太空种植主题课：种植——远航深空的最后障碍，与优秀的大学生们一起将环境意识带入浩渺的太空。↘

我们三百亩的产业园区也正式命名为"自然答案农林一体化产业园"，未来我们将努力与农业建立联合，在近人尺度上实践环境设计与农业结合的新可能。

» 这里也有个很有意思的事情：这个园区的整体设计是我亲自做的，咱毕竟是清美环艺系培养的景观设计师，科班出身，自己的园区肯定自己亲自操刀。我在这个园区设计的过程中，所使用的理论体系，甚至设计手法和设计工具，就是我在当年毕业时被学术前辈批判、被学院评为刚刚及格的那件毕业设计里，我所倡导的设计体系。那篇尘封的论文和设计素材，整整在我的硬盘里沉寂了十年，终于得以在一个真实项目中，证明自己的价值。这个园区被评为全国重点林业龙头苗圃。

» 我可以非常确定地讲，我就是一个环境设计师，只是和传统概念上的设计师不同，我并不是用设计图来服务大众，而是用产品感染大众。所以环艺到底是什么，其边界到底在哪里，我觉得仍不要轻易地下定论。

» 如果说工业革命推动了行业细分，提高了整个人类的生产效率，那么人类今天所面临的挑战，则需要我们进行行业的跨界融合，激发创造力的百花齐放。学科融合这件事，清华大学以及很多优秀的大学很早就在布局了，这时候我们再回过头来看，环艺（环境设计）这个学科本身就是一个多学科的交叉融合态，当年我自学的那一系列课程所编织出的那张大网，更是学科交叉融合创新的基石。我们当年所不理解的、甚至一些前辈拒绝的跨学科知识融合，如今看，正是世界发展的方向。

» 没有什么是不变的，学科的边界本应该如此，可能我们环艺唯一不变的，就是始终在探讨人与环境的关系。过去几十年对建筑行业过度的依赖，对具备市场化项目运作能力的行业傲慢让我们经历了"灭顶之灾"，在行业失业大潮里，我真切地希望，大家能够看到在环艺这个地基上，仍有很多值得建设的空间。坚持找准坐标、坚持探索边界，不要安于现状，不要自缚手脚。如果你仍正经历困惑，请记住我们产业园区的名字：自然有答案。

动人的小故事

» 这十年的创业征程里，有太多的故事和闪光的画面。放在前文里会影响主题的表达，但是不介绍又让这十年经历显得苍白无力，因此统一写在这一章，我也很高兴能有这样的机会，与大家分享这些小故事。

研究生毕业设计效果图 1

故事一：北京某中学学生暑期实习实践

» 2018 年，我们公司迎来了三位特殊的"实习生"——北京某中学的

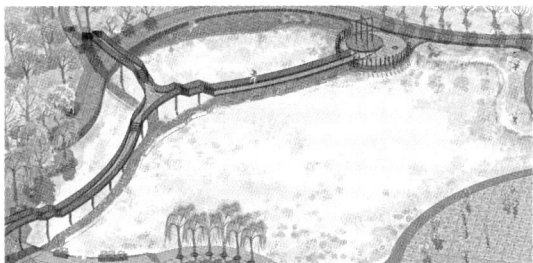

研究生毕业设计效果图 2

三位小朋友，以参与社会实践的方式，深度参与了我司的研发与管理工作。一个月的时间结束后，我们按照流程要求为他们出具了实践报告。本以为这个事情就结束了，结果一周之后，这三位小朋友又一次来到我们公司，为我们送上了他们精心准备的礼物——他们共同创作的一幅画。

» 画的内容是一只代表中国的鹤，嘴里叼着一个礼袋，礼袋里放的是我司的明星产品：小菜田四号（原型机，当时的技术还没有那么好，原型机没有现在这么薄）。我们的产品是用来种植植物的，但是小朋友们创造性地在这些植物中绘上了城市里的座座高楼。

» 他们说，这一个月里，他们了解了我们创业的目标，是希望给城市带来全新的环境生态，让大家在近人尺度上理解自然，热爱种植。他们被我们的创业理想所感动，创作了这幅画，也祝福我们可以早日实现自己的理想。我真的非常感动，并不只是因为这些小朋友们理解了我们绘制的未来图景，更感动的是他们自发地为我们创作了这幅画，这背后是我们对城市未来发展的理想共鸣。

» 后来在某个商业学习课程上，老师让我们总结自己公司的使命、愿景与价值观，我想来想去，觉得可能没有任何一段文字，比小朋友们的这幅画更能代表我们的使命、愿景与价值观了。

» 2018 年之后的六年谷底期间，这幅画一直跟着我，辗转多个办公场地，也成为我内心坚持下去最重要的动力源之一。

小小实习生的画

光合未来产品官方标准宣传图

故事二：北京大兴国际机场 – 室内人文绿化景观

» 大兴国际机场是我国建制规模最高的机场，也是北京向世界展示中国魅力的新门户。响应习近平总书记"绿水青山就是金山银山"的号召，大兴机场在建设时格外重视室内的人文绿化景观。

北京大兴国际机场绿化墙施工

» 相较于传统室内简单的盆栽摆放，大兴机场更注重新科技的应用和人文内涵的表达。在这种情况下，经过多次社会招标，仍未有满意的作品出现，我所带领的"光合未来"临危受命，参与打造国门的人文绿化工程。

» 本身在室内长久地种植植物已经不是个容易的事情了，更何况考虑人文内涵，我们还需要尽最大可能去丰富植物的品种选择，将对环境条件要求不同的植物放在同一个环境中，要实现自动养护、尽可能少占用室内空间，还要兼容机场内本身的安保监控和消防系统，以及为客流提供一定的引导能力，可以说，这些植物身上的使命不是一般的多。

» 最难的是，我们所承担的建设点位里，有两个位于国际到达区，是从国外抵达的旅客，落地后看到的第一个代表中国文化的点位，还没有过入境检查，这意味着该点位相当于境外，安全要求和施工管理更为严格。我们所有的入场物料都只能通过一个标准的安检机器才能送达现场，且只能在半夜 12 点到凌晨 6 点之间施工。这要求我们的设计具备模块化和快速施工能力。

» 这个项目里我们充分发挥了多年研发的超小模块化种植系统的技术优势，和团队吃苦耐劳的特点，经过连续的奋战，我们顺利交付了项目，并且成为首批通过验收的人文绿化景观点位。

» 这里说的"吃苦耐劳"可不是一句简单的客套表达，项目当时由于施工位置和时间的特殊性，我们无法携带水和食物进场，施工过程中渴了饿了只能忍耐，困了累了只能在大理石地面上铺张纸箱短暂休息（当时是北京的十二月份）。那时候我们团队考虑过招募一些工人来完成施工，但是一是增加了成本，二是我们担心工人无法完成如此高精细度的项目安装。为了保证工程质量和控制成本，我们创始团队五个刚毕业没几年的研究生，在机场附近租了一间房，决定亲自上阵，巨大的疲惫和压力，让我们无数次想要退出项目，但是考虑到这可能是外国朋友们来到中国看到的第一面文化窗口，我们身上的使命感推动我们克服了无数困难。

» 后来多次看到我们的项目在机场内向无数境外旅客展示中国的生态决心和"天人合一"的人文理念，当初在机场里枕着纸箱休息的日子也变得格外具有意义。

故事三：北京三帆中学科技周

» 受我们某位客户的邀请，我们参加了公益性质的北京市三帆中学的科技周活动。按理说科技周的活动都是各种机器人、人工智能类的"硬科技"项目，我们一个农林项目参与其中

光合未来走入三帆中学

非常突兀，一开始校方也担心我们的科普内容和形式效果不好，我们为此特意以"太空种植"为主题，向小朋友们展示了人类为了能在太空种植植物所付出的努力，并展示了我国天宫二号上首次使用人工基质种植生菜的故事。

» 而人工基质正是我司多年研发的科技方向，现场小朋友们还能亲自动手，体验这种种植形式带来的神奇魅力。

» 结果我们的教学课程成了最受小朋友们欢迎的，原本要求一堂课上线15 名学生，每堂课 30 分钟循环讲解，但因为排队的学生太多了，被

迫改为 30 人一堂课。有很多小朋友会多次排队听讲，就为了把没弄清楚的知识点再听一遍。

» 最后有家长向学校反映通过这堂课让自己的孩子深度了解了农业里的高科技，也爱上了种植，他们自己都想不到，为什么孩子参加完科技周后，回家说要立志成为农业科学家。

» 这些反馈让我们觉得一切努力都特别的有意义。科技周结束的那天，我和团队撤离物料，当天风很大，在三帆中学门口的胡同里，我们努力推着板车保护物料不被风吹散吹折（因为公益活动物料损坏了我们没钱重新做），艰难地向前走，狼狈的我们身边跑过雀跃的小朋友们——刚才在教室里还是我们在讲台上意气风发给他们勾画未来，场面一度尴尬，但这个画面也成了我人生中一个重要定格，毕竟，我们身边跑过的这些孩子们，未来说不定能成为伟大的农林科学家呢，我们的这点辛苦和尴尬，又算什么呢？

故事四：屠龙者终成恶龙

» 2020 年我们受邀参加了一个国内龙头企业总部大楼的综合绿化工程，作为室内植物专项设计团队，与室内设计团队一起，配合建筑设计实现充满植物的室内设计目标。我 2012 年保送的清华大学和米兰理工大学的双学位硕士，第一学位是前面提到的景观设计，第二学位在米兰理工，是室内设计。因此作为室内设计领域也是科班出身的我，非常能够理解设计团队的构思和愿景，基本的图纸交流讨论没有障碍。作为专业的绿植专项团队，我们也希望用自己的专业性来保障项目的充分落地。

» 整个项目的甲方非常开明，也具有建筑相关行业上市龙头企业的气度和对专业的尊重，反而是我们在和设计团队的沟通中出现了问题。

» 做过设计师的朋友们应该都有体会，不论是自己开事务所还是去大的设计公司、设计院，都会遇到甲方提出无理要求的情况，这个事情本质是甲方对于专业的不尊重，设计师要经常一边怀揣着一颗对作品的敬畏之心抬头看月，一边弯腰低头捡地上的六便士养家糊口。同行之间多有相互诉苦，更别提这里还有不结尾款、半途跑路的故事了。

» 被无理客户反复折磨后仍然怀揣对作品敬畏之心的设计师是伟大的，他们好像是勇敢屠龙的少年。但正如那句"屠龙者终成恶龙"所说，我们在此项目上遇到的设计总负责人，对我们就是极端无理且强势的状态。

» 对方以多次和园林设计团队合作为基点，证明自身对绿植部分的专业度，从而对我们的建议予以否定，然后提出不合理的设计要求。为了卖弄专业度，对方不停在远程会议中强调"绿量"这个概念，而对我们提出的光分布测算影响补光能耗和为了避免开花植物花粉可能带来的过敏症状而要验证室内风循环系统的呼吁无动于衷，单纯追求更多绿色、更少植株、更多品种的要求，还教导我们要多向新加坡星耀樟宜机场学习他们的绿化设计和品种应用而无视项目现场在中国西北地区，其气候特点和建筑内部空间特点与新加坡樟宜机场大相径庭的现实。

» 屠龙者最终会否成为恶龙我不作评判，但是被人欺负惯了的人有一天同样掌握了一定权力后会积极模仿曾欺负他的人，这种现象，在专业圈里并不少见。洋洋洒洒言之无物的发言背后，是对自身饱受质疑的专业性自卑的傲慢，是对多学科交叉本质认知上的残缺。室内设计习惯于拼拼摆摆的过去并不适合需要理解植物作为生命体对环境需求动态变化的科学原理，园林设计系统里又缺乏对近人尺度环境的精细化把控能力，因此，在室内使用活体植物作为装饰元素进行空间艺术创作远非传统设计师想象的那样简单。

» 所幸我司并不依赖工程项目续命，我们的主要市场是广阔的个人用户，工程项目是我们锦上添花的内容，我们在交付了设计合同阶段的技术图纸和设计建议后，得知发标的设计文件中仍旧有大量区域使用的是室内设计团队的方案，我们果断放弃了工程竞标。在半年后的一篇新闻报道中，我看到现场照片里，植物的部分果然又变成租摆的盆景形式，植物长势一言难尽，心里说不出该高兴还是悲凉。

故事五：中山音乐堂

» 2018年公司现金流断裂的时候，我的家庭也出现了问题，内外压力双重胁迫，让我严重怀疑自己。对自身能力的否认我认为并不是最严重的，最严重的是对自己人格和品性的否认，这是一种发自内心的自我否定，是对自己恶的一面的拒绝，这种否定严重到我有强烈的自杀倾向。

» 我不能和父母沟通，怕他们焦虑和担心。我不能和创业团队讲，我怕团队散了彻底失去希望。我更不能和投资人说，他们也不希望看到自己投资的人出现问题。创业是条孤独之路，当时确有深刻体会。我找到了我的导师苏丹教授，我发信息说能不能有时间聊聊，我有些问题不知道怎么处理。

» 没想到苏老师直接叫我和他一起去中山音乐堂听音乐会。↘

※ 这个事情我还真有点记不起来了，但是细想一下，这种沟通方式挺有效的，举重若轻……

↖我哪有心情听什么音乐会啊，而且过程里也不能聊天沟通啊。我有点莫名其妙，但似乎也不好拒绝，当天到了现场，苏老师让我跟着他，到了座位就开始等待演出，全程没有任何我开口倾诉的机会。音乐会开始之后我还偷偷用余光找苏老师转头的机会看看有没有目光对视的时候能简单聊两句，但是苏老师听得极其投入，我一直没有什么机会，放弃沟通之后我也只能将注意力放在音乐会上，我已经忘记了当天是哪个国外乐团的演出，演奏乐团的音乐会是有特殊魅力的，一旦你沉入其中，你就很难出神，我想到了我在巴黎认识的观路兄弟，他就是乐团的指挥，我还经常去他的演出送花，关联着想起我在欧洲学习的日子，想到在德国哈瑙看到的"德法和平公园"时的震撼和兴奋，想到他请假去欧洲看我，我们一起走过的每个地方，聊过的每个理想，想到这些年来还真是没有与他一起听过专业乐团的音乐会，瞬间愧意和自责又蜂拥而来，我从音乐里弹出，发现旁边苏老师竟然睡着了。我有点发呆，听演出睡着会不会不礼貌啊！其实讲实话我也有些困，但还是在焦虑和不知所措中等到了音乐会结束。

» 人流中我跟紧苏老师的脚步来到中山音乐堂门外的林间道路上，我想要再不聊今天就白来了，尽管尴尬但还是硬着头皮开口，说：

» "谢谢苏老师邀请，演出很棒，就是我最近有点累，一放松下来刚才差点睡着了。"

» "我也睡了一会，顺其自然吧。"

» 这个回答让我愣了一下，但这还算是个轻松点的开始，

» "老师我最近压力很大，辜负他人让我自我否定，陷在回忆里不断重复痛苦，我该怎么办啊？"

» "你痛苦说明你还没有那么不堪，所以也不用自我否定，平时没事多来听听音乐，看看演出，逛逛展览，让自己走出来。"

» 边上人挺多的，马上到路尽头长安街上了，我跟上两步问：

» "要多久才能走出来呢？"

» 苏老师好像是准备好的回答，几乎没有迟疑：

» "起码得三年吧，你还得练，你至少得三年。"

» 我又一愣，估计没想到这个问题会是这么清楚的回答。苏老师紧接着说：

» "行了那边有车接我，我先走了。"我赶紧回答，"好的，苏老师再见！"我坐地铁回的家，一号线人没有想象中多，我一路都在回忆这段对话，心想，那就给自己三年时间吧。

» 中山音乐堂的这段对话画面在我的记忆里总是闪闪发光，我想可能是当我们知道了河有多宽时，渡过它也就只剩下时间的问题了，我们就能够自己渡自己，无须苦苦等待那个摆渡人了。

» 类似的对话还有很多，比如早期我们的产品还不成熟，在苏老师工作室里安装了一面墙，后来那面墙植物死了，我也挺尴尬的，说我们来更换吧，苏老师说："死了也挺好，植物死亡本来就是大自然的一部分，我们不能只接受它们鲜艳而不接受它们死亡，那就不叫热爱自然。"

※ 创新这种事的风险就在于，原理成立，实验室里一切正常，一到现实就是各种出轨，各种翻车。要敢于面对失败，只要失败不走向败局就行。乐观、自嘲都是让自己摆脱自己营造的困境的办法。

我想可能是一种特有的松弛感在形成魅力。我记得研究生期间苏老师点评我们几个学生，说我有很好的锐利程度但是缺乏钝感力。或许这种松弛感也是支撑我们在艰难创业拓展边界过程中挺下来的重要特质吧。

» 当然，我最后用了快四年才彻底走出来，我比苏老师预期的还要笨那么一点。

故事六：种植——远航深空的最大障碍

清华大学讲课

» 这是我在清华大学讲的课的标题，这个课在美院的工业设计系上有，后来在清华大学 i-center 里也有，作为公选课，已经上了三年。这可能是清华大学历史上第一堂和太空种植有关的课程。可能我当年的老师们谁也想不到一个环艺系的学生居然回到清华讲太空相关的事了。不过这里讲到的太空话题和开篇提到的《Power of Ten》视频中涉及太空的逻辑不同。那个视频主要内容是两个躺在草坪上野餐的人，镜头从上往下俯拍，从视频边长一米（10 的零次方）到十米（10 的一次方）到一百米（10 的二次方）……逐渐缩小到一亿光年边长（10 的 24 次方）我们看到广袤无垠宇宙的过程，然后视频逐渐放大回到边长一米（10 的零次方）继续放大到 10 的负一次方直到微观世界。

» 我们前面讨论，环境艺术（环境设计）是讨论人与环境关系的课题，那它到底应该在哪个尺度下讨论呢？众所周知，一米以内或许是家具设计的议题，室内设计可能更多是十米边长内的环境议题，百米以上则是景观设计、城市规划的范畴。上限是多大呢？（目前最大的城市规划项目可能是沙特 NEOM "2030 愿景" 框架下的超级工程，其规划面积超过了比利时国土面积）

» 除了设计尺度在发生变化，我们的设计场景也在发生变化，比如前面提到的天宫二号上航天员种植生菜，技术的进步让新的场景出现了，其实如果了解太空种植的历史，就会知道有两个非常有名的案例。一个是美国的 "生物圈二号" 实验，在一个封闭系统中，模拟了地球上诸多环境，测试人们在里面能够生存多久；另一个是欧空局在南极发起的伊甸园计划（EDEN ISS），目标是通过在南极建立可以种植蔬果的舱体，来验证在国际空间站上种植蔬果的可行性。这两个著名案例都让人与环境的关系在太空中变得更加重要了。

※ 尽管环境是人类创造的概念，但它是一种客观存

> 在。环境和人的关系是这样的，有了人居环境才会有人的存在，才会有社会，才会有……

» 可预见的未来中，我们必将面临太空场景下的环境设计问题，尤其是美国 NASA 用月壤种植拟南芥实验失败后，对于我们建立月球基地提出了更大挑战，我们到底如何利用太空环境处理人与其关系就更迫在眉睫了。这听起来好像是科学家的事，正如同在地球上，污水处理是科学家的事一样，2008 年北京奥林匹克森林公园中，景观设计里融入了优秀的污水处理案例，成为环境设计里重要的一部分。

> ※ 艺术设计的所有专业中，环艺率先实现了艺术与工程技术的结合，21 世纪的新语境中，环艺依然是个弄潮儿，将成为艺术与科学握手的践行者。

但是，我们的专业培养是否做好了输出相关人才的准备？当我们在太空环境中，面对远航漫长的时间需求时、地球上的装饰材料和工艺工法失去用武之地时，人与环境的关系该由谁来设计支持呢？

故事七：TOPS 设计联盟与空间创构工作室

» 这是个古老的名字了，它是我在本科二年级时和一些志同道合的设计系学生们组成的一个跨校学生社团，学生们来自清华美院、清华建院、中央美院、人民大学、北京林业大学、北京服装学院、北京印刷学院、北京工商大学等十一所高校及院所，算是当时设计系学生里全北京影响力最大的跨校社团，巅峰时期组织的线下讲座活动有三百人参加。

» 创办这个社团的初心是当时发觉到每个学校在教学上理念和方法不太一样，甚至对同一个专业"环艺"的定位也不太一样，我们希望能打破学校的"围墙"，建立一个学生互学的组织。我们当时相互点评设计作业、组织参加设计竞赛、邀请著名设计师举办讲座、整理大家的优秀作品自己筹钱举办展览……

» 这个单纯的组织让我认识了很多同样有着清澈理想的同龄人，可能正是这个延续了五六年的组织埋下了我意识里想要去打破对环艺固有定义的种子。

» 在创办"光合未来"之前，基于这个学生组织，我发起成立了"空间创构工作室"，提早开始了自己承接设计项目、了解社会的经历。也正是创办工作室期间，我得以接触许多和投资相关的内容。

TOPS 设计联盟早期照片

» 如今回看自己从 2009 年进入环艺专业到今天剑走偏锋的一路，或许有许多都是必然，无数个画面和节点，构建了我追求人生坐标的努力和尝试。渴望不被定义，或者不喜欢被范围约束的这一路，可能也是一种探索边界的自我尝试吧。

　　※　十三不靠表面看是离经叛道，实则是一次次关于环艺未来可能性的宣言。

空间创构工作室团队合照

华　雍

"无有 WUUYO" 品牌创始人
工艺美术师
中国建筑学会室内设计分会会员

2003—2007 年　清华大学美术学院环境艺术设计系

2024 年　第四届智慧之手获奖艺术家（巴黎艺术家驻地）

从"无"到"有"的手艺

环境艺术设计的魅力

» 依稀记得刚迈入光华路老校门时，看到一组学院徽标，其中几个符号分解后就是我们的衣、食、住、行、用。一年的基础学习后，我开始选择专业方向，虽略有迷茫，但因幼时对于数学的喜爱，选择了环境艺术设计室内方向。当时觉得由各种数据构成的空间，在六个面的搭配选择后，让人得到一个舒适的体验，是一种理性更胜感性的设计方法论。

※ "衣食住行"是人类日常生活的主要内容，光华路校区大门上方那一组锻铜的装饰总让我想起"为人民服务"这几个字，这是设计师的天职，很朴素，也符合全世界对现代设计的定义。而环境艺术主要是解决住的问题，很多时候也会和"吃"的行为有染，人工环境除了完成对生活的庇护之外，更多在研究创造迎合人类情趣的环境。它的边界往往是几何化的，的确是被数学关系所影响着。

在日后的课程以及工作中，不断体会与践行逻辑思维主导的每一个设计项目，心中有一种安定的窃喜。

与木结缘

» 2005 年夏，我有幸与环境艺术室内方向的同学们一同来到南方进行为期半月的考察和实地调研，那是我第一次来到江南之地。与北方的豪迈粗犷不同，这里的人事物无一不透露着细腻的感觉。第一项内容是在江苏南通实地调研学习，这也是我与木结缘的开始。穿过运河支流边的一个狭窄小巷，两侧都是席地贩卖的菜农，我们来到南通永琦紫檀艺术珍品有限公司，这是一个以传统手工艺为主导的家族企业，在这里我认识了企业的创办人顾永琦先生以及其子顾畅。几日的考察学习中，听顾先生侃侃而谈地介绍他的家具以及雕刻作品，内心

南通永琦紫檀艺术珍品馆旧址。拍摄于 2010 年

还是有些许震撼。这是我第一次接触传统红木家具，经由几十道繁复工序后，一个器物从无到有，从一种木材变成一件艺术品，这也在我内心投射了一颗种子，深深觉得环境中的器物可以给人带来潜移默化的改变，这是作为匠人与陌生人形成的一种无形的纽带，跨越了时间与空间的限制。

　　※　华雍她们这一批环艺系学生比较幸运，家具的实习地变成了南通永琦紫檀艺术珍品有限公司，此时的永琦紫檀凭借出色、精良的工艺和扎实的传统美学已经在国内显露峥嵘。主人顾永琦先生几十年的经验积累外化为科学的工艺流程管理，学生们在工厂实习会浸润在这种既传统又蕴含现代制造理念的环境中，能亲眼看到一件件传世之作的诞生过程。

做第一件家具的兴奋感

»　那是 2006 年的一个学期，清华美院的于历战老师给我们上了家具设计课，期间看了很多西方家具设计的杰出作品，以及在设计史上赫赫有名的大师设计的座椅，同时也了解到日常生活中平平无奇的椅子竟然是设计与制作难度最大的家具门类；课上于老师还饶有兴致地分享了他自己做的柜子，"鱼立"和"鱼站"，刚好和他的名字谐音；

　　※　于历战老师的两件旧作"鱼立""鱼站"是 2001 年首届"艺术与科学大展"的参展作品，作品名是我给取的，很巧妙的是文字作为一种媒介联结起作品形象和作者名字之间的关联，让本来难以解释的两个家具造型和"人文"环境建立起些许的、表面性的逻辑，有点荒诞感，无他！

而结课作业就是做一件类型不限、真实尺度的家具，大家都很兴奋，思考怎样将纸面设计转化成一件实体家具。有一天在宿舍收到朋友赠与的一方印章，印盖好由于受力不均，刚好缺了一角，但旋转 45° 后刚好有一个稳定的平面，我受此启发，以"缺陷？无限！"为概念，做了一组缺角的正方模块

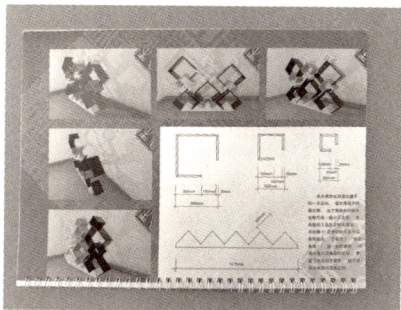

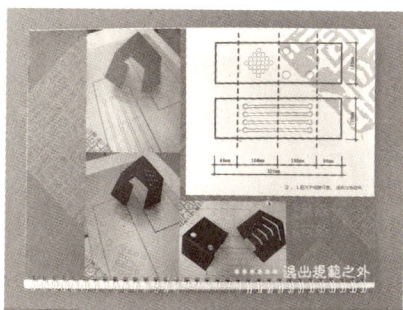

家具设计课方案与作业

叠加的柜子，大小不同的模块因为缺角部分刚好可以相互咬合向下受力，组成不同排列方式的储物空间。在制作过程中，柜子的模块采用指接板楔形榫卯45°接合，这也是我第一次运用传统榫卯结构做家具，制作虽然有难度，但看到完成的实物，犹如空间中的大玩具，在兴奋之余暗下决心要做更多精良的日用之物。此外借由这个造型还制作了一个热弯的桌面陈设，用来整理日常的文具用品。有时觉得人生的某个小成功，都是一粒能量巨大的小种子，假以时日总能长成一棵参天大树。

传统家具初探

» 在之后的假期，也陆续探访南通永琦紫檀艺术珍品馆几次，听顾永琦先生讲他的传奇经历，以及几次创业的崎岖历程，如何克服传统匠人眼中不可逾越的难题，做出顶级工艺的家具艺术品，被他小说般错综复杂的人生经历所震撼。

※ 一代名手顾永琦对提升中国传统硬木家具的水准和境界至关重要，他身世中最为传奇和关键之处在于20世纪六七十年代辗转于长三角一带，斡旋于大型现代制造业企业之间，依靠高超的手艺为共和国工业制造业生产制作模具的经历。而这也恰恰启蒙了他对中国硬木家具生产工艺变革的思想。

遂在毕业后，我决定加入这个家族企业继续学习，一个新时代小工匠的萌芽在此处逐渐生根。南通这座城是江河海三水交汇冲击形成，自古交通不便，而承载文化脉络的南通方言则由几种差别极大的语系构成，其特殊复杂性可见一斑，独特的风土地域成就了这里能人辈出的局面，尤以能工巧匠居多。在与工人师傅们的相处中，我发现他们大多没上过正规学校，却不耽误他们妙手生花般地做出各种复杂构件，通过不同工序的衔接，最终成就一件令人难忘的作品。我想这也是手工的魅力，使一个器物在时间的传承中历久弥新。

※　其实工厂就是培养技术的最佳之处，问题和解决方式还有工具都在眼前，近在咫尺，行不行，中不中，成不成，动手才能知道。"手会思考"，这是日本"人间国宝"们说的，有道理！

传统是继承，还是创新？

»　当你进入一个新的领域，一切都是新鲜的。可随着日复一日地重复，就必然产生一些怀疑和思考。期间我梳理了南通永琦紫檀艺术珍品有限公司发展的脉络，以及顾氏家族三代人的红木制作技艺的传承资料，以传统手工技艺家具制作为基础，撰写资料为其申请了非物质文化遗产传承基地。由此我发现非遗在工艺技法中十分强调传统工艺的历史发源，并且在延续自古以来工艺做法的情况下每代人有序传承。

»　但反观顾永琦先生对于传统红木制作领域，他是由内而外地改变传统，在明清家具外观形态基本不变动的情况下，在每一步工序中都加入了自我理解，以及最严苛的尺度要求，

※　顾永琦先生对红木家具的贡献在于由内而外的变革，他在工艺方面的提升无愧于这个时代，体现了现代文明的价值。材料处理方面的革新使得红木稳定性得到极大提高，进而对建立在传统技术基础上的细节做法进行优化。即使在外形不变的情况之下，他的红木家具气质也是崭新的，别开生面的。

永琦紫檀的木工生产车间旧址

传统红木家具侧板雕刻过程

甚至测量榫卯及家具部件都是以丝为单位。举个形象的例子，一丝的距离大概就是一根头发丝粗细的十分之一，测量的工具则是精密铸造时要用到的游标卡尺，家具的制作达到了瑞士手表的制造精度。

※ 同上。

这些在古代是不可能实现的，古人制作传统家具一定会预留伸缩缝，以防家具在日后的使用中，受到干湿应力的影响而变形开裂，但这样就会在家具表面形成一些难以打理的缝隙，日久逐渐变成藏污纳垢之处，既不美观也不便于使用，这也是红木家具在当代的痛点问题。其通过近十年的材料处理研究，运用置换处理的方式，控制了材料在日常生活环境中的形变，解决了自古以来的传统红木制作的根本难题，这是一种历史性的突破，也奠定了无缝红木家具的工艺基础。追求工艺的无限完美是顾先生近乎疯狂的理想，作为创业的第一代，他打下了巨人般坚实的基础。用顶级工艺再现明清家具的风华，是永琦紫檀的核心。

※ 在工艺上追求极致的顾永琦先生制作家具的核心，反映出他对现代工艺的信心。用现代加工业的精度控制而生产的家具无论是视觉还是触感都带来了全新的体验。因此顾氏家具的传承不仅是秉承了明式的简约，更在于以技术的精美将明式家具的美学精神表现到了极致。这条路径是独特的，对于美院的学生来说是一个巨大的考验。

两代人之间的碰撞

» 传统家具作为工艺美术既具有实用性，又具有审美性，不仅为大众提供了实用的手工艺产品，而且是生活艺术化的重要途径。作为物质产品，它反映着一定时代、一定社会物质的和文化的生产水平。作为精神产品，其视觉形象又体现了时代的审美取向和文化价值观。一系列顶级工艺的出现，为后人的创新奠定了坚实的基础；除了制作中国家具巅峰时期的明式家具，在日新月异的生活中，我们还能用它赋予什么新的文化表达？

» 我和顾先生之子顾畅在 2012 年之前，都在车间参与生产与管理的相关工作，从精细取材、木料处理、木工榫卯、藤面编制，最后到手工打磨，每一个步骤都深入学习，记录生产数据；实地调研各地木材市场，收集近百种材料样本；整理传统家具常用的几十种榫卯结构，给椅凳、桌案、柜架、床榻、挂屏等门类梳理制图，并拍摄影像资料存档；走访明式家具收藏界的名人大家，与之探讨很多照片资料上看不到的细节内容，深入了解传统家具背后的人文与收藏典故。期间我用近 3 年时间整理编辑了《永琦紫檀》一书，同时积累新的系列设计方案，以宋、明家具的内核为原点，设计当代尺度的日用之器；顾畅认为行业的未来如果想继续传承和发展，一定会走上数据化之路，他在木工专用设备上精进改良，专项定制红木家具的数控设备。

» 创业的第一代人有着原发的激情与执着。成功创业的事实既是企业发展的根基，又是下一代与之沟通的鸿沟，在现有的体系下作出变革会异常艰难。

※ 顾氏家具的发展在两代人的观念差异下也有曲折和冲突，阶段性分道扬镳在所难免，而在这个过程中，新一代虽然出走了，但都是携带着顾氏家具的核心价值出走的。这为新品牌走向成功奠定了扎实的基础。而年轻一代在环境艺术指引下的全面性、系统性，使得他们的作品释放出新的光芒。

我和先生顾畅都是八零后，算是新时代的新匠人。我们在不断参与制作传统明清家具周而复始的过程中，也会有这样的思辨：一个顶级的制木工艺，存在的最大意义是什么？明式家具作为中国传统家具的顶峰之作，在当代生活中，更多的时候是以收藏的形式来体现的，传统红木家具的拥有者常常被打上身份和地位的标签，而这些家具的使用功能则排在末位，也更谈不上呈现与环境相搭配的生活美学观，

※ 同上。

这恰好符合老一代企业家与成功人士的用物价值观排序，也促成了2000年后红木市场的野蛮生长。那时厂里的生意确实可以用门庭若市来形容，全国各地慕名而来的客人络绎不绝。从哲学思辨的角度，事物发展到鼎盛，很难一直保持，只有不断推陈出新，才能相对发展和延续。而反观年轻一代，不曾经历物质匮乏的年代，对传统器物没有囤积收藏的欲望，更多的是在自我的美学体系下选择适合自己的家具与器物，这也是当代家具产生从计划到需求演变的开端。

» 我们作为第二代继承者起初只是单纯地想证明自己，不依靠家族同样能作出工艺精湛的作品。于是我们从小的陈设开始尝试，相对低成本以及可控，那个阶段虽然困难重重，但因为没有经受过创业的锤炼，

※ 同上。

即便没有厂里的生产支持，我们自己在外面培养工人，仍然进行得如火如荼。期间也被顾畅爸爸戏嘲他说都是在用原子弹级别做家具，我们却还在小米加步枪般做小东西，当然他这一衡量是用价格来类比的——相对动辄百万一件的大家具，价格几千的陈设器物简直不值一提。正是这种资源匮乏以及各方面均不看好的情况，让我们体会到从零创业的各种磨难，也自然拉长了我们每一个决策整的执行过程，却意想不到在屡屡试错和纠错中解决了很多难题。在从零开始的几年后，我们前后招收了近百位师傅，最终留下来的近二十人可以稳定而高质量地制作家具和陈设，在阶段性的成功后，我们再次陷入一种迷茫。因为仅是继承一门手艺，在生活方式变化如此之快的时代是远不够的，我们还要在此之上做出与时代结合的创新，在创新中找到感动自己的创作出发点，才是非遗抑或是传统手工艺的当代之路。

"无有 WUUYO" 初创记

» 作为年轻的手艺人和设计师，我们的造物输出则是由本体走向环境概念，

※ 家具是组成生活环境的基本元素，阶段性的聚焦本体问题是个达到目标的基础，但是家具终究是要回归生活环境的，它的设计过程要面对环境问题。

我们设计的红木家具及器物的造型是符合本体的多方面诉求的，提取传统家具的精神内核，依然运用传统制作工艺使其转化为融合当代美学及人体工程学的现代家具，同时结合新材料增添使用的舒适性，兼具功能性与审美需求，达到本体在自我营造的环境中身心合一。有了独立完整的工艺生产体系，就具备了向外输出价值观的基础；还需要一个全新的品牌来承载，由此2013年我与先生顾畅共同创立了"无有 WUUYO"品牌。

» "无有"源于《庄子·逍遥游》中，"无何有，犹无有也。无一物可有，故曰无何有也。"无有从名字上有了一个更广阔的想象空间，以有形的存在，传递无形的精神内在；无的广袤使我们不再局限于制作传统明清家具及陈设，它是一种多元生活需求的造物逻辑，以极高的制木工艺作为载体，试图让传统与现代并存，将古今、新旧联结在一起，将传统文化传授给未来。

» "无有"的生产基础延续了"永琦紫檀"的严苛生产工艺，设计视觉上兼具传统家具的精神内核。纵观传统明清家具的分类体系，可将其根据使用功能归纳为椅凳、桌案、床榻、柜架以及陈设几大类，从史料及图片中可以看到某些椅子和桌子或桌子和花几或椅子和凳子两三件器物用的是同一种装饰图案或纹样，并可归为一个小系列，但很难看到所有门类家具共用同一种装饰

无有品牌主理人，顾畅和华雍

手法，这种复杂与多变性给我们日常使用和搭配增添了难度，因此传统家具在生活环境中的运用对于审美能力有限的普通人，呈现复杂空间的协调雅致是个颇费脑力的难题。做第一个系列的时候，我们考虑还是要将家具系列化，这样一是便于使用者做出相对简单的选择，二是后期根据新的需要可以设计同系列更多的新产品。系列化的设计与制作基本确立了"无有"的发展方向，也是从内心需求出发，进而营造出服务生活的舒适人居环境。也是红木家具摆脱传统刻板印象的全新开始，新事物的发展一般都需要很长的时间来认定。

» 自古以来考验木匠技艺水准的绝佳方式，就是让他独立完成一张椅子。

※ 椅子不仅是个承载"坐"行为功能的物件，还是一个结构形式，需要以一种动人的形式迎接物理的考验。此外，椅子还是文化的载体，要满足被规范的身体之需求，甚至本身也是规范身体的道具。因此，在各种家具中，椅子的结构、功能、文化三位一体地存在。椅子的设计和制作考量着设计师和匠人的思想与技艺。

椅子的所有部件之间结合的角度基本都不是45°。以一张扇面形南官帽椅为例，椅面的扇形是有微弱弧度的，椅子的搭脑、靠背、扶手、连帮棍、牙板都是非标准造型，而且腿也是非90°上下的，用专业术语表达是有叉线的，为了调节视觉上的透视，让椅子有四平八稳的感觉。我们制作的新系列奇凳除了具备上述要素外，还加入了西方人体工程学设计，凳面前后有微高差，这样即便凳面光润如绸缎，坐在上面依然稳定不位移。同时设计了三种不同尺度、坐高的椅凳，以及与之相配的五款方桌、长桌。这样通过我们生活中使用频率最高的桌椅类家具，很好地诠释了系列化设计的便捷选择与多样化的排列组合。

» 除了常规品类家具的设计与制作，我还特别尝试了一些极简造型的陈设类家具。其中圆因置物架以横竖两个长方形作为基础元素，二者相交，结构上有稳固作用。从联想延伸角度，这是社会中人与人关系的再现，既有交集的部分，也有彼此独立的空间，人人和而不同。平面中两个体量悬殊的长方形因三维的厚度不同，又得到视觉上新的平衡，象征人生的至高追求，中正平和。底座部分宽阔而稳定，可以安坐其上换鞋、脱衣，也可随意放置包袋等物，下层亦可放鞋品，上部框架可随意搭放衣服、围巾等。此置物架是一件不限制使用方式的家具，亦是空间中动态变化的雕塑。

» 方桌和八仙桌是古人起居日常化的家具，古人桌凳的高度都略高于我们，因其使用家具皆为正襟危坐的方式，更讲求礼法与外在威严，所以古人对舒适度的价值观排序就相对靠后。科学研究表明，坐高小的椅子人会更加放松，在现今高强度的生活压力下，家具的舒适度反而是其选择家具考虑的首位要素。在此之下，我们桌椅的高度都随之降低。

圆因系列家具的不同椅凳形式

圆因系列高花几、衣架、置物架

» 自古以来木制家具的结构多为框架式，这是为了加强其本身的稳定性。方桌类家具一般四足直接落地，或是在腿足下方以横枨连接，但这样各有优缺点。直足而下不是特别稳固，但胜在下方空间自由；横枨的使用可使家具纹丝不动，但奈何足下总是踏于枨上或跨枨而过，略显挂碍。一日突发奇想：如将底枨在内部垂直交叠，那是否每边都有自己独立的空间，牢固度也更胜从前？

» 持续做一件事十几年，总有朋友好奇我们是怎么坚持下来的。其实我觉得是一种被需要感，以及如打游戏做任务般每完成一个目标的小喜悦。这样期间千百次的尝试和挫折，都化为过程中的一部分，为日后的创作提供有价值的养分。圆因抽屉柜也是根据一位香港朋友的需求转化而成。香港地价高昂，大家习惯充分利用生活空间，我们把柜体做满抽屉，但为了视觉不会有呆板笨重的拙感，用透空的设计和外凸的白铜体块构成错落变化的开合方式。朋友使用后很是欣喜，每日与之频频互动，戏称这是"无"和"有"的游戏。

» 印象中明式家具泰斗王世襄老先生的大画案上常年摆着大小两个承盘，小的那个承盘正面通体光素，并排两个抽屉，其上没有铜件拉手。中式古典家具除了美学考究，还会在功能的基础上加上储藏设计，此双屉承盘就是在明清时期出现的一种带两个抽屉设计的承盘，而承盘抽

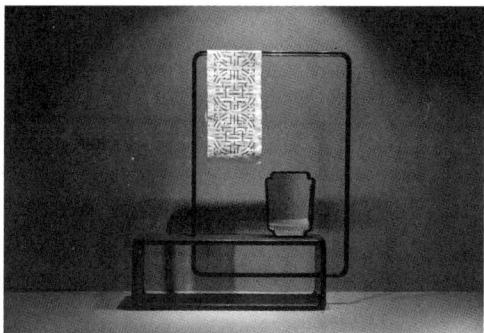

2017 年"天工开物·非凡匠艺"展

屉的开合设计非常巧妙：将右边的抽屉向内推，左边的抽屉打开，反之亦然。原理是在抽屉末尾设置了一个木簧联动，利用杠杆原理，一边内推另一边就向外弹出。圆因联动柜就是借鉴了这个机关，推上下出，反推上出，柜体抽屉全部闭合，形成一个平面，不知机关之人难以打开，意趣盎然。

秩序感与静止中的动态营造

» 最有洞见的美学史家贡布里希在其《秩序感》一书中提到，有一种"秩序感"的存在，体现在所有的设计风格中，根源于人类的造物传统之中。中国古人善用对称的方式进行空间环境的排布，例如故宫的宫殿分布，及空间环境中的陈设，都是以这种对称的秩序感进行设计的。日常和年轻朋友们聊起红木家具，大多都会有种天然的抗拒感，究其原因，与之对称威严的陈列方式有必然的联系。同理这种方式除了为大木作的古代建筑经常使用，作为小木作的传统明清家具中也延续了对称的秩序化身影，因此也给传统红木家具带来静穆沉古的时代印记。

» 有序而不呆板的秩序感是我在设计新家具或器物时，首先考虑到的概念要素。我们在周围环境里捕捉各种变化中隐含的秩序感，只有当这种合乎规律的变化未能出现的时候，才会为之震惊。而在设计中，这种意外和偏差能给人带来快感的多样性，人们会本能地去关注各种偏差。齐整和规则则是人们认同的延续，它在任何程度上的变化都将引起注意，对规则的破坏像磁铁一样吸住人的眼睛。在无有的"无限柜"系列里，我们提取了中国明代家具中打注的处理细节，运用 L 字母的有序排列形成线到面的布局规律，在一组反向延展排列中，视觉形成一种无限延展的错觉，故名无限。又因传统的凹陷内注处理，在移步换景中，产生丰富的光线反射变化，使普通方正造型的高低柜在偏差变化中攫取人们的视线关注。

静止的动态营造

» 在我们日常的居住空间中，家具和陈设占据了最大的体量。好的家具应该是空间中相对静止的雕塑，在不同角度的赏析中，动态的变化应在与人的互动中逐步显现出来。在人造的秩序感中营造多变而安静的气质，消融快节奏生活带来的杂乱纷扰，这是家具形态与功能结合设计的目的，就是要让人在不断的使用中体验由静而动的乐趣。

»   "轮回"系列沙发、茶几兼顾动静结合
    之美，选取传统家具中装饰或收边常用
    的半圆阳线，经平行平移、重复并回转
    闭合排列，在四边形的对侧分别运用圆
    与方结合，视觉上刚柔相济，线性光
    感随脚步变化而呈渐变射线，如指甲圆
    般凸起的层叠阳线，其触感波澜不惊、
    温润如玉。

轮回系列单人沙发

»   开门前无遮挡是我们平时的常规思维，
    那新的使用方式会给我们的生活带来怎样的改变呢？涟漪系列拉门柜
    柜门都是由独立如筷子状的方圆材并列排开，中间用软性线连接贯
    穿，打开时门自动旋转藏至柜内。紧贴门前唰地一声门丝滑拉开，朋
    友说有种天然上瘾的爽感。在家具设计中加入某些跨界巧思，确实能
    赋予使用者全新的体验，这也是对我们制器人的鞭策以及我们愿物流
    传百年的初心。

极简几何形态的哲学思考

»   记得初中时候第一次上几何课，就被课本中的几何图形迷住了。在现
    代几何形态的家居设计中，几何形体的组合应用是一种较为普遍的方
    法，通常家具的设计是以几何形体为基本的模块，采用构成的设计手
    法展现新的产品造型。正八边形是一种颇具中国传统意味的几何形，
    无有的八方新气系列家具采用了正八边
    形的组合与重构，使方形的家具产生了
    钝角的转折块面，在一程度上改变了方
    器的厚重感，因不同角度的平面转折产
    生深浅不一的反光，侧面倒棱的桌面以
    及正八边形的椅凳横栅和竖向腿足，远
    观皆会有轻薄如折叠钢片的错觉，整体
    在简洁的几何呈现中依然透出新锐的时
    代气息。背后开光镂空处也是个极佳窥
    视点，移步换景，所见皆不同。

涟漪系列茶柜

八方新气系列扶手靠背椅

八方新气系列家具陈列于故宫博物院建福宫

» 六边形结构具有独特的稳定性，几何上，六边形各边受力均匀，能将压力均匀分散，相比四边形等易变形结构更稳固。小时候观察树上蜂巢，一段时间就衍生变大很多，而且六边形之间永远相互贯通，有种无穷尽的魔力。"巢"组合盘，由两个正六边形和两个

"巢"六角套盘

扁的六边形作为一个层叠结构，依托盘底的斜面，从大到小相互叠加，层叠后只占最大盘的空间；亦可平面形成 16 种排列，或是多套一同摆放，如蜂巢般相互紧密衔接衍生，每每优雅延展出新的桌面风景，意趣盎然。

弧线的张力，向大学期间家具课致敬

» 2021 年左右考虑做一款立柜，最初的设想是不用雕刻装饰亦不镂空，如何降低深色家具的重量感是我一直思考的。回想近二十年前大学

的家具课，仍记得于老师的鱼立和鱼站柜子，鱼一样充满张力的抛物线是一个解题思路。扁扁的梭形像一只即将睁开的眼睛，有一种包罗万象的张力。通体不断运用微弧线的组合重构，整体雕塑化地呈现了旋转轴形式的立柜家具，设计糅合了传统硬木的视觉输出。立面整体的弧度在光线变化下，衍生出不同的面域效果，使通体深色木材有了黑白灰的微妙变化。竖向风眼状由小至大渐变

鱼眼看世界立柜

排列，对应储物空间的逐层增大。立柜内暗藏先生顾畅自主研发的轴承系统，旋转的对开对合方式，如同拨动老式开关，让人不由得有上瘾感，把所有抽屉打开，不同角度皆可随意停稳，丝滑与平稳感让使用者在不断开关中忘了时间。

一匣能藏百代心

» 2015 年曾经和一个学哲学的朋友交流，他手中把玩我们做的小盒子，一个极简造型下隐藏着功能化的小机关，这是我们在传统的透燕尾榫上改良过的，有个小包合的转角设计让榫卯隐藏在其中，抽盖本身也采用超薄设计，盒体和盖体完全融合为一个小圆角方体，浑然天成。期间他笑谈说，"一匣能藏百代心"。这让我感受到设

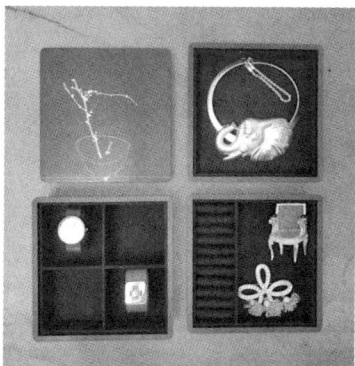

与艺术家冷冰川合作的首饰盒

骨灰盒装置的榫卯零部件分解及合体

计与顶级工艺结合后的无限魅力，也由此开启我们漫长而有趣的匣盒之路。

» 匣盒在古代有着神秘的属性，古人擅长制作细巧的盒类摆件，除了本身的收纳功能外，还会附加一些机关或是暗格，来存放秘件或是钥匙之类的，所以相对来看，盒子外部装饰会比较繁复，与之相应，内部结构也会分隔细致，层叠之数颇多。我们以一个相对简单的使用需求作为切入点，也将匣盒这个门类做了系列化处理，摆放起来远近高低各不同，好似一个匣盒家族。当然这个家族也随着日常所需逐渐庞大，诸如雪茄盒、首饰盒、手表盒、酒盒、茶盒、杯盒、文具盒、砚台盒，还有骨灰盒！

» 中国传统社会以农业为本的生产模式，形成了实用主义思想，人们追求在日常生活中获得精神享受，很多家具、器物的制造既重实用又重审美。宗白华先生说："中国人的个人人格、社会组织以及日用器皿，都希望能在美的形式中，作为形而上的宇宙秩序与宇宙生命的表征。这是中国人的文化意识，也是中国艺术境界的最后根据。"我们所理解的匣盒之美是一种相对多元的诉求，与艺术家冷冰川老师的合作，让我们的日用之器上升为艺术衍生品，因其复合属性让原本简单的盒子有了传承下去的美好寓意。

» 水在中国古典叙事中是个宏大而包容的主题，我引一方水于匣盒之上，丝绸般的光辉流动不息，"时间如水系列匣盒"更似空间里的动态雕塑，在逝去的日子里安静陪伴。

» 2016年时在北京温榆河畔的马场里，认识了音乐人栾树老师，他是个爱马如命的人，除了音乐，马就是他的全部，吃住在马场，每日陪马训练给马洗澡，还教我们骑马。当时他有个梦想，就是开个他职业生涯浓缩的黑胶发布会。我们沟通之后，设计了一个颇具包豪斯时代意味的抽屉盒，盒身是紫光檀材料，抽屉把手犹如律动的音符，盒顶的 Logo 是他心爱的马蹄铁和音乐播放键，二者是黄花梨材料镶嵌而成。

» 2019年在南通和苏丹老师见面，聊起他正担任米兰国际三年展的中国馆策展人。他谈起想做一个骨灰盒装置，内部大概是一个四室两厅的结构，让它收纳生命中永恒的东西，人的牙齿、毛发，最好还能有声音，也提及年少时印象深刻的骨灰盒与之发生的某种连结。

※ 阴宅是想象中灵魂的居所，它可以是符号化的，只需要形式、格局，而不需要完全真实的尺度，以及水、暖、电这些支撑人世间日常生活的物理性事物。骨灰盒的存在会重构"家"和"家族"的情感脉络，重建一种关于"家庭"的叙事结构。它是"家中的家"的一个具体形式，必须认真对待。

他认为这个小盒子的内在空间构造也是一个阳宅的缩影，是记忆的居所。它外在的形式既像一只摆渡之舟，又像一个发音的喇叭。摆渡之舟司职空间沟通之责，喇叭担当灵魂对话的工具。根据这些线索，我设计了一个棺材状的机关盒，前部顶面阴刻北斗七星图案，盒顶后部有一个竖向长条，既是开合机关也是接收天线，当它立起之后整个四室两厅的空间通过平移的燕尾榫才能开启，前部有五个扩音孔，内置 mini 留声机。展览运用当代设计表达中国传统文化的生死观，再现了"家中的家"。

与建筑大师张永和先生合作的桎桌

与奥地利艺术家克莱斯博士合作的流沙艺术画

给董酒设计定制的刺绣百草屏风

在跨界中发展的工艺美术

» 坐下来在电脑前敲下字句时，发现自己对以往人事的回忆不是很擅长，年纪渐长越觉得独处的必要性，与其社交不如把时间都花在钻研造物上，更踏实畅快。每当完成一个新作品，总有一段前路迷茫的时期，也许心中有所念，很快便又有不同行业的奇人轶事前来碰撞，留下一个新的待解之难题。2014 年奥地利流沙艺术家克莱斯经由他的中国总代理 Patti 介绍，一同参观了我们的工厂，对我们运用游标卡尺来测量榫卯，精度可及一个头发丝的十分之一，惊讶赞叹不已。过程中 Klaus 提出可以由我们来设计制作一批不同款式的木制框架，作为中国市场的高端定制系列。其后我们愉快而融洽地完成了十几款不同作品的尝试，新的设计让观者的视线更容易集中在作品之上，而红木材质的选择和顶级工艺的呈现让作品更具收藏价值。

» 2015 年艺术家冷冰川老师邀请好友建筑大师张永和来我们这边参观，畅谈中聊起张老师运用建筑语言设计的帐桌，前后经历了十几个木器制作单位，都没有做出满意的作品。原因在于张老师设计的桌面只有 2 厘米的厚度，且没有传统家具的攒框装板结构来限制桌面板的运动，所以制成一段时间之后，桌面都出现了不同程度的变形开裂。我们在多次的磨合沟通后，运用浸蜡置换处理过的木材，配合建筑里的预应力做法，做出了极限干燥环境中依然纹丝不动的桌面。

张 羽

北京建筑大学、建筑与城市规划学院建筑系副教授，硕士生导师

1996/09—2000/07 哈尔滨工业大学，建筑学院，环境艺术设计专业，艺术学学士
2001/09—2004/07 哈尔滨工业大学，建筑学院，建筑设计及其理论，建筑学硕士
2004/09—2009/12 同济大学，建筑与城市规划学院，建筑设计及其理论，工学博士
2010/04—2012/06 清华大学，美术学院，艺术学博士后

图绘设计实践

——理性与感性之间
左右逢源

» 我的职业是大学教师，主教设计基础课程，手绘是我的专业技能和工作需要，比如调研记录、设计项目的草图、修改学生作业和为他们做图解演示等，虽然算是我最擅长的本领，但比不了纯艺术的绘画功底，更没有思考过这种草图行为和画画有哪些关联。人至中年，回想自己的考学经历和教学工作，其间充满曲折和质疑，选择画画也就在这起心动念之间。

初识环艺：好图 = 好设计

» 当年，我所考的环艺本科在以建筑学为龙头学科的工科院校。

※ 以建筑学科为基础的环艺学科是本学科中重要的组成，一种侧重于工程技术知识的训练体系。这种类型注重实用，擅长用工程设计解决环艺中的主要问题，但是对于环境中的复杂问题显得手段单一。

1996 年是我校开办环艺专业的第二年。当年，高中的美术老师建议我考这个专业，说是文理兼招，自己擅长的绘画也有用武之地，更具吸引力的是，在 4 年学习中，可以获得与 5 年制建筑学同样的设计基础训练，

※ 同上。

就业前景很好，于是我开始筹备并如愿考入。那时，我并不知环艺是什么，本科几年下来，也只是粗浅地认为，建筑设计需具备更强的工程思维，环境艺术设计更注重艺术表现与场景叙事能力。由于建筑学在学院的权威地位，环艺的基础教学内容就会沿用建筑学的基础训练体系，这也是工科院校环艺专业的特色。

» 当年，我们用以判断自我设计好坏的标准是单纯的分数，而高分的"设计"都是手绘表现最完整、视觉效果最好的技术图纸和"效果图"。

※ 这是一个很长时期建筑院校评价体系中的误区，表

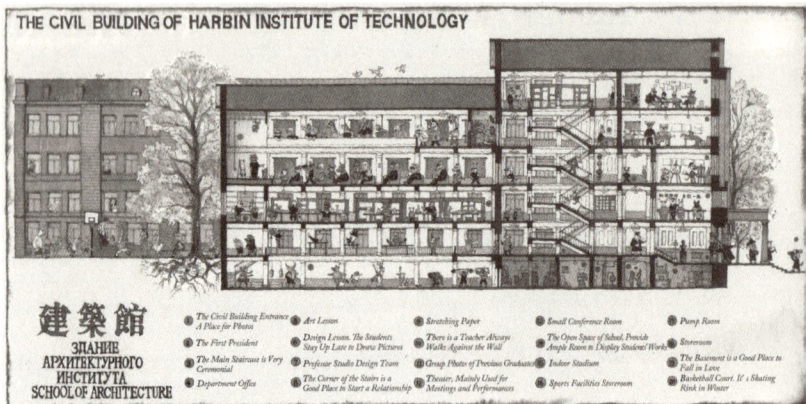

THE CIVIL BUILDING OF HARBIN INSTITUTE OF TECHNOLOGY

建築館
ЗДАНИЕ
АРХИТЕКТУРНОГО
ИНСТИТУТА
SCHOOL OF ARCHITECTURE

① The Civil Building Entrance A Place for Photos
② The First President
③ The Main Staircase is Very Ceremonial
④ Department Offices

⑤ Art Lesson
⑥ Design Lesson. The Students Stay Up Late to Draw Pictures
⑦ Professor Studio Design Team
⑧ The Corner of the Stairs is a Good Place to Start a Relationship

⑨ Stretching Paper
⑩ There is a Teacher Always Walks Against the Wall
⑪ Group Photo of Previous Graduates
⑫ Theater, Mainly Used for Meetings and Performances

⑬ Small Conference Room
⑭ The Open Space of School, Provide Ample Room to Display Students' Works
⑮ Indoor Stadium
⑯ Sports Facilities Storeroom

⑰ Pump Room
⑱ Storeroom
⑲ The Basement is a Good Place to Fall in Love
⑳ Basketball Court, It' s Skating Rink in Winter

哈尔滨工业大学土木楼

我本科与硕士都在哈尔滨工业大学建筑学院就读，对土木楼有极其深刻的印象。建筑师儒柯在设计
这所教学楼时，采用了很高的设计标准，楼里的走廊是全国此类型建筑中最宽广的，最宽之处达 3.
米，高度在 4.5 米以上，除教学展示、交流、观赏街景发呆之外，还可以偷打羽毛球。

面性、片面化，它对学生的学习方向误导性很大
许多人因此踏上了"不归之路"。而张羽是个另类，
她竟沿着这条迷路一直走了下去，流连忘返，直至
走出了一条自己的道路。

在图纸表达上，建筑学与环境艺术设计两者都涉及空间布局、功能分区和
流线设计，均需通过平面图、立面图等基础图纸表达空间关系。制图的基础
训练都要遵循一定的制图规范，如线型、比例、标注，均需考虑人体工程学
等基本规范，最终通过效果图和模型直观展示设计效果。建筑学的图纸表达
需严格符合制图标准和建筑规范，侧重于技术性表达。环艺专业的效果图更
强调艺术性、场景氛围，材质肌理、色彩搭配、景观植被配置、家具选型
等，强调视觉感染力，灵活性较高。每次作业到了效果图表达这一环节，我
都信心满满地大施拳脚。

» 手绘，也是 20 世纪 90 年代至 21 世纪初设计行业的技术霸权，曾被
视为衡量设计水平的"黄金标准"。

※ 行业的价值观是大学里训练方式的标靶，而行业的
价值观又是由业主方决定和导向的。这是我们设计

北京的秋，金风送爽，霜林染醉

虽然不自觉地想起李商隐的"留得枯荷听雨声"，我却没有他的孤寂，也没有黛玉的惆怅，也许轻摇的树影、野鸭和鱼儿打破了秋的幽静，快乐的我只看见生机无限。

专业早期较差的文化生态现实，大多数人不得不低头的一种境况。电脑效果图的出现产生了积极的作用，它打破了垄断，也使得效果祛魅。

当年，在没有和今天几乎人手一个高清拍照手机的日子里，我们只能靠'手'来收集资料。然而，更重要的是，一幅构图精美、色彩绚丽的效果图，往往能直接决定设计方案的生死，甚至被等同于设计本身的优劣，手绘训练模式也自然而然地构建了"技法即实力"的评价体系。这种将表现技法与设计内核混为一谈的现象，是那个特定历史阶段的产物。

※ 同上。

学生将大部分精力投入图纸绘制和效果图制作中，设计概念、理念、意图等还都是生涩的名词。在本科到博士阶段，我都以擅长的手头功夫为傲，直到博士后在苏丹老师研究室，他对我说："漂亮的草图可能会掩盖设计的实质内容，有一定欺骗性。"我才意识到手绘的滤镜效应。在这里接触到的投示和实践项目，也让我反思了草图、手绘效果图、计算机制图、实体模型间的差异以及各个环节的特征。

» 但不可否认的是，手绘的熟练真正让人领略到了"手"比任何工具都能快速地反映大脑所想。对于我个人来说，拿起笔来，将创意落于纸面的过程也是唯一让我废寝忘食的事物，这种喜好是环艺的本科训练带给我的。

环艺与建筑间的游走：无界设计的认知

» 建筑学由于学科体系的完整和严谨性，学生对各个阶段学习需掌握的知识要点比较明确，这种"明确性"对于设计初学者来说是种保障，也不由得心向神往。于是，我的硕士和博士阶段都转向了建筑学的学习，先后在本科学校的哈工大和同济大学，博士后于清华美院的环艺系，后在北京建筑大学建筑与城市规划学院任教。先是在设计学系教学 6 年有余，又到建筑系教授城市设计实验班的设计课程至今。

» 在专业转换的求学路上，在建筑学院执教的岁月里，我亲历了跨学科对自我认知框架的重构之苦，但在不断的质疑与实验中，也生发了不可言喻的挑战动力。关于建筑学与环境艺术设计之间的关系，存在一定的历史背景差异，专业的质疑之声更多源于行业固有观念。

※ 环艺的诞生背景和建筑学的自我批判有关，因此环艺的学科属性和方法特征都还存在着这种批判的影子。只是说环艺人需要坚持批判性，建筑人需要正视这种源于批判性的结果。

其一，是学科定位差异引发的认知偏差。建筑学被定义为"技术与艺术的结合"，强调结构安全、功能逻辑、法规约束等硬性要求，

※ 同上。

建筑师需通过严格的职业资格认证，这种职业属性使建筑学更接近工程学科。环境艺术设计更偏向空间美学，强调创意表达与社会互动，学科边界模糊，常涉及其他设计学科如视觉传达、工业设计、艺术学甚至心理学，这种设计的跨界性使它缺乏统一的技术标准。

※ 同上。

其二，在学术积累上，建筑学的学术传统深远，现代建筑学专业体系早在 19 世纪就已形成，而环境艺术设计作为独立学科在中国仅三十余年历史，学术积累较浅，被视为建筑学的"附属品"。其三，是教学的系统性，百年建筑学教育的发展，已经形成了比较扎实的课程体系和空间认知框架，而环

艺教育的多元路径，课程模块的灵活被解读为"缺乏系统性"，但环境艺术设计更强调"人性化体验"与情感共鸣，对"非标准空间"具有细节叙事的掌控力，推动空间设计边界的拓展。

※ 同上。

» 回想当年的跨考，其实更多的依赖于自主学习，关键在于精准识别差距和策略性的扬长避短，将环艺的敏感性与建筑学的系统性结合。在清华美院博士后的实践过程中，被苏丹老师"八爪鱼"式的敏感触角、

※ 1997 年我成立了自己的工作室，名字就叫"八爪鱼"，现在想来一定是潜意识的作用。

质疑能力和勤奋实践的精神所感染，我也敢于正视自身备受质疑的专业背景，对各个专业蕴含的知识体系产生敬畏的同时，也建立起全尺度设计思维的"无界设计"意识，并开始探索更广泛的空间设计与艺术之间的联结关系。也许，这看似矛盾的生命轨迹，是时代赋予教育者的认知革命。

绘画的平衡策略：在秩序的裂缝中寻找出口

» 现代设计教育将绘画课压缩为专业基础训练，实则是割裂了设计与艺术的脐带。

※ 工具性的美术训练，和绘画已没什么本质性联系，真正需要反思的是当代设计和当代艺术的关系。设计专业如何启蒙当代艺术的意识是个时代新命题。

设计教师长期扮演着"规则制定者"的角色，比如空间比例必须符合人体工学，结构设计必须遵循力学原理，这种建立在精确性之上的学科传统，如同无形的牢笼，将自我的感性冲动压缩在图纸的网格线之间。

※ 同上。

同时，现代设计教育正在技术主义的歧路上越走越远。参数化设计软件能生成完美曲面，BIM 系统可预测所有施工误差，但那些让万神庙穹顶直击人心的神秘力量，却在这些精密计算中逐渐消逝。我拿起画笔，是自身多元思维体系碰撞的阵痛和个体精神的突围诉求，也是为了找回被数字化工具遮蔽

陕西皮影，非遗表演

听听土地的语言吧，文化绝不只是书本上的东西，也不是考试可以考出来的。文化在生活里，我们走到任何一个地方，看到的文字、图像，听到的声音，闻到的气味都是文化。今天，当我们一直努力地传授课本里的知识，不断地考试，而没有留下在生活中去提问、感悟、反思的时间。还是去看看真的皮影戏吧，更有技巧、趣味和质感。感受传承老者在"亮子"后的"五人忙"，以令人震撼的声腔艺术与高超的技艺赋予皮影鲜活的生命力。

公路旁，沙漠边

驶在新疆南疆公路上，单调的沙漠景观连续出现几个小时就扎进记忆里了，对沙丘走势的经营，或许是总图设计思维的降维投射，让景物比真实更真。除了公路，没有与人相匹配的气息，寂寞得无可奈何。这是一种"无时间的真实"，好似一人奔跑其中，对着苍天狂叫，仍是前不见古人，后不见来者。此时，我倒渴求起时空性的黏滞所带来的束缚了。

的原始创造力。当设计者的理性骨架与绘画的感性血肉相遇，一场关于自我与世界的对话就此展开。

» 设计与绘画，前者强调理性逻辑与功能导向，后者追求自由表达与情感共鸣，但深入剖析后可发现，这种"设计思维"的介入，让绘画从依赖偶然灵感的感性表达，转变为可控的、有意识的视觉语言设计。那些在丁字尺与针管笔间磨砺出的视觉思维，刻入肌肉记忆的空间控制力，正以隐秘的方式重构着绘画的语法体系。设计中的构图训练方式给予我与画面博弈的方式。绘画的构图和细部刻画，本质上是对设计思维的降维投射。"线"在我的图画中是造型的主要手段，无论山水格局、屋舍楼宇或草木团花都以细笔勾勒，然后简色晕染，因此图画中有关组成物像的一切细节均是明确的，包括物品、物件、事物本身的形体，以及它们之间交汇的关系。这种刻板的图像也是我作为设计师职业方面的精神面貌。

» 在功能与形式间反复校准的职业本能，让设计背景的画者自然地具备了在秩序与诗意间走钢丝的平衡能力。当设计思维融入绘画血脉，尺规的理性与笔墨的感性便不再是二元对立。被"刻度"驯服过的眼睛，终将在纸面上找到更自由的维度。更耐人寻味的是教学与创作的能量反哺。那些在课堂上被简化为"构图原则"的形式美学，在绘画实践中获得了血肉；而纸面上偶然迸发的灵感，又化作设计课上的鲜活案例。这种双向滋养的模式，恰似完成自我的艺术与技术新统一。

Танцующие Свинья в парке Сталик

哈尔滨斯大林公园的跳舞猪

言说城市、建筑、空间、环境的深刻知识一定要采用轻松一点的方式，用荒诞来为逻辑宽衣解带，用动物的视角来透视人类的空间，等等。

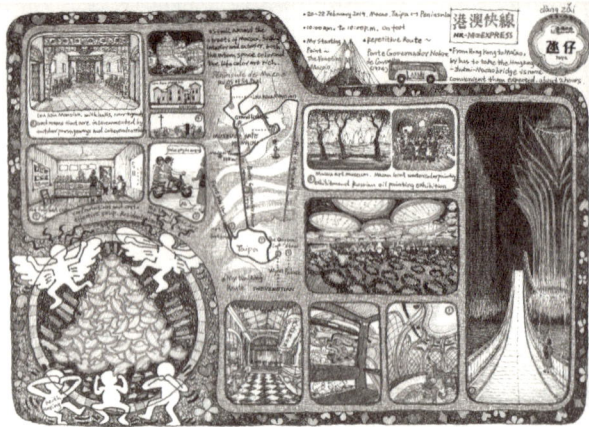

澳门游记（2019），我的路线也好似个赌桌

图绘日常生境的艺术实践

» 　环境艺术设计为我提供了一种互补性视角，即从"造物"转向"营造体验"，无论是跨学科创新还是社会价值重构，环境艺术的灵活性与感知力，正在重新定义何为"好的空间"。

　　※ 环境艺术设计由于不再针对于独立的、明确的对象，于是它的注意力也是离散的，在动态中关注环境中的整体状态。使用"营造"的确比较恰当。

　　当代城市化进程使得人类与真实的自然空间渐行渐远，但信息技术的普及又让"表达环境"成为当代人与自然交互的急需。我通过对城市日常生活空间中细微环境的观察、记录，甚至虚构，反思日常生活的异化现象，作为我重新发现环境魅力的艺术实践，以绘画的形式展开与人、自然、城市的"情境"建构，并和自己的生活经验对照，也许这种积极的建构可以弥补城市精神的缺失，希望能探索出一条抵抗日常生活异化的有效路径。

» 　身为设计者，我喜欢在绘画中保留逻辑和图说的特征，花些时间构图，改变对象的比例或尺寸，还会经常提醒自己在画面上留出写文字的空间，一是强迫自己思考，写下观察心得、到访之处的讯息，二是让图画看起来是一项再平常不过的记录行为。我的绘画技巧不比专业画者，但我陶醉于画画的行为中，即活在当下，独自用心观察对象，

天上一天，地上一年

时间是绵延的，由过去到现在到未来，一维延伸。空间是相关的，此物与彼物在相对中存在。具体的时间和空间突出的是联系性和流动性特征。如果将时间和空间具体信息切割，将片段重组，是否遁入了金刚不坏的静穆而永恒的世界？

这种观察力、感悟力和心境的培养会潜移默化地融入设计修养中，也是一种自省的过程。苏丹老师把我的这些作品称作"图绘"，因为这些作品带有鲜明的"图"的特征，同时"绘"是对图的一种改造和附加，它是情绪化的，而精神的把柄依然紧握在"图"中。"图"要求严谨和精准，根本特点是记述，"画"要超越记述、实际活动场景和具体的描述，画是有诗性的。画允许犯错，错误的偶然性是惊险也可能是惊喜。画也需要突破专业局限，获得更加广泛的人文知识和独到理解，交织着自己富有灵性的表达，是灵魂能量的迸发。我用制图方式"画"的过程中也逐渐允许自己犯错，享受着偶然性带来的刺激，接受稚拙的同时，也学着自我控制。

» 我很难界定各个设计专业之间、设计与艺术之间的界限，你越有兴趣了解它们，那个界限就越模糊，

※ 设计是个新兴事物，各专业是被社会现实中的问题倒逼而建立的，实用主义主宰着专业的诞生和专业的消亡。定义一个个专业是重要的，唯有这样每个专业才能寻找到安身立命的历史角色。完成定义才能界定各设计专业，以及设计与艺术之间的界限。界限并不意味着彼此孤立，它是各专业从自身的角度，自身的建设和发展需要而确立的知识体系。

一出好戏

徘徊于真幻之间，游转于人生戏场，幻中有故事，戏中有本色。画画也像戏剧一样，随缘设法，就像以"逢场作戏"来表现这片土地上的众生相，即幻即实相。

父亲的日本之行

耄耋之年的父亲，与我们共同赏游日本的园林、古建，寻找建筑大师的作品，偶有感触。在一小文中，他写道："清晨，我打开窗帘，向外观看，不觉一惊，一座庙宇似的建筑，还有厢房耸立在对面，这是何等权贵的住所，竟这么大气，再仔细观瞧，不觉一惊，原来是墓园，有三百多幽灵呢，我竟然和鬼魂们相伴一宿。墓地建在居住区在中国是很忌讳的事情，我们都要到几十里、甚至上百里的地方去祭扫，但这在日本随处可见，细想一下也有它的道理，方便世人对故人的思念和缅怀，幽灵是可爱的不是可怕的。其实，对死者来说，我们活着的人都是'后死者'，墓地是一个哀思、怀念、提醒自己记得责任和信托的空间，让死者活在后死者的记忆中，后死者又活在别人记忆中，没有什么可忌讳的。"

HOW THE HELL DID YOU GET IN THE BUILDING?

梦——你们是怎么进来的？

由于噩梦的场景诡异、离奇，那种惊险是具诱惑力的，虽然恐惧，有时却又期待。描绘它的过程中，一切恐惧都会化解，一笑了之。

至于在现实中的具体问题，常常需要多种方法、多个学科相互协作才能解决。

绘画让我受益良多，从专业的基本功训练、工作需要，再到形成习惯、爱上画画，我感恩于这个过程，它让我学会了接受必然，去欣赏宇宙秩序，抑或是细微地去觉察自然，专注于物质的本质，这种醒悟心灵的生命明示就会牵引自己继续尝试和探索。

北京植物园的腊梅

腊梅，似这凛冽寒风中的一丝热流，浮躁中的平静，它的暖将周遭一切躁动、冲突、挣扎等融化掉，在冷中，在现实的种种束缚中超越出来，倔强地绽放着。如若人问我这是园子的哪处景观，那就去瞧瞧吧，这就是植物园冬天真实的样貌。五代荆浩在《笔法记》提出"废物象而取其真"的观点，外在的真实未必反映生命的真实。我以为，要想将事物的真实性表达出来，重要的是人与环境的交谈，对环境的认知常常就是自我的镜像。

331

"恐惧"的怀念

在我小学二年级的时候，老妈第一次带我到北京玩。那年夏天，我对北京动物园的全部记忆只有大蟒蛇，站在两栖馆二层的中庭玻璃幕前，妈妈和我都吓得动弹不得，似乎口鼻与双腿都已被巨蛇缠绕。现在两栖馆的中庭还是那个中庭，但一条蛇都难寻，恐怖场景已不再，但我每次穿过动物园都要在这里驻足，回忆着当年的恐惧，还有想念妈妈。

在"线"上

生活和工作交织、纠缠在一起，就像一直处在乐曲的结尾处，断如复断，乱如复乱。我们都如此，不可消极，也不必美化。

巴别塔

"人"，一个解释世界、利用世界的控制者，被自己的知识、情感、欲望等裹胁，编织了一个"言说"的世界。如果，或是偶尔荡涤人的"言"，忘记知识所赋予的刻度，会不会恰与天地契合。

周逸夫

FOCO 创始人 & CEO，曾任数字王国副总裁
2008—2012 于清华大学美术学院环境艺术设计系获得学士学位
2012—2015 于美国南加州大学电影学院动画系获得硕士学位

影视特效作品包括《沉睡魔咒》《邪不压正》《西虹市首富》《紧急救援》《狂怒沙暴》等，
VR 作品包括王菲《幻乐一场》演唱会，TFBoys MV《大梦想家》《康熙来了 VR 直播》
《锋味 VR 版》等

从空间设计到
AI 数字人

引：艺术与技术的交响

» 四岁的时候，我拿起了第一支画笔。那时我并不知道这将开启一段绵延三十多年的艺术旅程，更无法预料，这条路会把我从画布引向银幕，从空间设计带到 AI 的数字宇宙。

» 从重庆到北京，从清华到南加州大学，我的世界观被一层层地打开。清华大学美术学院的环艺课程，让我着迷于空间的秩序与美感；南加州大学电影学院的动画讲堂，则让我看到了视觉叙事与技术结合的无穷可能。而工作后，在好莱坞顶级视效公司任职视效总监的经历，让我更深刻感受到文化与科技交融的力量。

» 艺术的未来，正伫立在技术的前沿，而技术的深处，也总能找到人类情感的回响。如今，我创立了 FOCO，一家致力于 AI 内容研发的公司。我们希望用自主研发的 AI 内容生成和互动系统，创造一个栩栩如生的数字世界，一个能够与观众产生情感共鸣的世界。

少年时光与艺术启蒙

» 艺术是一片汪洋，从我四岁那年起，便开始在这片海洋中探索。那时，我的世界并不复杂，一盒油画棒、一张画纸，就能让我沉浸其中。家里的墙壁逐渐被我的涂鸦占满，父母没有责怪我，反而为我的每一幅小作品鼓掌欢呼。对艺术的热爱，在这份毫无保留的支持中扎下了根。

　　※　这是双重的爱。"爱与被爱"都是生命的表述。

» 很快，父母意识到我对于绘画的热情，把我带入了兴趣班，让我系统学习绘画技巧。从简单的线条到构图，从水彩到油画，我在老师的指导下不断精进。油画是我最爱的表达方式。厚重的颜料、丰富的色彩，甚至油画笔刷在画布上发出的沙沙声，都让我感到无比的兴奋。画画不仅是我的兴趣，更成为我与世界对话的一种方式。

» 后来，我以艺术特长生的身份被重庆南开中学录取。校园里的每一处建筑都充满故事，而这些环境也成了我灵感的源泉。我喜欢观察校园的每一个细节，用画笔记录下树荫的光影变化、教学楼的几何线条。渐渐地，我的兴趣不仅局限于绘画，还扩展到了建筑与空间设计。课堂上，我常常在笔记本的边角涂涂画画，勾勒出天马行空的建筑轮廓：会呼吸的建筑、能旋转的房间，甚至有自己的性格与情感的空间。我对现实的物理规则并不满足，总希望用艺术的方式重新创造空间的边界。那时候，我并不知道这些早期的灵感会如何改变我的未来。但可以确定的是，这些画笔下的世界，成为我后来设计、动画和视觉艺术创作的种子。

南开中学油画作业

清华时光：环艺设计的熏陶

» 2008 年的夏天，我幸运地被清华大学美术学院环境艺术设计系录取。当录取通知书送到我手中时，那种激动与释然的感觉至今难忘。走进清华，我明白自己只是迈出了第一步。清华大学美术学院是国内艺术学子向往的殿堂，环艺设计系是一个涵盖空间设计、环境艺术和人文关怀的学科。这里的每一天，都让我既兴奋又充满挑战。

※ 这种心理状态也表现出新一代环艺人和上一代环艺人之间迥异的心境。此外，环境也发生了巨大变化，2005 年学院由朝阳区光华路搬迁至清华园。

初见环艺：空间的秩序与诗意

» 进入校园的第一天，我站在美院的雕塑园里，抬头望着那片延伸至蓝天的教学楼玻璃幕墙，感到一种全新的震撼。这里不再是高中时的校园，而是一片充满无限可能的艺术世界。↘

※　光华路时期的美院更像个中学，好在有一墙之隔的光华路中学陪衬。但我依然怀念光华路时期，因为那时的美院是一个完整的世界，而现在只是世界的一角。

清华对我的吸引，不仅在于它的学术氛围，更在于它始终鼓励学生大胆探索艺术的边界。我很快被环艺设计的课程特点吸引：它不仅要求设计师具备扎实的美术基础，还需要深刻理解空间、建筑与人的关系。最让我感兴趣的是如何通过设计赋予空间"情感"，让它不只是一个冷冰冰的建筑，而是能够与使用者产生共鸣的场所。

»　在清华的课堂上，理论与实践紧密结合。这些课程让我等逐渐意识到，空间可以像电影一样讲述故事。老师鼓励我们用不同的视角去解读空间，并尝试通过设计来改变人们的行为和情感。

从草图到模型：多维度的基础训练

»　环艺设计是一门融合性极强的学科，它既需要扎实的设计技巧，也需要对空间和人的关系有深刻的理解。清华大学美术学院为我们提供了多维度的课程，从基础的素描、速写到空间构成、材料美学，甚至包括社会心理学和环境影响分析。每一门课程都让我更加深刻地认识到，设计不只是美的呈现，更是人与环境之间的对话。

»　大一的课程体系着重于夯实基础，为我们在建筑领域的长远发展筑牢根基。一系列基础课程围绕着提升造型能力、强化色彩感知以及培育审美素养展开。在众多课程中，建筑绘画课在我的大一学习生活中留下了难以磨灭的印记。课程伊始，老师带领我们穿梭于校园的古朴建筑之间，那些承载着岁月痕迹的飞檐斗拱、雕花窗棂，都成了我们笔下的创作素材。我们支起画架，手持画笔，专注地捕捉古建筑的每一处精妙细节，从独特的建筑结构到细腻的装饰纹理，都在一次次写生中被我们铭记于心。

»　随着课程的推进，我们的视野从校园古建延伸至更为广阔的中西方现代建筑领域。在临摹西方现代主义建筑作品时，简洁流畅的线条、大

建筑绘画作业 1

建筑绘画作业 2

胆创新的空间布局，让我感受到了现代建筑对功能与形式完美融合的极致追求。而在描绘中国现代建筑时，传统元素与现代工艺的巧妙结合，又让我领略到了本土建筑文化在新时代的传承与创新。这门课程拓宽了我的建筑视野，让我对建筑美学有了更为深刻的认知，每一种建筑风格背后都蕴含着深厚的文化底蕴与时代特征，等待着我们去探索、去领悟。

» 除了绘画练习，老师还引导我们深入学习从设计理念到技术实现的全过程。而入门的第一步，便是将纸面上的草图变成现实中的建筑模型。这一过程充满挑战，却也乐趣无穷。我们需要挑选合适的材料，精准测量尺寸，运用各种工具将脑海中的设计一点点具象化。

» 团队协作在这个创作过程中显得尤为重要。每个人都有自己独特的想法和优势，有人擅长构思创意，有人对材料特性了如指掌，有人则在模型搭建上心灵手巧。在讨论设计方案时，大家各抒己见，思维的火花激烈碰撞。

※ 2005 年我接任环艺系主任，我在环艺系课程组织方面倡导分组，目的是训练学习团队协作的工作能力和课堂讨论的习惯。这种方式一度也引发争议，但我力排众议，坚持这种方式在课程评议时的合法性。

有人提出创新的布局，有人则从可行性角度提出改进建议。在搭建模型的过程中，大家分工明确，密切配合，共同攻克一个又一个难题。这样的氛围让我深刻体会到，设计不是一个人的孤独旅程，而是一群人彼此碰撞和激发的过程。

» 通过大量的写生与临摹创作，这些课程拓宽了我们的建筑视野，让我们对建筑美学有了更为深刻的认知，每一种建筑风格背后都蕴含着深厚的文化底蕴与时代特征，等待着我们去探索、去领悟。

从理论到实践：清华的创造力平台

» 清华大学美术学院的最大特点之一，是它为学生提供了大量将理论付诸实践的机会。无论是校园内部的改造项目，还是与社会合作的设计课题，我们总有机会将课堂所学应用于现实。

» 大二的时候，由系主任苏丹老师与 AEDAS 设计总监温子先老师共同教授的建筑设计课程可谓是让我们对于建筑设计展开了全新的认识。

※ 从校外聘职业建筑师来学校教课能弥补教学机构知识老化的不足，并且我发现职业建筑师们也喜欢来学校教课，目的是保持"冲动"和激情，甚至能够从年轻学子身上获得启发。

苏老师不仅在专业领域给予了我极大的帮助，还启发我从不同的角度看待设计。他曾对我们说："一个好的设计师，绝不是单纯解决问题的人，而是创造新可能的人。"这句话后来成为我职业生涯中反复思考的信条。

» 课程从建筑设计基础理论开启，深入阐释空间规划、功能布局与流线组织。以学校建筑为例，在空间规划上，教学区、行政区、生活区要明确划分。教学区应保证教室采光通风良好，远离噪声干扰；行政区需方便管理和服务师生，常设置在学校入口附近；生活区则要与教学区既相对独立又保持便捷联系。功能布局上，不同学科的教室也有讲究，像物理实验室可能需要配备专门的电力设施和通风系统，所以要与配电室等区域有合理规划。流线组织方面，要确保学生、教职工和外来访客的流线互不干扰，例如设置专门的访客通道，避免对正常教学秩序产生影响。这让

AEDAS 实习期参与的中信大厦地块规划项目

我明白如何依据使用者的行为模式与需求，科学且合理地进行空间设计。

» 在风格与材料运用方面，老师们结合丰富案例深入剖析。讲解古典主义风格时，以巴黎卢浮宫为例，其对称的布局、精美的柱式与华丽的装饰，彰显出庄重与典雅。在材料运用上，卢浮宫大量使用石材，不仅坚固耐用，更营造出厚重的历史感。而在现代主义风格讲解中，以密斯·凡·德·罗设计的范斯沃斯住宅为例，这座建筑以大面积玻璃和钢框架构建，"少即是多"的理念体现得淋漓尽致，室内外空间相互交融，展现出简洁、通透的美感。

» 课程之后，我们也是获得了进入全球顶尖建筑事务所 AEDAS 的实习机会。

　　　　※ 这也是伴随外聘教师而来的福利。学生们希望去优秀的机构锤炼，机构需要新鲜的血液和低成本劳动力。

期间的实践经历也是为我们筑牢了建筑专业的根基，逐步了解到从设计方案到项目落地的具体流程。

» 后来，我们还有幸参加了学校组织的远赴意大利的建筑游学活动。

　　　　※ 2007 年开始清华美院环艺系的对外教学交流从中韩转向中意，每年 4 月去米兰参加设计周的展览成了固定的 workshop，借此也使学生们能亲临现场感受一个又一个建筑师的圣地。游学是环艺教学的重要组成特色，为学生们日后进一步深造和参与国际化合作奠定了基础。

这次游学以意大利建筑为主题，让我们在实地考察中，对建筑艺术有了全新的认知和理解。

» 意大利作为欧洲文明的重要发源地，拥有丰富多样的建筑风格，从古罗马时期的宏伟建筑到文艺复兴时期的经典之作，再到现代建筑的创新探索，每一处建筑都承载着深厚的历史文化底蕴。在游学过程中，我们先后参观了罗马、佛罗伦萨、威尼斯等多个城市，亲眼见到了许多闻名遐迩的建筑奇观。

» 在罗马，斗兽场的雄伟壮观令人震撼。这座建于公元 1 世纪的建筑，虽然历经岁月的洗礼，部分建筑已经残缺，但它依旧散发着不可抵挡的魅力。其独特的椭圆形布局，完美地结合了建筑力学与美学原理，观众席的设计更是巧妙，能容纳数万人同时观看表演。站在斗兽场中央，仿佛能听见古代角斗士们的呐喊声，感受到古罗马帝国的辉煌与荣耀。旁边的万神殿，巨大的穹顶给人以强烈的视觉冲击。它的穹顶是建筑史上的杰作，没有任何支撑结构却能屹立千年，内部的空间设计简洁而庄重，阳光透过穹顶的圆孔洒下，营造出神圣而庄严的氛围。

» 佛罗伦萨是文艺复兴的摇篮，这里的建筑充满了人文主义色彩。圣母百花大教堂是佛罗伦萨的标志性建筑，其外观由红、绿、白三色大理石装饰，色彩鲜艳夺目。巨大的穹顶由布鲁内莱斯基设计，打破了中世纪以来的建筑传统，展现了文艺复兴时期人们对科学和艺术的追求。乌菲兹美术馆不仅收藏了大量的艺术珍品，其建筑本身也是一件艺术品。它的走廊设计独特，连接着各个展厅，漫步其中，仿佛穿越时空，与历史上的艺术大师们进行对话。

» 威尼斯则是一座水上城市，独特的地理环境孕育了别具一格的建筑风格。圣马可大教堂融合了拜占庭、哥特和文艺复兴等多种建筑风格，内部装饰金碧辉煌，马赛克镶嵌画和雕塑美轮美奂。圣马可广场周围的建筑也各具特色，总督府的哥特式建筑风格与周边的建筑相互映衬，形成了独特的城市景观。

» 这次游学拓宽了我们的视野，提升了同学们的审美水平。在与当地建筑师和学者的交流中，进一步了解了意大利建筑在传承与创新方面的做法。回顾这 10 天的游学经历，它不仅是一次知识的积累，更是一次心灵的洗礼。

班级同学意大利游学期间合影

俄勒冈大学建筑系环境

» 大三时，我有幸前往美国俄勒冈大学建筑系进行了为期半年的交换学习。这段经历让我对建筑与城市、环境的关系有了全新的认知，尤其是在城市农场课程的学习过程中，收获颇丰。

※ 中央工艺美院变成清华美院之后，国际交流的对象也由日本变成欧美。交换生模式的建立更是大大拓展了学生们的国际视野。每当学生们完成交换生学业阶段回国，我都会和他们进行一对一的谈话，了解他们的感悟和经历。和周逸夫也有过交流，但那时已预感到他要另辟蹊径了。

» 城市农场课程聚焦于城市农业与建筑环境的融合，旨在探索如何在城市空间中高效利用土地，实现农产品的生产，同时提升城市生态质量。课程涵盖理论知识与实践操作两大板块。在理论学习方面，教授详细讲解了城市农场的发展历史、不同模式及其背后的生态、经济和社会原理。例如，介绍了垂直农场在寸土寸金的大城市中，通过多层种植结构和水培技术，最大化利用空间，减少对土壤的依赖，实现全年无休的农作物生产。

» 实践操作环节更是让我将理论知识落地生根。我们参与了学校附近一个社区城市农场的建设与运营。从场地规划设计开始，便充分考虑到农作物的生长需求、日照条件以及周边居民的使用便利性。在建筑设计上，我们运用可回收材料搭建了简易的温室和工具存储间，这些建筑结构既满足了功能需求，又体现了环保理念。种植过程中，学习如何根据不同季节选择合适的农作物品种，采用有机种植方法，减少化学农药的使用，维护生态平衡。

局限与转型的思考

» 在一次跨学科项目中，为了生动呈现建筑设计方案，我们引入数字动画技术制作建筑漫游动画。

从基础的模型搭建开始，每一步都充满新奇与挑战，如同搭建一座思维的积木城堡，逐步构建起虚拟建筑的雏形。通过不断调试参数，使模型愈发逼真，仿佛赋予其真实的质感与生命力，像是为整个虚拟世界注入灵魂。这种通过数字技术实现的光影变幻与动态展示，是传统建筑图纸难以企及的，它让我初次领略到数字动画在视觉表达上的独特魅力与无限可能，也激发了我对这一领域的浓厚兴趣。

» 后来我在大三时作出的研究生转专业攻读数字动画的决定，无疑是一个重要的转折点。尽管建筑、景观设计的范围可以无限延展，但我总觉得它在讲述故事的维度上有所欠缺。我开始渴望更多的可能性，想探索如何用更动态的方式去表达空间的情感和故事。

» 这种思考让我逐渐接触到动画与视觉叙事，开始主动接触到跨学科的艺术形式。我记得自己第一次看到动画短片《回忆积木小屋》时，被它用光影和空间讲述人生、爱情故事的方式深深打动。这种直击人心的表达方式，正是我在环艺设计中所追求却难以完全实现的。从那时起，我对未来的追求不再只是成为一名设计师，而是希望通过设计和视觉艺术，为人们创造更深刻的情感体验。

南加州大学：动画叙事的转折

» 我逐渐渴望用更具动态性和情感化表达的方式，去讲述更生动的故事。为了追求这一目标，我选择了数字动画这个全新的领域，并申请进入美国南加州大学（USC）电影艺术学院攻读数字动画专业。

从静态到动态：跨学科的挑战

» 动画专业的学习对我来说是一场全面的挑战。从环艺设计跨越到动画，意味着需要从静态空间的构建转向动态叙事的表达。这并不是简单的技能切换，而是一种思维模式的重塑。在清华时，我习惯用建筑线条和光影关系去塑造空间，而动画要求我学会通过角色、情节和镜头语言去触达观众的内心。

» 南加州大学的课程体系高度专业化，包括角色设计、故事板创作、动态镜头叙事和后期特效等领域。第一学期的课程让我感到既兴奋又紧张。我们的作业常常需要一周内完成一个小动画项目，既要完成分镜头设计，又要完成动画的分层绘制，这对我来说是全新的挑战。

灵感的碰撞与成长

» USC 的学习氛围极为开放，多元的文化背景和学生之间的合作让我受益匪浅。为期三年的学习过程中，我们主要完成了三个比较重要的动画项目，分别是第一、二年的 Production 1&2，以及第三年的毕业创作。

» Production 1 要求我们制作一部总时长不超过 2 分钟的 CG 短片。最初的灵感，源于一次偶然看到的传统皮影戏表演。那被灯光映射在幕布上的灵动剪影，配合着悠扬的音乐和婉转的唱腔，演绎着人间的悲欢离合，深深吸引了我。我想，若是能将皮影戏这一古老艺术形式与现代数字动画技术相结合，定会碰撞出别样的火花，于是便有了这部 CG 短片的构思。从男女主角的相遇、相知，到因世俗阻碍而分离，最终在皮影戏的演绎中实现灵魂的重逢。为了让故事更具文化底蕴，我尝试将一些传统元素融入其中，比如特定的服饰、道具以及传统的爱情象征物。

特效课程花絮

» Production 2 整体风格比较荒诞离奇。创作灵感源于我自身那些充满奇幻色彩的梦境。在梦境里，空间与时间的界限变得模糊，事物的形态和逻辑也与现实大相径庭，醒来后那些光怪陆离的画面仍在脑海中挥之不去，这让我萌生了将这种梦境体验转化为动画作品的想法。故事的主角是一个在现实生活中被各种压力束缚的年轻人，他的灵魂在睡梦中挣脱了肉体的禁锢，开启了一段奇异的梦游之旅。在梦游过程中，他穿越了扭曲的城市街道，高楼大厦如同融化的蜡像般变形；走进了一片颠倒的森林，树木的根系在天空中肆意伸展，枝叶却扎进了地面；还踏入了一个漂浮着各种破碎记忆片段的奇异空间，那些片段像是现实生活的残像，却又以一种超现实的方式组合在一起。

» 毕业设计的故事灵感源自生活中一次偶然的触动。我目睹了一位老人在失去相伴多年的妻子后，陷入了无尽的孤独之中。故事是关于老人在妻子离世后，将思念倾注在一个木偶之上。命运的夜里，神秘章鱼赋予木偶生机，此后岁月相伴。当老人生命垂危，木偶的歌谣成了他的救赎。最终，老人与这份爱的延续幸福相依，在温暖中放下了悲伤。

影视特效行业的磨砺

与好莱坞顶级特效公司的初次结缘

» 研一暑假期间，我迎来了一个改变职业轨迹的机会——我收到了数字王国（Digital Domain）的实习 offer。这是全球最知名的影视特效公司之一，曾参与制作《泰坦尼克号》《复仇者联盟》等电影。当我踏入数字王国位于洛杉矶的总部时，仿佛进入了一个充满魔力的世界：巨大的工作间中，数百台高性能电脑同时运行，墙上挂满了经典电影的分镜头手稿和特效分层图。

» 实习期间，我的主要任务是参与迪士尼电影《沉睡魔咒》的数字绘景工作。我的工作范围是城堡内部的环境设计，需要通过数字绘景技术在画面中呈现细腻的细节——光影的渐变、砖石的质感，以及墙壁上爬满的藤蔓。

※ 本科阶段的专业训练或许对虚拟的环境设计是个有力的支持，只是方式和侧重点有所不同。针对现实

立足现实的环境设计需要海量实现设计构思的技术和成本。而虚拟环境设计重在刻画生动具体的表象以增强感染力。

这是一份极其精细化的工作，每一个像素都需要精准地与场景的其他部分匹配。初次接触时，我感到有些压力，但同时也被这个行业对细节的苛求深深吸引。一个难忘的场景是夜晚的城堡大厅：主角穿过昏暗的走廊，烛光映射在石墙上。我负责设计烛光的摇曳和墙壁上的光影交错。这段工作不仅让我感受到视效制作的魅力，也让我开始思考，如何将环艺设计中对空间和光影的理解融入影视特效中。

» 实习期间，我还进入到公司的广告部门工作并担任三维艺术家（3D Generalist）。在这一阶段，我参与了多个高难度的特效制作项目，包括汽车广告中复杂机械的动态建模，以及城市景观的实时渲染。尤其是在一个植物生长特效的项目中，我首次尝试通过程序化设计来生成逼真的动态植物，这种结合技术与艺术的方式让我眼界大开。

Production 2 动画截图

毕业设计草稿

与斯坦·李的超级英雄梦

» 2014 年，我有幸与漫威之父斯坦·李（Stan Lee）合作，共同开发超级英雄 IP。这段经历让我深入了解了好莱坞在 IP 开发中的体系化流程。斯坦·李对角色的塑造有一种天马行空的想象力，而数字王国的技术团队则将这些想象变为现实。

向 Stan Lee 提案东方超级英雄 IP

» 我们开发了 9 个电影和电视剧 IP 项目，其中包括一些全新的、中国本土题材的超级英雄形象。从概念设计到特效实现，每一步都充满挑战与创新。这让我第一次意识到，特效不仅仅服务于单一影片，它可以成为构建整个虚拟宇宙的重要工具。

视效总监的旅程

» 随着公司的逐步发展，公司在中国的北京、上海分别成立了新的子公司，北京主要负责影视业务，上海主要操刀广告类项目。我也是在这时候被调回北京，开启了视效总监的旅程。期间参与了电影《邪不压正》《西虹市首富》《紧急救援》《狂怒沙暴》等，以及剧集《迷失太空》《大泼猴》等项目。

《邪不压正》：有温度的视效

» 我的第一个挑战，是担任姜文导演的电影《邪不压正》的视效总监。姜导是一位具有鲜明风格的导演，他的作品总是充满力量与艺术追求。他的要求远超一般电影的特效标准，他希望我们能用数字技术还原出一个有温度、有情感的北平。姜文导演的要求永远让人既紧张又兴奋。他会突然在会议中抛出一个问题，比如："你们觉得这座北平城，它应该有怎样的气味？"

※ 这样的问题对于环艺人来说并不算出格。周逸夫他们读书的那段时间，中央美院环艺系就有类似的课

↖ 这样的提问乍看离谱，但背后却蕴含了深刻的哲学思考：视觉特效不仅是画面呈现，它是让观众沉浸在时间与空间中的媒介。

» 北平是《邪不压正》的核心。它不仅是故事发生的背景，更是推动情感与剧情发展的重要角色。项目启动后，团队面临的第一个难题是如何复原 20 世纪 30 年代的北平城。从资料收集到建筑复原，每一个环节都需要严谨而创新的思考。为此，我们建立了一个专门的研究小组，深度挖掘历史资料，甚至与建筑历史学家进行多次讨论。

» 研究团队带回的资料堆满了整个工作间，厚厚的文件散发着油墨的味道。团队从建筑风格、街道布局到自然环境，逐一分析并转化为数字语言。最终，6000 栋建筑模型被分层构建，形成一幅壮丽的城市画卷。

※ 数字可以记录变化的环境，也可以重塑已经消逝的环境。对于电影来说这是一个巨大的喜讯。而重塑城市环境是一种以城市规划和建筑学、环境设计为基础的数字劳动。其中环艺可以还原城市中的生活细节，让虚拟的环境不再像个阴森森的墓地。

» 在搭建虚拟北平城的过程中，技术上的突破是核心。我们开发了一套专门用于该项目的参数化模型生成工具，能够快速生成不同建筑的模型，并根据历史参考调整细节。从四合院的灰瓦到大街的灯笼，每一个元素都经过了反复打磨。特效的灵魂在于细节，姜文导演经常在设计讨论会上提到，"屋顶的颜色不能太新，要像老茶壶的釉色一样有岁月感。"因此，我们开发了一种老化材质处理算法，为建筑表面加入了独特的风化纹理和历史斑驳感。

《西虹市首富》：隐形的视效

» 从《邪不压正》的厚重历史到《西虹市首富》的轻松幽默，转换的是风格，不变的是对特效精益求精的态度。这部电影在中国市场取得了 27 亿元人民币

纪录片《我在中国做电影》海报

的票房佳绩，然而不为观众所知的是，这部影片中其实包含了大量的视效镜头。

» 影片中的关键场景是一次疯狂的花钱竞赛，涉及豪车、喷泉、烟火等大量视觉元素。

※ 看来不止现实中的城市设计，虚拟的城市也需要环境艺术设计。

我们团队开发了一套流程化特效工具，将复杂的动态元素集成到场景中。例如，烟火特效中，每个火花的颜色和扩散路径都可以实时调整，以配合影片的节奏与情感。

» 《西虹市首富》的特效不仅服务于画面的美感，更成为推动剧情的重要手段。这让我意识到，特效创作不仅仅是技术层面的工作，更是电影语言的一部分。

数字人在不同领域的应用

» 数字人技术在视效行业中并不算新奇，公司的技术团队早在 2008 年便将该技术应用于布拉德·皮特主演的电影《返老还童》。团队通过纳米级面部扫描、表情捕捉系统，完美展现了主角本杰明·巴顿从年迈到年幼的传奇一生，公司也正是因为这部影片荣获了当年的奥斯卡最佳视效成就奖。后来，随着数字人技术在影视行业的普及，我们近乎会为每部好莱坞大片的男女主角制作数字人分身，以帮助他们去完成一些难度极高、极其危险的动作镜头。

» 在数字王国期间，我参与了一些虚拟人技术的开发项目。最著名的案例是周杰伦台北演唱会上通过全息投影再现邓丽君的形象。这种"跨时空对话"深深打动了观众，也让我感受到技术在情感表达上的潜力。包括《沉睡魔咒》中安吉丽娜·朱莉在空中

《邪不压正》特效画面截选

翱翔的镜头，近乎也都是由数字人来辅助完成的。此外，为塑造漫威电影《复仇者联盟》中灭霸的形象，我们团队将动作捕捉与面部表情捕捉结合，研发了多项专利技术，成功赋予这一角色更深层次的情感表达。

» 2019年底，首钢冬奥会光影秀盛大启幕，我们也将数字人技术注入了这个国家级的项目。首钢园，这座承载着百年钢铁工业厚重历史的地方，即将在冬奥盛会中展现全新的面貌。

» 进入方案设计阶段，我和团队一头扎进对首钢历史文化的深度挖掘中，同时紧密贴合冬奥会主题。

※ 工业遗产的保护和利用是当代环境设计的一个重要命题，场所精神的寻找和提炼是非常重要的，一定有"工业考古"的相关工作。环境再造的工作牵扯比较复杂的因素，需要梳理、取舍和再定义。

经过一轮又一轮的头脑风暴，我们最终敲定了《冰雪飞天》《百年钢火》《奥运精神》组成的三幕光影篇章。

» 在《冰雪飞天》这一幕，我们开创性地将中国传统文化中的"飞天"形象与冰雪元素巧妙结合，并密集使用了我们的数字人技术，力图让"飞天"的每一个动作都灵动自然，仿佛真的从敦煌壁画中飞出来一般。《百年钢火》则聚焦首钢的百年发展历程。通过数字技术精心处理，将首钢从艰苦创业到成为行业中流砥柱的每一个重要时刻，都栩栩如生地呈现在观众眼前，让大家深切感受到首钢人坚韧不拔的奋斗

首钢冬奥会光影秀

精神。《奥运精神》作为整个光影秀的高潮部分，我们展现了奥运圣火传递的神圣、运动员在赛场上奋力拼搏的矫健身姿，希望将奥运精神的激情与力量毫无保留地传递给每一位观众。

VR 与视觉艺术

随着 VR 技术的不断发展与普及，这项技术让我第一次真正看到了空间、叙事与观众互动的可能性。从动画到特效，从静态画面到动态叙事，踏足 VR 内容的那几年成了我工作期间最具创造性的一段旅程。期间制作了《微观巨兽》、TFBoys MV《大梦想家》、黄晓明及马思纯主演的短片《黑童话》、陈冠希 MV《你》、王菲《幻乐一场》演唱会，以及《康熙来了 VR 直播》《锋味 VR 版》《鲛珠传 VR 番外篇》《西游记》《宠物僵尸》等项目。

从传统影视到沉浸式叙事《黑童话》

VR 最初被视为一种技术补充，用于增强传统影视作品的观感。然而，当我第一次戴上 VR 头盔时，意识到这不仅是一种媒介，更是一种全新的叙事语言。VR 打破了屏幕的限制，让观众能够"进入"一个故事，而不再只是"观看"。

我的第一个 VR 项目，是黄晓明与马思纯主演的 VR 短片《黑童话》。这个项目的目标是让粉丝以第一视角进入 VR 的场景，体验一场沉浸式的爱恨情仇。项目中，我和团队尝试了多个技术突破，比如通过全景动态捕捉，让两位主演的表演以最真实的姿态呈现在虚拟空间中。这种跨媒介的尝试，让我初次感受到 VR 的魅力。

叙事与 VR：《微观巨兽》

2018 年，我执导了 VR 短片《微观巨兽》(*Micro Giants*)，这是一部真正让我在国际舞台上获得认可的作品。短片讲述了昆虫在微观世界中的捕猎与生存，观众可以通过 VR 技术"化身"微观世界的一部分，体验自然界中最原始的力量与美感。

» 创作《微观巨兽》的灵感，来自我小时候对自然界的好奇。昆虫世界总是被忽视，但它的复杂性和张力却让我着迷。在短片中，我们通过高精度的三维建模和渲染技术，再现了昆虫翅膀的透明质感、叶片上的露珠以及泥土的粗糙触感。

» 制作这部短片的过程中，我和团队面临了许多挑战。首先是微观世界的真实性：我们花了数月时间观察昆虫的动作，并与生物学家合作，确保每个细节都符合科学事实。其次是观众的沉浸感：昆虫之间的捕猎场景需要充满张力，但又不能让观众感到不适。因此，我们通过音效设计和镜头节奏的把控，让每个场景都保持平衡。

» 《微观巨兽》最终入选了圣丹斯国际电影节"New Frontier"单元，这是中国内地原创 VR 作品首次入选该单元。这一成就不仅让我感到自豪，也让我更加坚定了在 VR 领域探索的信心。

音乐与VR：王菲《幻乐一场》演唱会

» 另一个让我印象深刻的 VR 项目，是王菲的演唱会《幻乐一场》演唱会。

※ 舞台艺术曾经是环艺的诸多"祖先"之一，环艺人血脉中依稀可辨有这样的血液。重返舞台也算是当代环艺人重温旧梦的一次旅行。

这是一次结合音乐、舞台表演与虚拟现实的大胆尝试。我们希望观众能够通过 VR，置身演唱会现场，与王菲一起经历音乐的每一刻。

» 王菲独特的音乐风格、她身上那种空灵且随性的气质，以及她对演唱会整体氛围的细致设想，都成为我们讨论的重点。我们达成一致，舞台背景动画不能仅仅是简单的视觉陪衬，而要与每一首歌曲深度融合，成为音乐情感的直观视觉延伸；VR 部分则要突破传统，让线上观众即便身处千里之外，也能仿若置身演唱会现场，拥有沉浸式的极致体验。在直播过程中，观众通过 VR 设备能够 360° 自由切换视角。当王菲在舞台上尽情歌唱时，观众可以选择从正面近距离感受她的舞台魅力，捕捉她每一个细微的表情和动作；也可以切换到观众席视

角，体验现场热烈的气氛，感受
歌迷们的欢呼与激情。

» 演唱会被精心划分为多个章节，
每个章节都有独特的主题与氛
围。开场以单曲《尘埃》拉开
序幕，这一章节旨在营造出一
种超脱尘世、空灵纯净的意境。

《黑童话》主创合影

无数闪烁的粒子在舞台大屏幕上如同宇宙尘埃般漂浮、聚合、消
散，象征着生命的渺小与宇宙的宏大，展现出一种超脱尘世的意
境，引领观众迅速进入王菲独特的音乐世界。演出中段部分则被赋
予梦幻星空的背景。点点繁星闪烁，流星划过天际，巨大的月亮高
悬其中。背景中的星空仿佛也被这份纯粹而坚定的爱意所感动，星
星闪烁得更加明亮，营造出一种浪漫而又深情的氛围。

虚拟现实的挑战与思考

» 尽管 VR 拥有巨大的潜力，但它仍然是一项新兴技术，面临着许多挑
战。其中最主要的问题是如何平衡技术与内容。很多 VR 作品过于依
赖技术炫技，而忽略了叙事本身。我始终认为，技术只是工具，最
终让观众记住的是故事和情感。在参与不同 VR 项目过程中，我愈发
深刻地体会到 VR 技术所蕴含的独特魅力与无限潜力，也让我对其核
心价值有了更为笃定的认知——VR 的核心价值，不是它让人"看得
见"，而是让人"感觉到"。

» 在 VR 技术不断发展的当下，很多人最初将目光聚焦于画面的逼真
度，认为极致的视觉呈现就是
VR 的全部。但随着对 VR 体验
的深入探索，我发现观众真正追
求的沉浸感，远不止于单纯的画
面逼真。当我们戴上 VR 设备，
真正被吸引、被触动的瞬间，往
往是对场景和情感产生认同的
时刻。

《微观巨兽》海报

» 以 VR 在医疗领域的应用为例，外科医生可以借助 VR 技术进行手术模拟训练。在模拟手术过程中，画面质量固然重要，但更关键的是医生能"感觉"到手术器械的触感、组织的阻力，

在圣丹斯国际电影节

以及整个手术流程中的紧迫感和责任感。这种模拟真实手术的体验，让医生仿佛置身于真正的手术室，从而大幅提升训练效果。

» 在 VR 教育类应用中，模拟历史场景时，画面或许并非完美无瑕，存在一些技术上的瑕疵，但当我们置身于那个战火纷飞的古战场，能感受到战马的嘶鸣就在耳边，能体会到战士们为家国而战的热血与豪情，那种扑面而来的历史厚重感和情感共鸣，瞬间让我们沉浸其中。这种沉浸感并非源于多么精致的画面细节，而是对历史场景的高度还原所带来的情感认同，让我们仿佛穿越时空，真正"感觉"到了那个时代的脉搏。

» 再看 VR 游戏领域，有些游戏画面堪称顶级，却未能留住玩家；而有些游戏，画面虽不惊艳，却凭借独特的情感叙事和场景互动，让玩家流连忘返。比如一款以治愈为主题的 VR 游戏，玩家在一个宁静的森林中展开冒险，与森林中的小动物们建立深厚的情感联系。在这个过程中，玩家"感觉"到的是被需要、被依赖的温暖，是与自然和谐共处的美好，这种情感上的满足和场景的认同感，远比单纯的画面精美更能让玩家沉浸其中。

» 所以，对于 VR 创作者而言，我们不能仅仅执着于提升画面的逼真度，更应深入挖掘场景背后的情感内涵，精心设计每一个互动环节，让用户在虚拟世界中找到情感的寄托，真正"感觉"到虚拟世界的真实与美好。只有这样，我们才能发挥 VR 的核心价值，为用户带来前所未有的沉浸式体验，让 VR 技术在各个领域绽放出更加绚烂的光彩。

未来展望：VR 与 AI 的融合

» 展望未来，我相信 VR 的发展将与 AI 紧密结合。通过 AI 技术，VR 可以实现更加智能化的交互体验。例如，虚拟角色可以根据观众的行为实时调整对话和情节走向，让每个人的体验都独一无二。我的下一步计划是探索 VR 在虚拟人领域的深度应用。想象一个场景，观众戴上头盔后，可以与历史人物进行对话，或者与虚拟偶像共度一段特别的旅程。我相信，这种结合将彻底改变我们对叙事和体验的理解。

创立 FOCO：迈向 AI+ 数字人的全新世界

» 从环艺设计的教室，到电影特效的幕后，再到如今的 AI 数字人世界，我始终在探寻一个问题：如何用技术重新定义人类的存在？这一切，都可以追溯到我在清华大学学习环艺设计的那段时光。那时的我，或许并不知道"数字人"这个概念，但对于空间、人与情感关系的思考，早已埋下了伏笔。这些思考成为了我创立 FOCO 的精神基石，让我在 AI 数字人的探索中，不仅关注技术，更关注情感和哲学。我总是忍不住思考："如果我们能制造出逼真的特效，为什么不能创造出完全属于数字世界的新生命？"结合人工智能技术，让数字角色拥有真正的生命力。这一想法逐渐成型，最终成了 FOCO 的起点。

初衷：从特效到 AI 数字人的转型

» 2022 年底，我们正式成立了 FOCO。FOCO 的名字，是"Focus on Creativity and Originality"的缩写，寓意着我们对创意和原创性的关注。2023 年 6 月，我们顺利获得了创新工场的天使轮融资，这不仅是对我们技术和商业模式的认可，也让我们有了更强的信心去实现愿景。

舞台搭建期的现场照片

» 最初的团队只有几个人，都是从我之前的项目中认识的伙伴。他们既是技术天才，也是对内容创作充满热情的冒险家。当时，团队已经在影视特效行业中积累了些许经验，但我始终觉得少了点什么。特效再震撼，最终还是服务于既定的剧本和角色。而我想要的是更大的自由度——创造出属于数字时代的新"明星"，甚至是一整个虚拟的世界。这种想法并非突如其来。早在从事视效行业期间，我参与的虚拟人项目，比如周杰伦演唱会上通过全息技术再现的邓丽君，已经让我看到这种技术的潜力。但那时的虚拟人还只是"演出工具"，我希望通过AI技术，赋予它们真正的认知、情感和互动能力，让它们不再是简单的代码，而是可以参与到日常生活中的"数字个体"。这种愿景驱使我迈出了创业的第一步。我想用自己的方式，重新定义数字角色的意义。

技术创新：让 AI 角色"活"起来

» 我们曾花费数月时间，为一个虚拟角色设计成长系统，从角色的语言风格到情感表达方式，都会随着互动逐渐进化。第一次看到系统运行时，我们的团队几乎屏住了呼吸——角色的眼神、语调和微表情竟然能如此真实，让人感到它真的"活"了。

» 创业的过程中，最大的挑战是如何平衡技术和创意。AI 技术的研发需要大量时间，而内容创作又要求快速反映市场需求。我的团队中既有专注于代码和算法的技术人员，也有对创意和叙事充满热情的艺术家。如何让这两种完全不同的思维方式协同工作，是我作为创始人每天都在思考的问题。

» 记得在一个虚拟偶像项目的开发中，技术团队设计了一个非常复杂的语音生成模型，但艺术团队却觉得角色的语调缺乏"情感的温度"。为了解决这个问题，技术团队查阅了大量海内外顶极的获奖论文，最终通过加入情感分析模块，让角色的声音不仅准确，还充满感染力。

展望未来：从虚拟人到数字世界

» 在未来，我们希望 FOCO 不仅仅是一个创造虚拟角色的内容公司，而是能推动整个数字世界向更高维度发展的平台。我们的目标是将虚拟角色融入到更多领域，包括教育、医疗、影视和社交网络等。想象一个世界，每个人都可以拥有一个与自己成长的虚拟伴侣，这不仅是技术的突破，也是人类与数字世界关系的一次重新定义。

» 建立虚拟人的数字生态：我们正在为虚拟人构建一个属于它们的世界。这个世界并不局限于娱乐或商业，而是希望它们成为人类生活中的重要伙伴。无论是教育中的虚拟导师，还是医疗中的数字助手，这些 AI 角色都将扮演重要的角色。

» 降低创作门槛：作为一个从艺术设计起步的创作者，我深知创作工具的限制会对个人表达造成多大的阻碍。因此，我希望通过 FOCO 的技术，为更多人赋能，让每个人都能通过数字创作表达自己。我们正在研发的角色生成工具，就是为了实现这一目标。

» 打造跨界合作的生态系统：我始终相信，跨界是创新的源泉。未来，FOCO 将与影视、游戏、文化遗产保护等领域展开更多合作。比如，我们也许会开发一个 AI 驱动的历史教育平台，让学生通过虚拟现实重新"体验"历史，而不是仅仅阅读教科书。

环艺课程的隐形影响

» 尽管我现在的职业路径已经远离传统的环艺设计，但它的理念却深深植根于我的思维方式中。我经常觉得，环艺不仅是一门学科，更是一种理解世界的方式。它让我始终关注人与环境、人与技术、人与情感之间的关系。

» 回想清华大学美术学院的课堂上，我还能记得那些关于空间设计的深刻讨论。从建筑的形态，到材质的触感，再到光影的流动，环艺设计的每一个细节都在探讨人与环境之间的关系。那些年，我常常在思考：空间的意义究竟是什么？是单纯的实用性？还是它能够通过形式和结构传递某种情感？

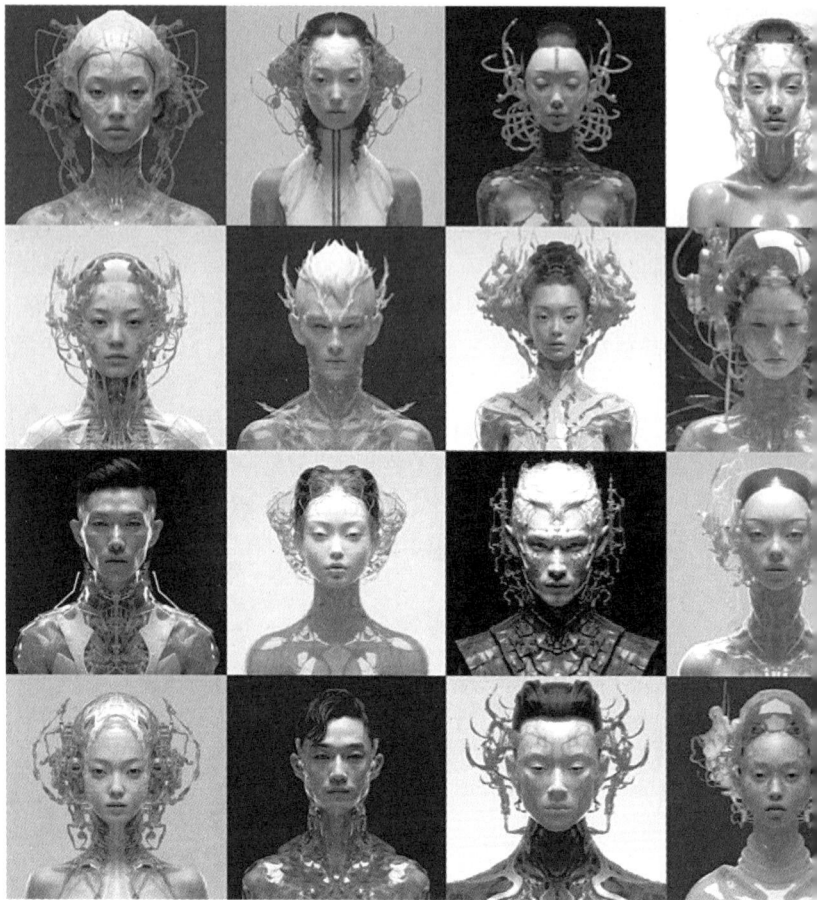

FOCO 数字人矩阵

» 多年来，这种追问从未停止。即使在离开环艺领域，进入特效、虚拟现实和 AI 数字人领域之后，环艺设计的理念始终深刻地影响着我的每一个决策。它让我明白，所有的创作，无论形式或技术，最终都在回答一个问题：如何连接人性。

对于影视的影响

» 其中给我最深刻的启示，是对人的关注。在清华的课程中，我们不仅学习如何设计空间，还讨论空间如何反过来塑造人类的行为和心理。这种

双向互动的视角，让我在日后的创作中始终把"人"放在最核心的位置。

» 例如，在参与《邪不压正》时，我带领团队复原了 20 世纪 30 年代的北平城。对于这样一个宏大的场景，许多人可能会把注意力集中在建筑风格或历史准确性上，但我更关注：这些空间如何与角色的情感互动？一个宽敞的院落，是否能体现主角的孤独感？一个狭窄的巷子，能否营造紧张的氛围？

对于 AI 数字人的影响

» 当我进入 AI 数字人领域后，这种"人性优先"的设计思考依然适用。在 FOCO，我们开发的每一个虚拟角色，都需要通过行为和对话，反映出用户的情感需求。虚拟人不仅是一个技术产物，它是一个数字化的"空间"，让用户在其中感到被倾听、被理解、被陪伴。

FOCO 数字人"嫣"

» 环艺设计让我对"空间"有了多层次的理解，而这些思维方式也被我带到了虚拟世界的构建中。在 VR 和 AI 数字人领域，空间不再是物理的，而是情感的、叙事的。虚拟角色的存在，需要一种数字化的"生活空间"来支持。

» 以虚拟偶像"嫣"为例，我们为她设计了一个虚拟工作室。这不仅是她的"家"，也是她与粉丝互动的舞台。这个空间的设计不仅仅是美学上的考虑，更需要传递出她的性格和故事。比如，书桌上放着她"小时候的照片"，角落里摆着一台她喜欢的老式唱片机，这些细节让粉丝能够更深入地了解她的世界。

环艺课程的永恒价值

» 环艺设计教会我的，是如何用空间和设计传递人性与情感。尽管我已经从这个领域迈向广阔的数字世界，但环艺的哲学始终伴随着我。无论是特效、VR，还是 AI 数字人，这些跨界领域都在不断验证一个真理：技术只是手段，情感才是终点。

» 在未来，我希望探索更多与空间艺术相关的数字项目。例如，创建完全沉浸式的虚拟社区，让用户不仅能看到，还能"感受到"空间中的温度、气味和情绪。或者，设计数字化的疗愈空间，帮助人们通过虚拟环境释放压力、重拾内心的平静。

展望未来：跨界艺术的无限可能

» 在如今的这个节点回首过去的旅程时，常常会思考，未来的艺术与技术将走向何方？从清华大学美术学院的环艺设计课堂，到数字王国的特效工作室，再到 FOCO 的 AI 数字人研发中心，这一步步走过的路，仿佛都在指引着我去寻找一个答案：如何用技术重新定义人类与世界的关系？

» 这个问题看似宏大，但却是我始终关注的核心。在数字创意领域工作的这几年，我目睹了技术对艺术的深远影响，也亲历了每一次突破所带来的兴奋与反思。AI、视觉艺术和特效的未来会是什么样？或许，我并没有确切的答案，但我有自己的期待和信念。每一次跨界的选择都让我更加坚信：创新往往来自未知的领域。环艺设计让我学会了空间与情感的连接，电影特效让我掌握了用视觉叙事打动人心的方法，而 AI 数字人则让我开始重新定义"生命"的意义。

» 未来的艺术，将是一个融合的艺术。科技不是艺术的对立面，而是它的扩展。AI 不仅可以成为艺术创作的工具，更可以是创作者本身。虚拟人与人类的合作，将不再只是科幻的情节，而会成为现实的一部分。我始终坚信，无论技术如何发展，人类的情感与创造力，始终是未来艺术的根本。

何 为

艺术家、导演、艺术指导、内容策划人、文化制作人等
咀嚼间工作室创始人
"岁大食"自媒体（艺术实验室）厂牌主理人

2005—2009 清华大学美术学院环境艺术设计系，文学学士学位
2009—2011 清华大学美术学院环境艺术设计系，文学硕士学位
2012—2014 美国匡溪艺术学院（Cranbrook Academy of Art）3D 设计系，艺术学硕士学位
2024—今 清华大学美术学院视觉传达设计系，设计学博士在读

纽约新当代艺术博物馆艺术科技项目（NEW INC，New Museum of Contemporary Art）成员，首
位入选中国艺术家，另一位是我的夫人，呼呼
纽约艺术基金会（New York Foundation for the Arts）中国项目顾问委员会创始成员
纽约饮食博物馆（Museum of Food and Drinks）合作顾问

不乖

你回国吧

» 2016年夏天，在结束了纽约新当代艺术博物馆（New Museum of Contemporary Art）年度艺术项目 Public Beta 的艺术公共展览后，美国的艺术世界似乎向我敞开了一扇门。陆续地，我便开启了在国际上的多个展览的旅程。即便在那个时候，每当看到评论文章和媒体上对我的介绍印写着"artist"时，我总是感到一阵不好意思。这或许是自谦于自己的求学专业并不是国版油雕等典型性造型艺术专业，也或许是我自认为我的工作方法里包含了不同于传统艺术创作的认知。所幸的是，"artist"在英文语境中，并没有中文里"艺术家"被赋予的沉重的价值意义，作为一个方便介绍的方式，它成为了我初入社会，并被社会接受的第一个标签，也是很重要的一张名片。

> ※ 作为何为曾经的导师，我对他成为职业艺术家一点也不惊讶。今天的艺术家身份需要从另一种全新角度去辨析。如果你一直抱残守缺，自以为高高在上，那么即使你根红苗正，也依然愧对这个称谓。我认为艺术家应当是一种具有创造意识、创作状态的生命形式。何为的工作具有这种特质，他的性格中有这样的基因，这一点我深信不疑。

» 就这样，时光转瞬来到了2017年一个灿烂的夏日午后。刚刚结束了新泽西当代艺术中心的个展之后，我和我的爱人呼呼，也是我的团队合作伙伴，一位聪慧、敏感、幽默、质感大气的北京女孩儿，兴奋地坐在新当代艺术博物馆艺术科技部门（NEW INC）的会议室里，等待着我们的mentor（导师）布鲁斯·努斯鲍姆先生的到来。

布鲁斯先生身材高挑匀称，形容样貌是我们可以经常在美国电影里看到的典型的极为睿智的绅士爷爷模样。与他对话总是一种享受，温和且善解人意。我们这一拨来自全球各地的艺术家、创意人都争相预约他的时间，希望一段时间就能有机会与之进行一次短暂的对话。因为布鲁斯先生总会耐心地倾听年轻人全部的表达，无论你操着何种口音，以及混乱的语法。当他看

何为和呼呼于2017年在 NEW INC 作主题汇报

着你的时候，你总能分明地感受到他长方形的金丝镜片后，深邃冷静的双眼真诚地注视着你内心表达的热望，以及你所能带给他的精彩故事，并微微地在眼角的褶皱中露出代表信任的笑意。每次交流中，他都会非常精辟地给出他的看法与建议，让我们理解美国社会的运作规则与逻辑，并总是对我们接下来的计划充满了鼓励。

» 同样地，这一次我和呼呼依然兴奋地摆弄着电脑里的图片视频，向布鲁斯介绍着我的个展作品，以及开幕时的趣事景象。布鲁斯先生依然沉静且温柔地看着我们。待我们讲完，充满期待地看向他后，他赞扬道："你们太棒了！为，你的作品很精彩，你应该当一个老师。"当我咧着嘴，正准备继续告诉他，我已经在纽约视觉艺术学院担任了客座评审时，他抢先一步张了口，完成了他英文语法的后半句："在中国。"并紧跟着一句，"你回国吧。"

※ 我对他和呼呼的突然回归也有些许诧异，因为在2016年去美国看到他的时候，能感觉到他的兴奋和雄心勃勃。那时他已经崭露头角，我以为他们会在纽约大都会的艺术圈子里继续拓展。我想这位布鲁斯先生并非移民官，他或许是从新媒体艺术或当代艺术的全球性战略思考的。的确，何为回国后的发展方向值得关注，新的观念和技术手段在中国当下热烈的发展氛围中，找到了最恰当的环境。

» 布鲁斯先生的话，突然让我和呼呼有些猝不及防和尴尬。这不像是一句鼓励，更像是一种劝退。进入大学本科求学以后，作为一个中国人，能在国际的舞台上发出一些声音，有一席之地，这不仅仅成为了我个人内化的目标，也反映了中国在全球化道路上的一种必然。成为世界人，全球公民（global citizen），这在2017年初美国特朗普政府之前是一种国际的共识和主流。布鲁斯先生是一位非常尊重多元性，包容的且令人尊敬的老先生。他的这句话什么意思？难道我们生活的环境，这个世界真的变了吗？

柳暗花明

» 2018 年 11 月 4 日下午 6 点，尤伦斯当代艺术中心晚宴暨拍卖（UCCA Gala）拉开帷幕。当时的 UCCA 刚刚完成了高层的组织变革和理事会的更新，更换了 logo。这场晚宴既是 UCCA 前十年工作的辉煌总结，也是第十一年全新的开始。它不仅是一个活动，更是一场"重新起航"的标志性宣誓。自然地，这场晚宴在形式上亦成为了 UCCA 至今历年规模最大的一场盛宴。

» 当时的尤伦斯当代艺术中心北京空间即将在入冬后执行 OMA 事务所的改造方案，进行全面的扩建与翻修。这场年度晚宴也成为了美术馆原始空间最后一场艺术事件的记录。由于即将改造，没有大量新展排期，几乎整个美术馆的一层空间全部被临时征用服务于这场盛会。也更像是一场庄严的仪式，对过往的纪念与告别。

» 原本的主展厅总面积约 1000 平方米，位于整个一层平面的核心位置，这里将作为整个晚宴的主宴会厅和拍卖现场，容纳主舞台以及六十余张圆桌，650 位宾客。主厅的北侧，有两条狭窄的连廊，一东一西，将主厅与其北侧的小展厅相连。小展厅在晚宴时，也将承担起宴前酒会和待拍卖艺术品展示厅的功能。而它的西侧正对着入口接待大厅，接待大厅北侧有一扇非常窄小的双扇开合门，就是整个美术馆的正门入口，通向户外空地和 798 东西向的主路。这条展区路径便是尤伦斯当代艺术中心平日里面向公众开放的主要区域和路线。同样的，这条路径也将作为晚宴当晚接待客人的重要场所，只不过在这短暂的 5 个

2018 年 UCCA 晚宴主宴会厅

在 UCCA 晚宴酒会区人海中发现苏丹老师

小时里，它将以全然不同的面貌迎接全球宾客。

» 为了保障整场晚宴的顺利进行，围绕着坐落于中央的"主宴会厅"，其他各个辅助功能区被作为整场展演的"后台"，环绕着铺陈开来，包括演出、调度、安保、艺术品筹备间和酒会筹备区等，都被安排在了主厅北侧靠西的几个美术馆室内空间中。当然，户外也被精心利用了起来。包括美术馆北侧主入口门前的空地临时搭建了嘉宾入场帐篷，美术馆原本用于大型装置艺术品出入的西南角后门位置，考虑到面积、卫生条件，以及桌椅设备搬运和食材运送等综合因素，被征用作了餐饮主备餐间。主备餐间外，是美术馆西侧一条南北相通的户外幽暗通道，将其与北侧的主入口相连。通道中间，会经过美术馆的西门，西门内部将被临时开辟出很小一块区域作为前面提到的酒会筹备区，直接通向接待大厅和小展厅。于是，这条户外的通道路径，变得极为重要，将坐落于南侧主备餐间与其他北侧的筹备部门连接在一起。因为餐饮是艺术晚宴非常重要的环节，需要在流程上与整体晚宴的节奏完美配合。室内空间不紧凑，必然使得指挥也变得异常麻烦。虽然现场调度可以依赖对讲机，但如果出现一些紧急情况，这条户外通道便成为了传递由总指挥台发出指令最为关键的信息通路与保障。

» 下午 5 点 30 分，嘉宾们已经陆续抵达。为了给嘉宾们足够的震撼和惊喜，两条狭窄连廊通向主宴会厅的两个入口降下了卷帘门，将主宴会厅封闭了起来。于是，从美术馆主入口进入的嘉宾们，就只能聚集在接待大厅和酒会区里社交和等候。主宴会厅的隐秘性有了，但随着卷帘门的落下，也彻底将南北两侧的"后台"完全分开。卷帘门外，随着六百多嘉宾越聚越多，还加入了大量工作人员、安保人员、媒体、摄制组以及进行沉浸式表演的演员们，前厅和酒会区瞬间变得鸣鸣泱泱，人声鼎沸。工作组耳麦里传来的声音，都是来自安全组的报告与请示："连廊通道压力太大了，人非常多！""申请开门，让观众进宴会厅！"另一端宴会厅内主控台却传来："不行，还没有到时间，宴会还在准备，不能进主厅，你们再扛一扛"。耳返里，双方语气沉着地陈述着眼前的事实，两种声音一遍遍、一次次地拉扯和重复着，形成了一种带有荒诞性的理性对抗。根据原定的时间计划，主宴会厅必须要等到 7 点才能开放，更要命的是，只能晚不能早。

2018 年 UCCA 晚宴现场调整前餐艺术装置《春雨》

» 主宴会厅里荡漾着嫣红和柳绿的稀薄烟雾。它此时是空旷且安静的，却有着一股不一般的紧张气氛。虽然灯光、视频等初设环境已经在之前多次的彩排后早已准备妥帖，只待开门迎客，但同时准备六百余人的餐食却成为了此时最大的问题。即便餐饮公司已经派出了 200 余名工作人员，每个圆桌旁都有一位负责人专门守候，加之庞大的送餐人员阵仗，更是在国外不可想象的。整个送餐系统也是完美配合了主展厅的空间布局规划方案，完善了极为漂亮精准的上餐路线，以及和表演者流畅的衔接方式，从清早起来便反复彩排。如果你可以看到现场服务员的走位路线，一定会不禁感受到数学计算的美感。只不过，保证晚宴每位嘉宾落座后头盘的食物新鲜与温度成为了此刻最大的难题，这似乎也超越了餐饮主负责人的预料。

» 就在餐饮部内部忙碌解决问题的时候，突然间，耳机里传来 W 的声音："何老师，盛放沙拉的艺术装置准备上舞台了。该怎么放？看着效果不对。"W 的声音很平静，但几乎令我昏厥。W 是一个短发微卷，五官端正，妆容精致，说话做事极为干练，夜里 3 点也在回复邮件、短信的山东女子。从两天前开始搭建彩排到晚宴当天下午，我俩已经针对无数个问题过招了好几轮。下午 3 点前后又刚刚和她就现代舞演员的服装问题反复纠结了良久，幸亏留着长辫子的 Y 副馆长及时赶来相助，才将问题在 5 点前解决。事实上，关于前餐装置的事情，之前已经和餐饮负责部门交待了很多遍，这会儿又是怎么了？前菜这道装置，是卷帘门升起后，宾客、观众鱼贯而入进入大厅，映入眼帘的第一件作品。这突如其来的情况，无论如何必须解决。而这会儿，我正站在主厅北侧的演出后台区，穿梭在演员后台和艺术品互动装置准备区指导工作。正当我准备夺门而出，伸手拉门的时候，突然，呼呼推开门张望着问道："何老师在吗？苏丹老师来了！赶紧去接一下。"我点了下头冲了出去。

» 2016 年夏天苏老师到访纽约 3 天时间，那时，我刚刚结束了新美术馆 Public Beta 的展览，正在休假。我陪他参观拜访了几个纽约重要的艺术和设计机构与院校，还抽了一天晚上带苏老师看了 Sleep No More。而这一次是我时隔两年半再一次见到他。在一个特殊的时间点，一个中国当代艺术史最重要的物理场景里，我非常幸运地被选为了 UCCA 年度艺术晚宴暨拍卖的创意总监兼艺术作品的创作者，这也是我回国后完成的第一个艺术项目。即便我已经筹备了几个月的时间，我并没有第一时间告诉他。直到晚宴前一个月 UCCA 的官方推文出来，我才在忐忑中告知了我的导师苏丹教授。

　※　尤伦斯的年度慈善晚宴是中国当代艺术界的重要事件，届时全球最活跃的艺评人、艺术机构代理人、收藏家、最著名的艺术家都会聚焦于此。而此时，尤伦斯高大简洁的展厅也会变成一个盛大的庆典场所，激情四射的宣讲，高潮迭起的拍卖，还有造型精美、色泽鲜艳的菜肴轮番上演。这种整体性的组织就是富有挑战性的创造性工作。以往我本人也多次参加尤伦斯的年度晚宴，而这一次感受截然不同，充满了骄傲，也充满了期待。

» 当我一脚迈出后台的大门，眼前已经是摩肩接踵、语笑喧阗的人海。找到苏老师只能凭借三个办法，一是他的身高十分出挑，二是他总爱微微地仰着脖子，三是他或许戴着礼帽，或者就是光头。我发现他了，依然精神极了。于是赶紧三步并作两步地走到他面前："苏老师好，您来了！"我咧嘴笑了一下，"呃……您先看，我有事儿得赶过去。一会儿见。"那一次我好像除此之外，确实没有跟苏老师再多说些什么。我匆忙转过身，苏老师被留在了一片桃红色的汪洋人群里，而我则逆着嘉宾进入的人流方向，从正门门外的帐篷，冲进了户外寒冷的黑色的通道，奔向西南角的主备餐间，再从那里闯入了主宴会厅。宴会厅灯光已起，云烟缥缈，前餐装置凌乱地摊在主舞台上，只见 W 正站在装置的旁边。她看我跑来，说道："该怎么做？时间来不及了，我帮你。"

» 2018 年 7 月中旬的一个中午，C 和 Y 约我与呼呼在 UCCA 对面的餐厅一个靠窗的位置坐了下来。这是我打算回国后第一次正式面见中国顶尖艺术机构的精英们。C 是一位皮肤黝黑、模特身材，妆发有着典型西方审美的女孩儿。她坐下来，向我们介绍起 UCCA 的背景情况。

我逆着光，看着她修长的臂膀与手指在面前挥舞着，逆光剪影里她的动态轮廓，每一帧画面都展现着其特有的自信、自如与热情。不经意间，让我恍惚，我仿佛坐在纽约的某间咖啡厅里，正在和美国的某位艺术机构总监对话。C 转过脸，向我介绍着坐在她身旁的 Y。Y 蓄着小胡子，身体姿态相比要静态得多，话也少。他带着深色镜框的眼镜，镜片的反光中，可以看到我以往的作品视频与图片。他规矩地坐着并微微向前探头看着电脑，并偶尔会转过脸望向我们，俨然一副学者的模样。"我们邀请你来做今年的 UCCA Gala。"C 突然说到。我至今不知道当听到这句话时，我是如何努力压抑住内心澎湃的喜悦和上扬的嘴角。C 继续说道："7 月 20 日，徐冰老师的个展开幕。到时我邀请你们来，你们来看一下场地和展览的空间格局。这个展览结束后，你们只有五天的时间准备，包括拆除并重新搭建，而 11 月 4 日就是 Gala。你们可以考虑是否保留徐冰老师展厅里的一些现有搭建，这样可以节省一些时间。另外，你们也知道了我们的定位、历届的标准，历任创意总监的人选，以及我们这一年 Gala 背后的意义。我们初定今年的主题中文是：重生；英文暂定为：Re-。很期待你提出一个好的艺术内容概念和空间规划。谢谢你们！"

»　　经过将近两个月的方案打磨，2018 年 9 月初，我带着团队走进了 UCCA 的二层一间不大的会议室。几乎各个部门的主要负责人都已经落座。片刻后，田霏宇馆长（Phil）身着标志性的方框眼镜和西装从另一个会议室走了进来。他并不怎么笑，但能感觉到他人很好。就他的资历，称 Phil 是中国当代艺术界的外国老炮儿，应该并不为过。不知为什么，他在我的印象里，总是棕色的。用现在流行话说，属于大地色系。我们双方第一次见面，突然拥在一个小房间里，相向地挤坐在一起。在一个艺术机构里，面对着一个美国白人美术馆长坐在一群中国人中间，这时的环境氛围说不清是西方式的崇尚自由主义，还是应该遵守中国的腼腆规矩。毕竟这又是一场正式的汇报，气氛不免一上来显得有些尴尬。这时我要感谢呼呼，她太了解我了。她见两边都没人说话，一边笑着，一边用略带骄傲的口气对着 Phil 迎了一句："终于见到传说中的馆长了，跪下！"说着，便用手指在桌面上翻了一下，用她白白嫩嫩的小胖手模拟了一个俯身叩拜的姿势。我们团队立刻跟着模仿。房间里顿时破了冰，笑作一团。同样的房间，一句话后，它的状态变了。

» 于是，我开始向 Phil 以及 UCCA 的同事们讲起了方案：在我看来，"重生"确实表达了 UCCA 这个机构当前正在经历的一个重要的变化时刻，但在无比漫长，也是无比浪漫的中国文化长河里，以及从人类历史长路的视角来看，一个机构的重生完全不必做得太沉重，也不必太激烈。它不过就像月与日的轮替，夜与日的流转一般，是很自然的现象。因而我这次为 UCCA 十一周年的晚宴带来的主题，称作"柳暗花明"。有些机会，有些转折是在不经意间的，偶然也许正是必然。而眼前的"又一村"，可以叠合"桃花源"的意象。在外人看来，一个中国的、民营的、顶尖的当代艺术机构，它就像是躲隐在一个神秘的洞口中，它平行于我们生存与挣扎的世界。它不同于中国的其他场景，也不同于外国的世界。尤伦斯当代艺术中心北京空间内部两条狭窄的连廊通向宏伟的大展厅，正暗合了"初极狭，才通人。复行数十步，豁然开朗。"这场盛宴则成了美术馆里源中人的"设酒杀鸡作食"，款待着来自全球的宾客在 5 个小时内的聚合，这是瞬时社交行为的集中和能量迸发。它是自发的，也是随机的，更是自由的。因此，狭窄的连廊洞口外，宴前酒会区就成了宾客们的"忽逢桃花林"，它应该在人们最自发的社交行为中，在不经意间化为"落英缤纷"的展现。

» "酒会序幕如此，当卷帘门升起，'桃花源'里，我们该感受些什么？11 月的北京寒风凛冽，而源里，应是温暖的雨，以及即将进入暮色的春意。我最终还是保留了徐冰个展的长台，但做了些微的调整。台上吐露出的绿意，是我的一件艺术装置《春雨》，也正是当晚的前餐头盘。"

» 正当我讲到这里，突然，一位一身黑衣服妆容精致的女士带着气势推开了门，顺势坐在了会议室的门边，没有打扰任何人。C 会后热情地介绍道："这是 W，这次将负责整个 Gala 的落地运营，极有经验。之后她会和你们对接。"

» 就是这场晚宴，成为了我初入国内的展场和舞台。博物馆里不变的空间，五天内改造为一个结合展览、演出、晚宴、酒会、拍卖的复杂叙事的综合体。更重要的是，这里承载了人的社交、台前与幕后所有的行为流动。流动形成叙事。叙事里，空间中的所有的艺术表现，通过人的社交变化，将静态意象激活为动态意象。人的自发性行为是不需

作品《春雨》表演环节

晚宴结束后，何为终于笑了
（与 UCCA 馆长田霏宇合影）

要也不能被控制的，但却是可以通过对行为的精准分析和感知而预设的；叙事外，围绕内容的"后台"搭建，通道的设计与使用，是保障空间中时间线顺利流动的基础。这依赖于对更为复杂空间环境关系的熟稔与敏感。而他们的基础，是如何在空间环境里形成叙事，融入更广袤时空里的人文意涵与精神，让体验者能够从中管中窥豹，阅读更为丰富的层次。这些都是我的工作，也是我的专业。就从这场晚宴开始，我的头衔里又增加了"艺术总监"和"导演"的标签，但我依旧觉得这不是我工作的全部。

※　归来后的一个华丽开始，那天在现场我为他感到骄傲。他的策划颠覆了国内圈子里对晚宴的认知，社交、品鉴、观演之间是连续的，形式是整体性的。这也可以看作是一场真正的环境艺术，空间、艺术作品，还有一个个光鲜亮丽、气质不凡的身体，食品是整合各种要素的媒介，而这种整体又在各自表达。宴会间我拉何为合影，的确发现他有点心不在焉，因为作为艺术总监在这种场合里就像个乐队指挥，需要统领的角色太多了。

我们不是搞环卫的

» 我从本科进入专业到研究生毕业的六年时间里，正值苏丹老师时任清华大学美术学院环艺系主任的时期。在我读研的两年里，教学楼三层的环艺系与四层的工业系走廊空间开始产生了更为明显的变化。彼时，工业系已完成了大刀阔斧的走廊空间改造，用玻璃门将一些公共空间的开阔处合围起来。不知是加了灯的原因，还是一种错觉，对于非工业系的人员经过该楼层时，我们虽然觉得楼道变窄了，但也会不由自主地羡慕起其玻璃门内明亮又私密的格调，即便开着玻璃门，外人也不好意思坐进去。与之相反，环艺系虽然是专业做空间设计的，但整个三层的楼道的装饰风格，直到我2012年出国彻底离开，依旧维持了2005年美院大楼在清华园内竣工时的造型风格，始终没有发生任何变化。幽暗狭长的走廊里，偶尔灯光明灭，不免透露出一种昏涸的情绪。这种"情绪"也会影响行走其中的人步伐匆忙，总有种焦虑赶路的感觉。不知是否是受这种情绪的感染，似乎当时的环艺系老师们也已经意识到了某种不言的危机，从"环境艺术设计"的命名争论开始，在系里每周教师们的例会讨论演化成为"我们到底是谁"的追问。每次会议结束后，苏老师回到B367的办公室便会简单评说几句。"我们不是搞环卫的"是他诸多评语中的一句，也成为其著作《工艺美术下的设计蛋》书中一节的题目，颇有些一语多关的意思。这本书是他掌舵环艺系发展，带领同仁老师们不断探索环艺系方向的后期，在系内不断的方向争论中，书写的一段心路文字。正好是我研究生毕业阶段帮助整理的。

※ 《工艺美术下的设计蛋》客观记录了我主持环艺系时期的思考和课程实践，书写的方式采用了比较研究，即大量列举我在欧洲和亚洲观摩到的各院校课程，和我当时进行课程改革实验所遭遇到的挑战。这些挑战种类繁多，从争论到鄙夷，从怀疑到匿名举报，层出不穷。但我当时的确以一种强烈的发展和改革愿望将这些覆压起来，然后一意孤行，向死而生。

※ 《工艺美术下的设计蛋》核心问题是讨论传统美术院校的设计训练体系究竟应该怎么弄？走向何处？现在回想一下，有些观察可能偏激了一些，激情有余，审慎不足。

» 2007年的深秋某天，本科三年级的环艺专业课里有一门名为空间心理学的课程。蓄着山羊胡须、胖乎乎、总是带着亲切又得意笑容的方晓风老师是我们这堂课的主讲老师。我现在也依然记得他当时讲解了人文学科里定量和定性两种不同的研究方法的差异，以及不同的目

酒会区由《调情酒杯》组成的 UCCA 酒会展厅装置作品《逢桃》

的，并鼓励我们刚开始可以先放下绝对的准确，但一定要到生活中去工作，做调研。

» 不知道我哪儿来的一股子鲁莽的勇气，很快我就决定了这门课的研究内容，主动地带着四位同学冲到后海数人头。凌晨 5 点，我们一行顶着即将消失的星光骑车出了清华园的正门赶赴地铁 13 号线，6 点前赶到雾霭升腾的后海；直到晚上 12 点离开，将近 1 点时返回了已经熄灯 2 小时的校园。

» 我把 5 个人分为四组，其中一个人作为机动，四组人员分别把守从莲花市场到银锭桥区间里围绕后海的四个交通出入口。研究方法很简单，就是根据观念将人群分为看上去的老年人和看上去的年轻人，每半小时在四个出入口计人头数 5 分钟。看一看进出后海的人群数量情况。

» 那次的观察结果当然算不得严谨而精确，但却从此对我个人的工作理念产生了深远的影响。调研数据里惊讶地呈现出在同一片公共空间里，不同时间段中不同年龄层的数量分布差异极为明显，真正意味上的中年（偏向于上班工作的年龄段人群）鲜少在这个旅游区出现。老年人群会在早上 6-8 点出现一次小高峰，在晚上 7-9 点又再次出现一次微弱的小高峰，其他时候的数据几乎为零。而穿着打扮明显"不着四六"的年轻人的数量在中午 12 点前几乎为零，而到了下午，特别是从 3 点开始，青年人群数量出现了指数级的陡然上升，数量几乎是老年人峰值时的十倍以上，后海的岸边俨然一片青春迷醉的海洋。虽然在晚上 10 点前后会出现些微的回落，但当我们调研团队在夜里 12 点离开时，依然人头攒动，酒吧歌声荡漾。彼时的后海波光里映照着 2008 年奥运前夕，北京城一种独特的春心不安与骚动。

2007 年初，何为在环艺系本科二年级《隐藏空间》课程结课答辩

» 这段数据图表作业已然不知尘封在哪个移动硬盘里了，但图形的大致趋势深深地烙印在我的脑海中。从那一天起，我便意识到无论是环境艺术设计也好，还是景观设计也罢，最终所有的空间呈现都是围绕着"人"的使用。在一天里时间的作用下，随着酒吧业态在下午 3-5 点陆续开门的影响，随着老人晨起锻炼和晚饭后广场舞的锻炼需要，都会让原本便完全相同的空间场景（后海周边的步行街和莲花市场门口的小广场）展现出截然不同的随时间流动变化的景象。由那一天起，我非常明确地意识到我在专业学习上的一种觉醒：即空间设计不过是提供了一个容纳生命体的地方，其造型与布局真正的魅力在于它受到行为人的意志的影响，在于它被使用时的动态变化的样子。

» 2008 年入冬的一个清晨，我一个人躺在一间不到 6 平方米的长方形小房间里。它黑黑小小的，是一间平房里被单独划分出的其中一个小隔间。这间平房和对面的平房共同围合出一个小院落，整个院落里约莫租住了八九户人，从房东那里听说租户中大是清华大学的厨师、保安、保洁等。白天的时候，这个院子安静极了，所有人都去上班，只有阳光透过驾在屋檐的玻璃顶，扑洒下来。在这里，我瞒着父母用零花钱短租了两个月。这间房子离清华大学很近，距离清华大学东三门仅隔着一条幽暗冷清的地下通道。通道的一端是宽阔的马路和敞亮的大学，另一端则连接着一个窄巷犬牙交错的城中村。城中村里拥挤、纷杂，却也热闹至极。走在其中七拐八拐的巷子里，内心总会因街景的混乱而升腾出一丝紧张，又会因各种小作坊小餐馆里冒出白色蒸汽而偷获一种莫名的愉悦和兴奋。城中村里的狭窄以及被挤压的阳光，与地下通道彼端清华的方正气派俨然两个世界。

※ 这个体验很重要，田野性的社会调查，深入其中，以在地的视角观察社区。

» 我住在这里，是一种带着稚气的"体验生活"，是为了完成环艺系开设给大四本科生的论文写作课作业。在最后一次课堂上，总是随身挂着一串儿铃铛的聂影老师说话中气十足。能被一位理性、通透、又语言犀利的老师赞美自己的作业总是令人开心的。不过，她还是标志性地嘟着小嘴，问了一句："何为，你可以考虑这样一个问题，如果这群人离开八家村，他们又要到哪里聚集和生存？"从那时起，孙立平老师的《断裂》一书纳进了我的书单，我也更加确定空间环境不过是社会结构和社交活动的表皮。

※ 村落的空间结构是自然形成的，是内在的社会结构的表皮，而环境和社交活动密切相关。但现代性规划、城市设计、建筑则不然，几乎都带有某种强制性的意志，它们和社会结构并不一定吻合。而环境最终是受人的活动影响或决定的，更加真实。

» 那个年代的清华美院，大一是通识课，学生到大二才分系进入各自的专业。从 2006 年到 2011 年清华百年校庆时毕业，我在环艺系里摸爬了整整 5 年。从本科到研究生，正值苏老师担任环艺系主任。在我的印象里，那是环艺系进入千禧年后非常"风光"的时期，这种风光和上一个世纪的环艺风光不同，不是说大家都能接活儿赚钱，恰恰相反是没钱赚。那个时候，全世界的建筑大师把中国这片沃土当成了建筑设计的试验场，以北京为首在全国拔地而起一幢幢别具一格的新颖

2006 年暑假，环艺系 2005 级全体男生合影，入系前平谷暑期实践时期

2006 年深秋，环艺系 2005 级全体学生合影于长城脚下的公社

建筑。那个时期我们不仅不用走出国门就看到了最前沿的空间设计实践，聆听到类似库哈斯等建筑大师的现场讲座，更重要的原因是那个时候我们环艺系老师带学生出国考察的机会最多，可以说至少是全院同学最羡慕的事情。

» 这五年里，我们班跟着苏老师从韩国开始，通过学校合作项目或参与展览的方式，走访了日本、意大利、瑞士等等亚欧的设计强国。比如意大利米兰，苏老师几乎每年都会带着新一届大四的学生和研究生去参与与米兰理工合作的家具设计项目。不仅是参与每年三四月份的米兰家具展，苏老师还会在暑假带学生去走访不同的城市学校，参观不同主题的展览，切身体会不同国度地域的风土人情。↘

2010 年 4 月 9 日，雷姆·库哈斯为何为设计的海报签字

※ 2000—2007 年，我组织环艺系的国际交流范围主要在韩国和日本，2007 年之后转移到了欧洲。方式有很多种，比如国际 Workshop、课程交流、参展加游学。日韩交流中我意识到现代性经由日本进入亚洲，和东亚的文化融汇而成的新形态；韩国的现代设计教育令我吃惊，我也预感到韩国设计教育即将对韩国设计产生的积极作用。而 2007 年我带学生开始进入欧洲之后，可以看到全球现当代设计发展的局面。还有一个重要的作用即是，师生们可以在现场重温世界建筑史。

↖我很好奇，无论是韩国人、日本人、意大利人还是瑞士人，苏老师并非语言精通，但各地都留下了最好的朋友。在我的印象里，苏老师身上有一种总爱昂着脖子的傲慢，却也是最真性情的人。记得那是我们系同学第一次两国两校合作的接待晚宴上。他陪着另外一位韩国老师一起走到我们一群学生的餐桌旁，具体说什么我早忘记了，应该就是些让我们加油努力之类的吧。其中有一个细节我总也忘不掉，可能如今工作久了，才恍然间理解：苏老师的脸有些红，笑得很灿烂，举止洒脱地拉着那位韩国教授和我们一桌桌还不懂事的"小孩子们碰杯"，让我见识到真正地看见一位老朋友，以及看见我们这群小朋友的快乐和尊重是什么样子。

» 苏老师能说能讲，我直到现在依然清晰地记得我们一行师生坐在日本的大巴车里，除了苏老师所有人都是时醒时睡，但无论你哪次醒来，都能听到苏老师津津有味地点评着窗外路过的风景，无眠无休。有意思的是，但凡是当时醒着的学生无论从哪个段落切入，只要听到苏老师的品头论足，都会或爽朗或窃窃地笑几声。

» 那些年，我跟着苏老师开始学着去观察形形色色的人。但作为当时环艺系的掌舵人，苏老师本人却难以定义。记得有一次崔笑声老师和我说：苏老师很聪明，他站在了建筑、当代艺术和我们环艺系三角的中间。如今看来，这已经不再是三角形，边角里还补充了策展、非遗与文学。

» 在我当时的眼睛里，最吸引我的是苏老师把当代艺术作品代入到了环艺的视野中来，他不谈设计的技法，却爱给我们讲杰夫·昆斯、克里斯托夫夫妇等等艺术大师，极大地拓展了我对公共空间中当代艺术的认知，也进一步引申到哲学思辨的层面。和很多老师不同，苏老师并不限制他的研究生专业学习的边界，并对学生们的研究兴趣和研究能力给予了充分的信任。当我在硕士期间，看到 Jill Bolt Taylor 教授的 TED 演讲后，就确定了关于"空间虚拟化"这一研究方向后，他一次都没有要求我去做传统意义上的景观设计，甚至饶有兴致地等着我会给专业带来哪些"破坏"。或许是在苏老师"纵容"之下，在我的心底，环艺拨开了具体的技术层面的限制，它追寻的是更大的格局，向往穿越设计技巧以外的世界。它不是什么绝对的核心，而是自由地穿越在相关的专业边缘上。

※ 我个人的多元化发展缘于自己的天性，对世界的好奇心甚重，孜孜不倦去涉猎和探究。而在教学中可以安排学生们接触当代艺术体系，是因为我意识到学科设置已经筑成的壁垒对于知识传播形成了严重的障碍，当代艺术涉及许多敏感和前沿的问题，美学导向更是处于设计学科的上游，必须予以关注。这方面对我持怀疑态度的领导和同事不在少数，但我没有被他们影响和改变，谢天谢地！我从不限制学生在学业中探究知识的边界，我以为尊重个性，引导呵护学生成为独特而精彩的自己才是当代的设计教育。

2009 年，苏丹、梁雯、李飒、涂山老师带学生首次赴米兰理工参加米兰家具设计展

苏丹老师在瑞士洛桑的 workshop 何为小组的讨论会上

2023 年 8 月，何为和呼呼带团队制作艺术品现场

2024 年，何为在中国工艺美术馆中国非物质文化遗产馆测试作品

2025 年 3 月，何为在其数字艺术作品《山海经·不舍昼夜》发布会现场

生活在规矩的毛边上

» 工作之后，从国外到国内，在不同的场景下，我的工作被赋予了不同的标签。艺术家、导演、设计师、艺术指导、策展人、"咀嚼间"和"岁大食"工作室的创始人等。如何介绍自己，还是会随着环境场合而变。不过，一个经典的环艺人该做的"室内""景观"和"家具设计"并不出现在我的头衔里，而在内容生产与表达的工作领域中，对于空间的把握和认知似乎成为了刻在骨子里的基本功。

» "我是谁"很难用一句话确定，每一个身份标签，在我看来都是环艺思维的延伸，是一种处理复杂问题的综合性思维的训练结果。一个专业很难完成对一个人的绝对塑造，但却可以给予一种他面对世界的路径。某种程度上，它和导演思维很像。

» 环艺思维的特色在我眼中是"不乖"的产物，天然带着一股子复杂性和叛逆的气质，它的野心是去关照环境的背后更为复杂的人文情理与关系，穿过一个个独立个体形容背后的经历，透见更加纷繁的世界。

※ 环艺人有点像神话中的哪吒，而风火轮、乾坤圈还有红绫绸就是环艺人攻城掠寨的法宝。一个象征着速度，一个象征着广泛的边界，一个象征着变化的自我。而三头六臂的形象也符合环艺人纵观全局的思想构造和应对复杂性的身体条件。

特别是在物质的界面被打破之后，流动的内容和无边界的数字领域，将提供更大的可能性。从大学时期的第一门课的空间制图开始，到如今我的视觉工作都围绕着社交行为实践（social practice）这一研究方向展开，行为、仪式、媒体传播都是围绕它呈现的各种要素或方法，而它背后还有着更为复杂的关乎于政治经济学、法律道德，以及人情世故。这些复杂的因素，更是环艺这个广博的专有名词可以去包容的。之于此，也许可以借用尼采的言语给"环艺"概念一些安慰：所有对整个进程进行符号化概括的概念，都是不能定义的；凡是能定义的，都是没有历史的。

» 2009 年开始，我成为了苏老师门下的硕士研究生。刚开学不久，在他推荐给我们几个新生的书单里，有一套丛书是个例外。它不是什么学术刊物，而是部小说。小说的名字也不怎么正经，名为《黑道风云二十年》。可能在他那几届的学生里，我是唯一一个饶有兴致一口气读完的。

» 这套书讲述了一场大变革时代里，狭隙一隅当中的一个小时代的崛起与没落。对比于彼时火爆的电影《小时代》，这个小时代则显得凛冽、残酷也幽默生动得多。文中那群粉墨登场、形状各异、却不羁的人物最终以各种方式落幕，或继续在小说的尾声后，在读者的想象中活着。

» 环境艺术设计的风云故事轰轰烈烈地开始，至今我都很难说我到底是误打误撞，还是有意选择成为了其中的参与者。谁都无法预测环艺作为一个学科的生命长度，但它必然是我们这群人身上携带的一个标签。这批不安、躁动、疲惫的人群，生活在这个滚动的大时代里，行走在规矩的毛边上。

» 或许，会遇见柳暗花明。

何为
2024 年 12 月 2 日
于咀嚼间

刘 冠

北京林业大学艺术设计学院副教授
北京林业大学环境艺术研究所常务副所长

1997—2001 清华大学美术学院（原中央工艺美术学院）环境艺术设计系，获文学学士学位
2001—2004 清华大学美术学院环境艺术设计系，获设计学硕士学位
2017—2018 哈佛大学艺术与建筑史系、访问学者
2012—2019 北京大学历史学系，获历史学博士学位

中国美术家协会会员，环境设计艺委会委员
中国汉画学会会员
中国民间文艺家协会会员

从学环艺到
做学问

» 有天晚上接到苏老师的电话，说他近期想筹划一本叫作《环艺人》的书，并邀我加入。对此事的前半部分，也就是苏老师又准备要出新书的事，我难说有什么意外，毕竟他不只是一位笔耕不辍的高产写作者，也是国内少有的，能自觉且长期对环境艺术这个专业行当进行反省与深刻思考的"关键性"学者。但电话的后半部分还是让我感觉有点"受宠若惊"，因为尽管对自己的专业水准还算比较有信心，但人到中年，多少也有点自知之明，深谙无论是从业内声名、项目业绩还是社会影响等，哪方面看我都不足以有资格忝列书中；而且更重要的是，自己毕业之后的这许多年，虽然还依旧从事着从环境艺术到环境设计的专业教学工作，但个人的主要精力和发展方向，早已凭借种种因缘际会，转入以汉画像石、画像砖、壁画为核心的汉代艺术史及建筑史研究领域了。

※ 环艺注重实践，而刘冠现在的工作状态已然是真正的做学问状态，而且已远远走至艺术史研究的领域。

所以严格来说，我能否还敢妄称自己是一个"环艺人"，心里还真不是太有底。

» 不过苏老师显然并不觉得这是个问题，而且随着越聊越细，他听我话里似乎还有疑虑，便说："你的老家在海边，我给你打个比方吧。一般的学科专业呢，它的主干都会在核心，所以越往中间就越接近本质；但环艺是不同的，它的精华在边缘，就像你们那海里长的那种海肠子[①]，营养的积聚和创造力的生发都在边缘，中间则只是些沙子。还有山里的柿子树也是这样，即使树心烂了，只要外皮还好，照样开花结果。这个特点很多人并没意识到，但它很重要，你（们）这些处在专业边缘的人，所做的事和探索的方向，有时恰恰是使它自我更新和发展的原动力。"

» 这段话后来被我总结为苏老师的"海肠理论"，

---

① 学名"单环刺螠"（*Urechis unicinctus* von Drasche, 1881）。属"螠虫动物门 Echiura，螠科 Echiuridae，俗称海肠子、海肠，体长 100~250mm，长圆筒状，体前端略细，后端钝圆，表面有许多疣突。……我国的黄海、渤海有分布，大连地区渤海海岸为主要产区，……是优质的海鲜食品，具很大的经济价值。"引自：曹善茂. 大连近海无脊椎动物 [M]. 沈阳：辽宁科学技术出版社，2017：79-80.

※ "海肠理论" 源于一次和刘冠、王国彬关于环艺专业的闲聊，因为多少年以来一个现象一直在困扰着我，环艺的知识体系和训练方法、工作方法几乎都来自其他领域，内核几乎是虚空的，但却总能左右逢源，生机勃勃。

用来在专业导论类课上讲给学生们听，因为作为一个学科，这个专业确实不太好理解。首先它很"大"，而且可以是"包罗万象"式的大，它由早期的室内装修、家具配饰，拓展至今天包括展陈布置、公共艺术、建筑装饰、街区景观、城市设施、园林地景等多个具体行业领域。所以从一般"术业专攻"的高校学科角度而言，如此庞大的业务范畴，不可避免地使之很"杂"，而且是杂而不精的杂。此外更关键的是，其所涉及的各个主要行业领域，早已都有着原本就根深蒂固的学科"本家"（如建筑学、园林学等）盘踞，环艺人们好像只能在这些固有领域之间的模糊区域或者夹缝中求生存、谋发展。

※ 环艺在学科方面的边缘属性是个事实，但边缘并不是总处于一种被动状况或劣势。在动态发展过程中，边缘具有更多可能性。

第二，尽管看起来大，但其实骨子里的它很"偏"。从 1957 年中央工艺美术学院成立学科至今的六十余年间，环艺系的名称先后经历了八次变更[①]，而且，不论是曾经的"环境艺术设计"还是目前教育部学科目录中的"环境设计"，在国际主流大学和学术圈中，至今都找不到概念内涵完全匹配的对口专业。因此，每个"环艺人"好像注定都要回答"你们专业到底是做什么的？"这样一个问题。它不仅是刚刚入行的学生们所关心的，也是我多年来常常问自己，却没找到答案的心结；更是这个学科数十年发展至今，仍始终在被讨论，也不断被回答的题目。

---

① "清华大学美术学院（原中央工艺美术学院）环境艺术设计系的 60 年，经历了室内装饰（1957）、建筑装饰（1961）、建筑美术（1963）、建筑装饰美术（1964）、工业美术（1975）、室内设计（1984）、环境艺术（1988）、环境艺术设计（1999）系名的八次变更。每一次变更都适应了国家经济建设、政治建设、文化建设、社会建设的发展需求，从而成为环境设计专业在高等教育设计学界的领跑者。"引自：郑曙旸. 序言 [M]// 任艺林. 从室内装饰到环境设计. 清华大学美术学院（原中央工艺美术学院）环境艺术设计系历史沿革. 北京：中国建筑工业出版社，2017：Ⅲ－Ⅳ.

» 如果只写到这里，也许容易让读者对这个专业的过往，生出某种悲观的印象，但事实却恰恰相反。从我 20 世纪 90 年代末上大学的时代看，环境艺术设计当时在市场层面的蓬勃兴盛，甚至可用"亢奋"来形容。那时老师们积极开公司、做项目，再把传奇的故事带入课堂，个个青年才俊，意气风发，引得学生们无比艳羡，纷纷"投诚"，皆以"被某某老师看中，参与某某项目"为荣。但除了其中个别确有实践经验和能力者之外，大多数学生在这个过程中参与最多的，其实主要还是发挥自己的绘画技能，稍加转换来画设计效果图之类的"表层"工作。

※ 这句话是比较诚实的，客观反映出造型和表现能力的基础对于美术学院学生能力的影响。在一个特定历史时期，也会放大这种表面化的社会效用。

但这并不妨碍他们在一番经历之后，酒酣之际跟同学好友语重心长地表示："跟着某某干，真是开眼界，长本事"。再后来，学生中间一些有门路、心思活的人，便不甘心只跟着老师打下手，而是开始与各种公司合作、承包、挂靠或者干脆组队单干，并美其名曰"掌握实践的主动权"。说"美其名曰"，是因为这种事的真正驱动力其实还是丰厚的现实利益，尤其对涉世未深的在校大学生而言，要说谁能一点不动心，那肯定是虚伪的。

» 我也曾很用心地上蹿下跳忙活了好一段，倒不是因为父母给的生活费拮据，而是大学第一年在河北固安校区体验了"朴实单纯"的学习生活之后，初回北京面对满眼繁华，自己按捺不住的躁动使然。再者，画图挣钱的"活儿"于我而言门槛也算不得很高，而且初尝自食其力并实现（阶段性）"财富自由"的那种成就感，以及同学间渐有攀比的趋势，都让这件事显得极具诱惑力。

※ 这段描述也很诚实，这是环艺人在 20 世纪 90 年代的"原罪"，几乎无人可以幸免，但有一些人还是能够觉悟的，比如刘冠同学。

» 我还记得当时印象最深的，就是每每从客户手里拿到酬劳（那时手机可是个稀罕物，而且即便有了也就只是个电话，距离电子支付的普及至少还有十几年的距离。我们大多数人也不会收兑支票，所以做事结账一律用现金），塞进钱包后让钱包鼓胀到弯不过来，然后再使劲塞

笔者（后排左侧）与青年教师文中言（后排居中，现为清华大学美术学院教授，绘画系主任）、同学史陈昱（前排左侧，现为北京市易禾永刚环境艺术设计有限公司总经理）、同学王国彬（前排右侧，现为北京工业大学艺术设计学院教授，中国美协环艺委员会秘书长），在中央工艺美术学院河北固安校区一教师宿舍中的合影。

该宿舍为学校分配给文中言的工作室，因他素来与史、王和我要好，所以允许我们借来画图做作业用。但因我和国彬抽烟，晚上走后，地上烟头不慎将房间内的床铺点燃，酿成火灾，整间屋子闷烧一夜，所有可燃之物皆成黑炭。文中言近一年创作的数十幅作品也随之灰飞烟灭。但他不仅没有责怪这几个不懂事的"小兄弟"，反而主动"背锅"，从不抽烟的他向校方坦言是自己吸烟不慎导致火灾，与他人无关，妥妥地将我们保护了起来，自己却因此事被罚款 666 元并通报批评，让他在学院"一举成名"。若不是他挺身相救，我们几个后面的人生轨迹或许会被这一事件改变。但当时少不经事，还约着"老哥"一起回到案发现场留下了这张"摆酷"照片；如今每每念及，心里总觉得欠他一声感谢！

可是很多事情，又怎是一个谢字所能承载？好在至今我也在高校任教，所以每当面对年轻学生的无心之过，总会想起这件事，遂默念一句"看在当年文中言的份上，算了吧。"这时心里总会隐隐流过一丝慰藉。（拍摄者：马晶晶）

到牛仔裤屁股口袋里，坐上出租车回学校的路上，屁股底下传来的那种硬邦邦的"充实"感。

» 不过，学生时代我在挣"外快"方面的成绩可能最多也就这个水平了。尽管后来继续发挥了环艺人固有的不安分且涉猎广泛的"优良传统"，尝试着去和同学合伙开了家做城市夜景照明的设计公司，后来还开过一个制作室内陈设配饰的作坊式小工厂，但结局无一例外都是"呵呵"。所得到的最主要收获，一方面算是明白了自己的确不是做生意的料；另一方面，则是在与众声喧哗的社会现实亲密接触过之后，我愈发清晰地意识到，深沉而平静的大学"象牙塔"可能才是内心真正向往的天地。

» 如今回望过往，感觉自己后来一直能平静地读书写作，不能说和学生时代的这段经历毫无关系。所以在某种程度上，正是环艺自身曾经庞杂、模糊（甚至不时有点混乱）的特质，削弱了一般高等教育专业对人的固化性塑造，反而有时会起到激发独立意识与创造力的客观效果；

※ 环艺人的多元化发展或许真的有这方面的原因，有利有弊。但若能使教育者和受教育者及早意识到这一点，或许更有利于受教育者日后的发展。

同时它连带出的各种潜在可能性，又为"环艺人"们提供了见仁见智的机会，这些都是它难能可贵的一面。而若从另一面看，从这样一个"海肠"型专业培养出的人，也很容易真的让自己的内核"只是些沙子"，或者如贾宝玉般"纵然生得好皮囊，腹中原来草莽"。因此，上述那段"野蛮生长"式的经历，对促进个人学术和思想的成长而言，显然是远远不够的。幸运的是在接下来的硕士研究生阶段，我遇到了自己学术生涯中第一位真正意义的人生导师常大伟先生。常老师以特有的渊博与平和，让我领略到环境艺术除了"或为熙熙，抑或攘攘"的设计活动之外，还有着可以诉诸文化和历史的，更为深邃的一面。

» 可凡事"心向往之"和"置身其中"必然有着根本的差别，尤其在相对单纯的学术领域，作为外行的环艺人若想介入进去并有所建树，显然将会是十分困难的。但这并不是在暗示学术领域之间固有的保守甚至排外的陋习，反而在我的个人经历中，所能记起的都是前辈的提携和同辈的帮助。不论是早年在学期间参与清华大学建筑学院建筑史学科的系统课程学习，还是后来在工作中与北京林业大学园林学院园林史专业的师友们交流借鉴，都让我在各个层面获益良多。所以真正的困难，一方面由于自身学术素养"先天不足"之症，要从一个社会应用学科转向人文历史学科的过程，有些东西亟待"恶补"，这是很容易理解的问题；另一方面则与环艺人"不安分"的普遍思维习惯有关，↘

※ 早期环艺人普遍有一点"骄狂"的心态，敢于藐视技术的横杆和专业的壁垒。跨学科形成的专业基因使然吧。"打碎""重组""拼装"是造就自己的基本方法，通过创新确立自己的价值，形成自己的形象，我们这些人总有一种妄图"另辟蹊径"的雄心。

尤其学生时代的专业训练往往更强调创意革新而非对前辈道统的衣钵传承，所以在方法理路上更偏爱一些"智巧"捷径，研究成果亦难免轻浮之气。记得曾有位相熟的老师在一次学术讨论会上对我提交的文章思路评价道："咱们做研究的过程，'一拳打倒一头牛'的事不能说绝对没有，但肯定不会经常有；而且万一真有这样的机会，那关键也不光是拳头要够硬，下盘（基础）更要比牛还稳！"

» 他的批评和比喻言犹在耳，让我至今难忘，但在研究生毕业后走上教学工作岗位的几年之间，自己的学术理想却完全失去了方向。于是我开始在学校之间四处"蹭课"听讲座，也就是在这个过程中，2008年初，我终于第一次坐在北京大学二教101大阶梯教室听朱青生老师的艺术史课——算来至今已有十四年了。在这十四年间，我从一个外来的旁听生，到被接纳为入门进修的"访问学者"，再到幸运地考取博士研究生，真正成为朱老师的门下弟子，直到毕业至今作为其研究工作的后辈助手，朱老师的思想和学术体系如同一本气势磅礴的大书，一页页慢慢展开在我面前，也为我打开了汉画研究的学术之门。

» 这里所说的汉画，是指汉代墓葬系统出土的画像石、画像砖、壁画、帛画等形式的汉代图像，它们虽不像后来的敦煌图像那样广受瞩目，却在中国古代文化史上占据不可或缺的地位。这是由于在秦汉之前的（三代或先秦时期）历史考古领域，虽可见大量以青铜器、彩陶、漆木器、织物等为主要载体的图像物质材料，但它们多以装饰图案和纹样为主要形态，且基本属于"有图无文"（物质材料非常丰富，但文字文献材料相对缺失）的情况，从而使今人难于深入理解，并有"文献不足证"之无奈。此外，浙江良渚、四川三星堆、内蒙古红山、陕西石峁遗址等传统中原之外的"文化边缘"地带重大考古发现的陆续面世，也让研究者对早期中华文明的源起、组成、区域分布与演变轨迹等的探讨变得更加复杂。所以，汉画图像的重要意义，不仅在于恰好源自中国历史上帝国统一和民族概念逐步形成的关键时期[①]；而且其发展变化的过程植根于两汉思想文化渐趋成熟的宏观背景下，是中国历史上第一个兼具充足的图像资料和文字文献参考的系统性研究对象。同时，汉画也可视作中国古代艺术史上首次成规模地大量采用叙事性、再现性图像的艺术形式，是在佛教及外来图像系统传入之前以本土造型语言为主的一种艺术传统；它绵延后世，成了后来绘画、雕刻等艺术表现形式的根基和古代渊源之一。

---

① "在公元前221年宣布建立秦帝国至公元220年最后一个汉帝逊位的四个半世纪中，中国历史几乎在各个方面都经历了进化性的重大变化。在这个时期的开始，尚不能肯定一个中央集权国家会被认为是统治人民的理想的典范；到了汉末，保存中央集权国家成为每个有野心的政治家的自然的和公认的目标。"引自：[英]崔瑞德，鲁惟一. 剑桥中国秦汉史[M]. 杨品泉，等译. 北京：中国社会科学出版社，1992：13.

» 除了上述特点之外，汉画研究与作为"环艺人"的我结缘还有一个不甚明显，却极重要的原因，那就是汉画在本质上皆非独立存在的艺术作品，而是依附于墓葬建筑具体构造和空间环境的图像元素。因此在某种程度上，汉画的这一存在形式也可以从环境艺术的研究视角进行解读，视为古人在建构永恒"幽冥"的归宿过程中，精神世界种种记忆、想象、期待、标榜、卫护、崇敬、留恋等观念，投射在现实空间环境并遗存至今的痕迹。

> ※ 这段表述也客观反映出"环艺人"习惯于整体性思考，并侧重于环境系统中诸多要素关系梳理的工作方法。这种方法论应该是"环艺人"身上最为宝贵的特质。

» 在历史上有关汉画的研究，自发轫之初便存在着两种主要理路。一路侧重具体画面内容和文字榜题所具有的史料价值，其传统可追溯至两宋金石学的兴起，如北宋赵明诚《金石录》、南宋洪适《隶续》等书；至清代乾嘉时期朴学之风再起，如黄易、李克正等金石学家的撰述，皆以辑录考释并"证经补史"作为要务。另一路则偏重"考古"，从现存最早对汉画的记录可见，北魏郦道元《水经注》引东晋末戴延之《西征记》对"鲁恭冢"前石祠、石庙四壁画像的记载①；以及《水经注》结合作者自身观察到的地理形势，提及今山东、河南地区的一些刻有汉画的石造祠庙建筑时，都将汉画图像视为建筑物的一种突出特征来描写②。至20世纪初国外探险家来中国考察拍摄各地古迹，再到后来现代考古学传入，国内外学界先辈筚路蓝缕，以整理发掘、调查测绘、建筑复原等基本方式，着重在汉画与所属的墓葬祠庙构造之间建立联系，并使图像回归具体的"原生"环境中考辨其本来含义。

---

① 《水经注》引东晋戴延之《西征记》曰："焦氏山北数里，有汉司隶校尉鲁恭冢。……冢前有石祠、石庙，四壁皆青石，隐起自书契以来忠臣、孝子、贞妇、孔子及弟子七十二人形象，像边皆刻石记之，文字分明。"引自：[北魏] 郦道元著，[清] 王国维校注. 水经注校 [M]. 上海：上海人民出版社，1984：291.

② "如'济水'条文中记载了汉荆州刺史李刚墓的石祠堂：'四壁隐起雕刻，为君臣宦属，龟龙麟凤之文，飞禽走兽之像，作制工丽，不甚伤毁。'又记录了位于平阴（今属山东济南长清区）东北的'巫山之上有石室，世谓之孝子堂。'此即为迄今仍较完整地保存于地面上的孝堂山石祠，以及金乡县的朱鲔石室等。"引自：杨爱国. 中国考古百年视野下的汉代画像石研究 [J]. 南方文物，2022（2）：28-38.

※　图像是环境的一种投射，汉画也不例外。投射图像
　　组构环境的过程是围绕环境主体而进行的。所谓
　　"原生"环境其实是个虚拟的理想世界。

» 与上述金石辑录和探勘搜集两路相伴而生的，便是兴起于清末民初的
汉画拓本收藏之风，其中尤以画像石拓片为主要对象；而且在史料
或考古研究意义之外，藏家往往更注重画面蕴含在造型线条之间的艺
术价值。其中大家如鲁迅，一生共收藏汉画像石拓本700余幅[1]，且
认为："唯汉代石刻，气魄深沉雄大。"只是这里需要注意的是，后世
学者们普遍相信，鲁迅也许一生都没见过真正的汉画原石，他与当时
绝大多数藏家一样，是以墨迹拓印在宣纸上的拓本作为认知基础或媒
介的。所以在鲁迅的印象中，汉画应该是一种更接近古代版画的特色
艺术形式[2]。但这种印象中不可避免地包含着某些错觉与误解的成分，
因为在汉代的墓葬祠庙之中，显然没有任何一块画像石是为了艺术性
的创作，或者让后人制作拓片而存在的。不过，尽管拓片让观者对汉
画的本来面貌产生了一定程度的误解，可它自身所具有的古朴气质，
恰好也符合了当时人们对遥远汉代的某种构想和期待；况且拓片可
由拓工在原石上一张张批量印制，所以价格相对于孤品原件文物并不
高，又方便携带、保存和展示，遂渐渐成为近代古物文玩市场的一个
专门品类。其中有很多图像较为精美或珍贵的拓片流传至国外各大博
物馆及大学图书馆，日后成为海外艺术史家着手汉代图像研究的重要
途径，客观上的确促进了汉学在艺术史领域的滥觞。再后来，尤其伴
随着20世纪末全球化浪潮的兴起，西方艺术史学者越来越多地开始

----

[1] "鲁迅一生共收藏汉代画像石拓本700余幅，其中山东340余幅，河南320余幅，余者出自四川、重
庆、江苏、甘肃等地。在同时代的学人中，拥有他这么多画像石拓本的可能找不到第二个人。"引
自：杨爱国. 鲁迅与山东汉代画像石 [C]// 鲁迅与汉画：学术研讨会论文集. 上海：上海社会科学
院出版社，2019：30-35.

[2] 1935年2月4日，鲁迅致李桦信中谈到："至于怎样的是中国精神，我实在不知道。就绘画而论，六
朝以来，就大受印度美术的影响，无所谓国画了；元人的水墨山水，或者可以说是国粹，但是不
必复兴，而且即使复兴起来，也不会发展的。所以我的意思，是以倘参酌汉代的石刻画像，明清的
书籍插画，并且留心民间所赏玩的所谓'年画'，和欧洲的新法融合起来，许能够创出一种更好的版
画。"引自：北京鲁迅博物馆. 鲁迅汉画像年表 [M]// 鲁迅藏拓本全集I：汉画像卷. 杭州：西泠印
社，2014：345-352.
另：作为新文化运动的主将，鲁迅从整体上对中国古代艺术是持批评态度的，尤其对文人画更是以
否定为主。所以笔者揣测，这种立场也许正是汉画、民间年画等此类明显与文人画相区别的艺术形
式，获得他由衷青睐的内在原因之一。——笔者注

关注包括汉文化在内的世界各地古代遗存；同时中国也打开大门积极地融入世界，从而使现代艺术史理论和研究方法，有机会通过不同渠道被引入，并逐渐改变国内传统艺术史研究仅以鉴赏品评为主的局限。与此同时，国家的发展更是促进了近几十年来各地汉墓材料的大量发掘出土，国内人文学科研究条件的整体改善已与早年不可同日而语；汉画研究虽然仍难称"显学"，却已从少数学者和机构艰难探索的初步阶段，拓展成为国内外学术圈共同关注的重要跨学科研究领域之一。

» 在这一过程中，作为核心基础的汉画原始资料，缺乏系统性著录整理的问题日益显露，并逐渐成为制约研究向纵深发展的"顽疾"。学者们只能凭借个人的经验和见识，在相对有限的区域或范围内搜寻材料；而且即便有幸找到，很多基本数据，以及与墓葬环境、结构、位置等有关考古信息的发表不全，甚至个别缺漏讹误，也会对研究工作的过程、方向和结论产生不同程度的负面影响。因此，朱老师在1996年从德国海德堡大学毕业归国之后，便在着手建立北京大学汉画研究所的同时"发愿"，计划以25年的时间，科学系统地调查著录全国各地出土及馆藏的汉画遗存，编撰出版总量约在200卷左右的《汉画总录》系列丛书，从而为中国建立迄今为止最全面的一套汉代"图像志"资料。

※ 本人就是在1996年和朱青生老师结识的，那一次是和翁剑青先生去北大宿舍拜访刚刚回国的朱老师，谈到了1995年克里斯托包裹德国国会大厦的"壮举"。朱老师给我们展现了他发表在德国某杂志上"包裹"克里斯托的作品。那时候只是觉得朱老师是个极擅思辨的人，雄心勃勃地回归中国当代艺术，对于他的汉画计划完全不了解。在朱老师身上我依稀看到了当代艺术和中国传统文化相融合的未来。

» 所以我跟随朱老师的学习过程，也是逐步由浅入深地参与这一宏伟计划的过程；并且这种参与的经历和深度，已非仅限于业务或学术层面，更涉及对做学问的方法，甚至观念意识的塑造。由于此类工作的性质，不管画像石是在博物馆展厅，抑或尘封多年的库房，再或野外汉墓原址，我们都要深入一线，按既定工作流程编号、拍照、测量、拓印、线描，以及规范术语描述，几无任何捷径可言，有的只是兢兢业业，以求尽量严谨规范，避免疏忽遗漏。所以十几年的耳濡目染和学习历练，让自己慢慢开始摆脱原本在设计专业中培养起来的，观念意识中对"才思敏捷"的习惯性偏好；并体会到真正有力量的学问，往往都是"厚重"的。若打个稍微形象一点的比方，这就像小说里杨过在"剑冢"中先看到凌厉刚猛的"青光无名利剑"，最终还是选择了黑黝黝且无刃无锋的"玄铁重剑"的道理。

» 然而小说里的故事总归只是传奇，现实世界里却是"事非经过不知难"。如此大规模的长期研究项目需要的不仅是学者的坚守和执着，还需要政策、资金、出版以及各地汉代考古文博单位广泛的支持，而且缺一不可。因此，经过了近30年的不懈努力，尽管因为受到各方面主客观因素的限制，只完成了原计划总量的1/4（已正式出版52卷），但我们依旧初心不改，并预计将再花费30~40年的时间，也就是从朱老师以下，通过前后共计至少三代学者的传承"接力"来完成这一旷世工程。

» 目前已出版的52卷《汉画总录》，不仅曾斩获"第三届中国出版政府奖"（2014）这样的殊荣，也获得了学界同仁的广泛认可和赞誉。学界前辈以不同形式，对朱老师和汉画研究所的工作表达肯定，并鼓励我们这些"后生"一定要耐得住寂寞，坚持下去。不过从我的感受而言，除了最初入门阶段确实有点困难之外，克服之后便越来越自然，甚至后来在一定程度上开始有点"享受"过程的感觉。有人或许会觉得这样的说法言过其实，但实际上却是"规模化"的学术积累，在研究中效果慢慢显现之使然。

（左）2015年朱青生教授在山东邹城市博物馆著录汉画像石；（右）2015年北京大学汉画研究所各位同学及同事在邹城孟庙著录汉画像石工作的午休间隙，从左至右：徐志君、罗家霖、刘冠、任楷、谷文文、徐呈瑞、岳嘉宝、罗晓欢。（拍摄者：杨超）

» 尤其在我自己长期关注的中国古代建筑史方面，虽然硕士研究生阶段自己还没有作为一个"环艺人"的自觉，却也很想在古建研究的固有传统之外，探索是否能以环境艺术的眼光和理路，来理解古人在营造领域的思想与成就，并从建筑装饰的角度作过一些尝试[①]。

> ※ 环艺人血脉中流淌着建筑学的基因，尤其中国传统营造，不仅是系统性建造技艺，更蕴含着深厚的环境哲理，从相地、选址，到装饰细节莫不如此。

但当时的这种努力显然并不成功，其主要原因在于没有找到合适的方法；或者换言之，由以梁思成、林徽因两位前辈为代表所开创，亦称为"梁林体系"的中国古代建筑史研究方法，本质上具有相当程度的专门性和特殊性，并不适于拓展至更广阔的艺术史范畴。因为首先其研究的基本模式，主要是一手宋《营造法式》和清《工部工程则例》这样的技术性古文献，一手古建实物调研测绘，再通过两方面材料的对比辨析而形成可靠的解读。所以，这就使得中国古代建筑史的"信史"，只能着落于上述两类材料皆有存世，并可以（直接或间接）产生对比交集的中晚唐[②]至后世明清时期，若向前代追溯则因缺少专业文献和实物（木作）建筑遗存而受限。其次，"梁林体系"下的建筑史的核心是探究古代（木作）建筑的技艺和结构，不仅观念中带有鲜明的"技术史"特征，实际效用上也更倾向于建筑的修缮维护，以及复原重建等领域；尽管后来有着关于建筑等级制度、园林景观营造、民族区域特征等方面的很多研究，但其学科主干始终并不十分强调建筑作为特定生活方式的载体，抑或艺术创造的形式等更具文化意义的分析。再次，建构"梁林体系"的底层思维框架，具有当时西方流行的"社会进化论"色彩，并且这种历史局限性一直被后代学者所继承，从而影响到今人对中国古代建筑的理解。

> ※ 在学术研究中敢于对先辈的学术质疑是一种优秀的作风，一代人有一代人的局限性。质疑并非否定，而是一种追求客观的尝试。

---

① 我的硕士学位论文，便是在常大伟教授的指导下，完成的对中国古代建筑装饰领域的研究。参见：刘冠. 中国传统建筑装饰的形式内涵分析 [D]. 北京：清华大学，2004.
② 中国遗留至今年代最早的木作建筑（相对）完整的实物遗存，为五台山南禅寺正殿，（据考认为）重建于唐建中三年（782）。——笔者注

例如，林徽因曾在 1934 年为梁思成《清式营造则例》所写的《绪论》中，把中国建筑史的概念，划分为"始期""成熟""退化"三个阶段[①]。梁思成先生则在 1946 年所著的英文版《图像中国建筑史》中更按照 18 世纪德国艺术史家温克尔曼（Johann Joachim Winckelmann，1717—1768）描述古典艺术的系统，把中国建筑分为汉代的"发育"时期（Period of Adolescence），唐、辽和北宋的"豪劲"时期（Period of Vigor），北宋晚期至元代的"醇和"时期（Period of Elegance）以及明清的"羁直"时期（Period of Rigidity）[②]。

» 这种理解和划分尽管比较简洁清晰，并且符合大部分人对中晚唐之后到明清中国建筑形态的基本印象，但对早期部分的理解似乎有些过于"想当然"式的判断；至少在我所熟悉的汉代，从汉画中遗留至今的建筑图像，以及随葬汉代建筑（明器）模型、汉墓祠阙、建筑遗址等各类材料来看，其建筑的各方面成就，（与后世相比）显然不能简单以"发育"时期来概括。当然，如此申说并不意味着对中国建筑史奠基人和学界前辈有任何的不尊重，而是源自我在多年来编撰《汉画总录》过程中，接触大量原始材料所获得的真切感受；并可从一个侧面印证朱老师带领研究所同仁，多年来为建立这一汉代图像志工程所付出努力的重要学术意义。

» 作为研究工作的一部分，我在哈佛学习进修期间曾专门根据梁先生当年美国留学阶段所遗留的手稿搜索相关线索，试图了解当时先生对早期中国建筑的研究轨迹。根据其年表可知，1927 年 2 月和 6 月，他在宾夕法尼亚大学分别获得学士及硕士学位后，7 月进入了哈佛大学研究生院城市设计专业读研究生；1928 年 2 月，在哈佛大学兰登·华尔纳（L.Warner）教授的指导下准备完成博士论文《中国宫室史》，后于 3 月底与林徽因在加拿大渥太华成婚，再之后两人便离开美国，

---

① "大凡一种艺术的始期，都是简单的创造，直率的尝试；规模粗具之后，才节节进步使达完善，那时期的演变常是生机勃勃的。成熟期既达，必有相当时期因素相袭，规定则例，即使对前例有所更改，亦仅限于细节。……唐以前的，我们没有实物为根据，但以我们所知道的早唐和宋初实物比较，其间明显的进步，使我们相信这时期必仍是生机勃勃，一日千里的时期。……由南宋而元而明清的八百余年间，结构上的变化，虽无疑的均趋向退步，但中间尚有起落的波澜……"引自：林徽因.绪论 [M]// 梁思成.清式营造则例 [M].北京：清华大学出版社，2006：15.

② 梁思成著，费慰梅编.图像中国建筑史：英汉双语版 [M].梁从诫，译.天津：百花文艺出版社，2000：61，65.

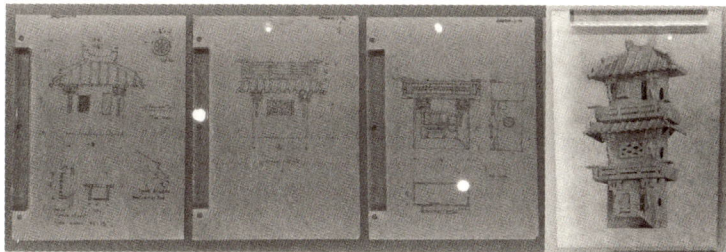

（左 1–3） 梁思成绘汉代三层陶楼的立面图纸手稿；（右）梁思成绘同一陶楼的水彩透视图手稿（拍摄者：刘冠）

游历欧洲，横穿西伯利亚，直至 9 月从东北入境归国 ①。因此，梁先生实际在哈佛的学习时间并不长，但在这短暂的过程中，他却十分认真地想从汉代入手开启"宫室史"的研究，无奈当时手上能找到的有关汉代建筑的材料极为有限，无法支撑有效的论证。他曾对一件哈佛大学弗格艺术博物馆（Fogg Art Museum）收藏的汉代明器陶楼进行了细致的测绘制图，并撰文《一个汉代的三层楼陶制明器》（*A Han Terra-Cotta Model of a Three Storey House*）提出："（这件陶明器）在建筑学上，它极有意义。……这些住宅是否原本为死者准备的在阴间的生活之处虽然难以肯定，但从外观上，它却是该时代居住建筑的极好表现。②"

　※　阳宅的空间模式和建筑细节必定是阴宅的楷模，因为人类对于阴间的环境想象无法超越现实环境。但这种想象中的营造可以更加自由，更加理想化。

该篇文稿和图纸现皆保存在清华大学建筑学院档案室，并于 2021 年 8 月，在苏老师担任策划的"栋梁——梁思成诞辰一百二十周年文献展"中展出 ③。除此之外，梁先生还以线描形式著录了收藏于波士顿美术博物馆（MFA）的"偃师邢渠孝父"画像石中画面右下方榜题为"咸（函）谷关

① 梁思成 . 梁思成全集：第九卷 [M]. 北京：中国建筑工业出版社，2001：101–102.
② 梁思成 . 梁思成全集：第一卷 [M]. 北京：中国建筑工业出版社，2001：1–12.
　译文题注："该文为打字稿，（原文）现存清华大学建筑学院档案，（具体写作日期不详）估计作于梁思成先生第一次赴美留学期间。"
③ 苏丹老师在接受采访时说："梁先生是中国近现代文化史上绕不过去的一个人物，他的贡献与思考，以及他遭遇的挫折与留下的遗憾，是我们今天必须面对的问题。"引自：史海钩沉 | 历史回望 大师风采 "栋梁——梁思成诞辰一百二十周年文献展"参观纪要 [EB/OL]. http://www.360doc.com/content/22/0620/14/76486372_1036738967.shtml.

笔者（左）与应非儿女士（右，现为波士顿美术博物馆中国部助理策展人）在该博物馆库房中重新发现20世纪初流散海外"偃师邢渠孝父"画像石的工作现场（拍摄者：刘子亮）

（左）笔者在波士顿美术博物馆库房中，查找并发现梁思成早年绘制并撰文描述的"汉代三层陶楼"场景（拍摄者：刘子亮）；（右）汉代三层陶楼中的顶层局部（拍摄者：刘冠）

东门"的建筑形象，并认为："其所予人对于当时建筑之印象，实数明器及其他画像石均忠实准确也。①"因此，梁先生对这件汉代陶楼和这块汉画像石的著录，在某种程度上可视为中国建筑史研究开端的标志，但两件文物皆早年流散海外，后来中外学者都再未曾有过记录，不免令人感到些许遗憾。不过幸运的是，经过多方寻访查找，2018年夏天我终于在波士顿美术博物馆的库房深处找到了这两件尘封多年，且对中国建筑史有着特殊意义的东西。当我面对着它们，距离上一次梁先生的注视，已过去了整整九十年。

» 能有如此机会与前辈泰斗"穿越时空"地对望，无疑要归因于《汉画总录》编撰研究的推进；也正是在此过程中，让我可将历年来出土或征集，并散见于各处的汉代建筑图像材料略作梳理，尤其以《汉画总录》近年工作重点区域的山东、苏北、豫东、皖北②片区为主，

---

① 梁思成.中国建筑史 [M].天津：百花文艺出版社，1998：60.
② 这一区域的地理范围，基本与现代中国经济管理概念中的"淮海经济区"相似。——笔者注

> ※ 环境不仅影响文化，甚至决定着文化的根基。因此，我们从历史研究和考古现象可以看到文化圈和地理之间的某种重叠迹象。这些现象和推论是否也进一步加深了我们对环境的认知？我想这是必然的，是个迟早的问题。

并在 2020 年以 69 万字的篇幅，出版成一本小专著《汉代建筑图像研究——以苏鲁豫皖地区为中心》。在这本书中，可见今天我们所能获取的研究材料已与当年梁林时代有了数量级的飞跃，因此我有意识地尽量将这些资料按照柱子、梁枋、屋顶、墙壁、门窗等章节渐次展开，较为充分地收录于文中，不仅便于以后的学者们检索及进一步深入探讨，也希望通过这样相对全面的呈现，让读者更直观地理解汉代建筑的本来面貌。对此若简言概括，"汉代建筑应该在整体上尚处于多元化、多样性的阶段或时期，与后世（尤其宋辽金之后）以主流（官式）建筑为正宗的中国传统建筑'一脉相承'（梁思成语）的发展模式形成明显的差异。也就是说，后世中国建筑史的稳定传统在汉代尚未形成，即使有些细节开始萌芽，但远未统一。"[①] 换言之，如果只看中晚唐之后的建筑史，或可符合梁林"发展 – 高峰 – 衰落"的理论框架；但汉代建筑活动却有与之不同的、多元化的观念和做法；并且在两汉四百余年间各地获得了充分多样化的发展，日后经南北朝的统合（尤其是北魏的作用）[②]，再流传至唐宋的也只是其众多形式之"一路"而已，所以并不适用简单的技术"进化论"解释逻辑。另一方面，长期以来建筑史学者对古代建筑图像、模型等间接性证据的可靠性，始终存在着强烈的质疑，因为它们必然包含着对真实建筑物的夸张或虚构成分，而且这些材料自身也具有信息"碎片化"的问题。所以在技术层面，我会按照"孤证不立"的原则，剔除一部分个体偶然创作的潜在干扰；同时按建造活动所遵循的基本土木结构规律，来衡量其在真实世界中实现的可能性；再于结论中保持适度的开放性和模糊性来处理。

---

① 刘冠 . 汉代建筑图像研究：以苏鲁豫皖地区为中心 [M]. 桂林：广西师范大学出版社，2020：797.

② 南北朝时期在中国建筑史的作用，很可能被严重低估了。谈到这一历史阶段，建筑通史中大多只会提及所谓"人字栱"或"叉手"的出现，以及后期栱臂由直而曲的细节现象等。但实际上，尽管南朝建筑材料目前仍几乎一片空白，但从北朝石窟寺、房形椁、模仿地上建筑结构的墓室等各类材料所反映的情况来看，在当时相对动乱且政权割据的社会背景下，建筑形制和做法却呈现出"逆势"统一的趋势，其中原因必然与迁徙及多民族文化融合有关，但具体机制尚待进一步厘清。此外，在北魏"平城期"至"洛阳期"转换阶段，很有可能也是部分后世建筑典型建筑特征，如举折屋面（即所谓"反宇"或飞檐）出现并发展的关键阶段，并延续至初唐，逐步稳定成熟。因此，这一时期若按梁林体系中，相对于建筑而称"发育"期之说，似乎至少在现象层面被接受。——笔者注

» 而从图像进入汉代建筑史，在方法论学理层次上还有着更重要的意义。因为传统的中国建筑史研究，主要目标始终是通过文献记载与古建实物的对照，考据实际建筑的形制特征，并构成古代建筑文化的基础。只是从历史研究的宏观架构以及发展趋势而言，这种基础并不应是研究的全部，因为在文字史料所代表的固化概念与叙事、实物材料所代表的特定事实及痕迹之外，图像资料却有着独立于两者之外的发生机制。例如，20 世纪初德国艺术史家阿比·瓦尔堡（Aby Warburg）将图像的这一特性称为"思想空间（Denkraum）"[1]，该提法的含义比较复杂，各家学者亦多有分析。其中一层则是将图像视为一种信息载体，却不以固定的概念和逻辑的结构来承载；而是诉诸一种"空间"的形式容纳并建构思想的呈现，从而使之具备指向（确定性）和模糊（开放性）的并存状态。

» 因此建筑图像作为间接性史料所反映的现象，尽管确实不一定能与实际建筑物的样貌严格对应，但从汉代人精神世界的角度而言，即便是对建筑想象和夸张的塑造描绘，也必然反映出当时某一时期、区域、族群意识中，对营造活动的某种理想形态。此外，汉画中的建筑图像往往也不是单独出现，而是存在于如祭祀、拜谒、仪仗、迎逆、乐舞、宴饮，甚至战争等具体的画面人物场景关系中，这些"情境"既是文献中所缺失的，也是实物建筑遗址所不存的，却是图像所拥有的优势。它构成了探讨当时"人–建筑–环境"相互关联的新视角，所以原本那些只能从史料中被剔除的"假象"或无用的成分，却可视为古人在摆脱了实际建筑物理限制之后，精神意识"真相"所留下的直观痕迹，因而具有新的研究意义。

» 随着这样层层递进的介绍，似乎作为"环艺人"的我，以汉代建筑图像研究为途径找到了二十年前所希望的，以"环境艺术的眼光和理路，来理解古人在营造领域的思想与成就"的一条道路。我想也许是，也许不是，这是很难回答的，因为尽管数年努力之后我写完了一本书，解决了一些问题，但它所带来的是更多的问题。尤其是在环境艺术及设计背后，发挥着关键作用的"环境观"，↘

---

① 阿比·瓦尔堡（1866—1929），路德时期语词与图像中的异教古代预言家。——笔者注

※ 环境本质上是一种超越学科的方法论，环境意识是其核心；具有非语言表达的属性。但其对于我们认识世界都具有积极的作用。刘冠这段文字中提及的"环境观"，我认为就是"环境意识"的一种表述方式。

作为思维方法具有一定的"存在主义"特征。它使得处于特定环境中的每个组成因素固有的本质，让位于特定环境关系之下的存在状态（即所谓"存在先于本质[①]"）；同时各因素之间，也由之构成一种微妙的系统。另一方面，朱老师在近三十年汉画研究的过程中，认为汉画图像最重要的研究价值，就在其与所属汉墓祠阙的建筑空间、方位朝向、物象组合等各类环境因素之间所构成的特定"形相"[②] 关系，以及随之产生的图像性质、作用与意义相应转换问题，朱老师将之开创为"形相学"理论体系。因此，虽然看起来"环境观""存在主义""形相学"三者之间好像有着不少共通之处，但实际上却包含着诸多细微但尖锐的矛盾，进而导致在认知和阐述方面产生更大的差异。

» 这类问题总是让我着迷，也容易越想越深，越想越让人头痛，所以就先写到这里；倒不是因为什么篇幅所限，主要是自己对此真没搞明白，只能理解到这个层次了。但无论如何，已经拉拉杂杂地写了这么多，好赖也都出于赤诚。作为一个艺术史学者、一个汉画研究者，以及一个"环艺人"，我觉得自己是幸运的。

刘冠

2022 年 9 月 20 日，于书房

---

① 这句话由萨特在其 1946 年发表的《存在主义是一种人道主义》一文中提出并解释。——笔者注
② 形指"图形"，《礼记·乐记》曰："在天成象，在地成形。"因此"形"的概念是与"象"相对应的，指代实体的样貌，相当于现代汉语中"像"的意义。相，《尔雅》曰："相，视也。"《说文》从此说，曰："相，省视也。《易》曰：'地可观者，莫可观于木。'"所以"相"的本义就是看、观看或者审视。"相"之本义为看，但绝非泛泛地看见事物而已，而是通过观察其表象或表征，与之内在的意义形成联系。此处"形相"之相，重点指包含位置、朝向等因素在内的"相位"关系。——笔者注

"艺

中的

的

术 "

环艺中的"艺"

艺是环艺的组词之一，艺术也是环艺工作的重要组成，表达出这种创造行为模式的特征。环艺是我们真正可以对于环境为之的事，通过它实现干预环境形成接近理想的结果。而我们如何干预环境是一个深刻的问题，充满争论、充满悬念。环艺的工作性质具有模糊性和一定的不确定性，在不同的环境条件下会针对性采取不同的策略，采用不同的方法。但环艺终究不是艺术，尤其在一个特定的大建设时代，它必然借用工程的方式，因为唯有工程方可在一定程度上大规模地改变现实。

环艺在未来是否采用别的方式不得而知。但从其诞生至今，它不过是一种具有审美意识的设计活动。而环艺中的艺既表现为实践的手法中蕴含着的艺术气质、也涉及设计结果中的形式美学。这种混沌状态经常令我们感到迷惑，并难以向他人表述艺术在其中的位置。

艺术的基因

四十年前环境艺术在中国的横空出世，可以看作是艺术与设计一次热烈交媾的结果。因此它如极茁壮的处子，第一声啼哭就划破了夜空。并且我以为在这次伟大的邂逅和交合中，艺术扮演了雄性的角色，因此它的基因留在了结果的深处。

第一代环艺专业均诞生在以老牌儿独立美术学院身份为主的艺术类院校，这绝非偶然。因为唯有美术学院这种并未被彻底现代化之地，才有可能快速完成这样的探索和示范。美术学院虽是环艺专业孕育的母体，也是其基因组成。在第一批环艺的空想家、先驱者和旗手中，也不乏艺术家和艺术批评家的身影。

那么何为艺术的基因？作为环艺延续了艺术基因中的哪些部分呢？这个问题必须予以严肃对待。

环艺介入环境的方式以设计为主，但其思想意识活动中包含着艺术的理想主义畅想，手法中存在着艺术与设计结合的痕迹。环艺延续了现当代艺术中态度方面的开放性和包容性，使得环艺实践具有多元化特点。

环艺是艺术和设计的结合

20 世纪 80 年代的环艺是 85 美术运动的一个分支，是一股浩浩荡荡的洪流，它无愧于艺术与设计汇流的楷模。它是以工程设计和艺术设计作为主流裹挟着艺术和科学的一场声势浩大的运动，它一方面促进了学科建设，一方面解决了改革开放掀开的再次现代化之早期面临的诸多问题。

环艺是在艺术审美的牵引下释放工程设计强大功效的，它大大延展了艺术和设计参与社会建设的领域，增进了艺术的实用价值和设计的社会效益。当环艺开宗立派成为一个学科之后，它的发展也带动了传统的工艺美术和纯艺术专业，这得益于它所执掌的空间话语；它的发展还带动了产品设计和视觉传达设计等专业方向，在这方面环艺具有强大的整合能力。

环艺有审美的作用

环艺的审美是一种新的美学体系，是建立在现代美学新发展成果的基础之上的新境界的创造。它的美学包含着自然美学和社会学成分，还包含着空间美学和技术美学的因素。

环艺中的自然美学制定了审美过程中的伦理，是创造中最高的法则，导向至高的境界；环艺的社会学成分是创作过程的底层逻辑，形成塑造社区关系的机理；而空间美学则是关乎审美主体的身体感受，是沉浸式的，反映了体验主体对经验的重复。

环艺的美学生成是体验主体和环境相互促动下完成的，表现出了体验主体的主动性作用。

艺术是环艺的危险陷阱

环艺虽然是艺术与设计交融的学科，但本质上仍然是一种设计行为，它针对于现实问题采取行动，有很强的功能目的。从人类学的角度看去，它属于设计类行为模式；从实践行动的组织成分来分析，设计占有主要的成分比例。因此对其评价的基本标准应当采取设计类的。

环艺中的艺术性表现具有当代艺术的特征，它是综合性和现场的，是运动和发展的，它在开放中吸纳能量，在与社会的互动中形成最终形态。环艺中的艺术表达具有一定的抽象性和模糊性，是传统艺术的叙事方式难以承担的工作。

所以沉迷于唯美性传统艺术的环艺有一定的危险，它有制造割裂的潜在危害，也会造成物质浪费和情感损耗的事实。环艺是服务于人类生产和生活的，具有一定创造性的工作，它有实用的特征，功能是其审美的基础。片面突出艺术在其中的作用往往会适得其反。

用艺术拯救环艺

博伊斯创造了社会雕塑的当代艺术观念，某种程度上环艺具有社会雕塑的特征，理想中的环艺就是社会雕塑的全过程。艺术的环艺具有塑造社会的功能和可能。

环艺属于设计的范畴，有实用主义意识和功利主义倾向。这是环艺走向没落的根源。事实上也是如此，其近三十年以来的高速扩张历史也是去艺术化的历史。工程设计因其实用性而得以成为环艺人仰仗的主要手段，环艺在行为模式上由此变得单一化，其设计思维呈现出扁平化，最终导致社会空间载体和人居环境的单调乏味。这种环境下塑造出来的社会生活和人格也是平庸的，缺乏趣味和创造力。环艺应当是艺术带动下的设计活动！

博伊斯还说过："人人都是艺术家"，环艺人也可能发挥艺术家的作用。在环艺的过程中适当保持艺术的状态是非常有必要的，艺术精神是关于创造欲望的生成机制，艺术的批判性是催生环艺自我更新的内在动因，保持它才能振作，就有希望。

苏丹

2025 年 5 月 23 日于景德镇

张羽 的 设计

张羽生于哈尔滨市，哈尔滨工业大学环境艺术设计本科、建筑学硕士，同济大学建筑学工学博士，清华大学美术学院设计学博士后，现为北京建筑大学建筑学院教师。

人生的道路多波折，为了减少波折带来的疾苦，许多人过早地为自己做完了人生的规划，其中职业规划是重头戏，因为这方面在未来成功与否似乎可以预见。但在现实中，人的职业之路在不同的路段都有许多岔路，误入歧途和另辟蹊径都始于在起心动念之间的选择。结果往往相差很大，理性判断决定着一切，情感冲动影响着一切。

艺术界叫张羽的有好几位，都在自己的领域做得风生水起。这一次我给大家介绍另一个张羽。张羽，女，40岁，现在北京建筑大学建筑学院任教，她的专业是建筑设计和环境设计，从业以来随我参与了很多工程设计任务，有着丰富的设计经历。但近几年以来，她却在环境、规划设计的工作中旁逸斜出，在手绘设计图的事业中开拓出一片新的领地。她画的这些图画风格独特，似是而非，很难归入既定的类别，比如漫画、卡通、插图、写生等。但这些十六开大小的图画，又似乎兼具很多画种的特点，令人耳目一新。

其实，图形语言是凌驾于画种之上的分类，而画种的强调却有狭隘之处。我一直以为一种新的图式，只要它有自己独到的效用，何必在乎它划归哪一类别呢？张羽的这些图画看起来幽默、生动，叙事方式别致，图文并茂；技法方面简单实用，以建筑师擅用的小抖线为主，从

北京秋游－潭柘寺与戒台寺　钢笔淡彩 26cm×36cm 水彩纸

图绘

不炫技，作品依靠内容取胜。这些有趣的画面的内容中有一些是和设计工作以及设计教育有关的，比如工程设计前期的现场踏勘调研、教学中参观实习的视觉笔记。但她的图画行为的价值取向明显严重偏离了设计工程属性，而倾向于环境场所信息的罗列和表达，并越走越远，越走越快乐，像误入"桃花源"的行者，痴迷于自己营造的图境之中。如《北京秋游－潭柘寺与戒台寺》这张图画，把苍老的古刹名寺画得如此明艳，画面中古木交柯、建筑劲道、偶像巍然、充满生机。其中对建筑构件细节的刻画，暴露了专业马脚，比如屋脊的吻兽和角檐垂脊的走兽是建筑装饰中的要物，它们和建筑形态结合贴切、稳妥。画中很多细节和场所以及出游活动的形式有着密切关联，作者耐心地把它们有序地穿插在景物之间。这种图像叙事的组构方式在过去中央工艺美术学院装饰画系的训练中有一套方法，前辈袁运甫先生的许多壁画作品都采用了此法构图。但张羽的方式似乎更精确一些，不仅抒情，更在意记录和标注，因而细节应当是精准的，标注应当是详细的。

线描在张羽的图画中是造型的主要手段，无论山水格局、屋舍楼宇或草木团花都以细笔勾勒，然后简色晕染。因此图画中有关组成物像的一切细节均是明确的，包括物品、物件、事物本身的形体，以及它们之间交汇的关系。这方面的刻板体现了设计师职业方面的精神面貌，是其美学建构的一个基础。在设计师的图像观念中，扎实、固执、结构逻辑是情感的底色，它带有浓郁的造物意识，而非个人情绪。在这种图像中，作者几乎是隐身的，她（他）只是给我们留下一个个谜局，让我们也误入其中，然后流连忘返。

《北京世界园艺博览会》《浅睡》《父亲日本游记》都属于这样的典型，以至于画面干脆抛弃了颜色，成了彻底的白描。这种模式下，张羽的图画已经很像漫画了，但我以为它们终究还不是漫画，因为它们创造的趣味有浓郁的知识传播意味在里边。并且它们生产幽默的方式不是依靠形态夸张而获取的表现力，反而我认为张羽是凭借耐心和细致获得了许多令人忍俊不禁的效果，这种轻度的幽默难能可贵，具有一种因节制而生成的高贵感。张羽图画中空间场景叙事跨度也很大，从大自然到人工小环境，从伟岸的地标建筑到日常生活中隐秘的角落。这种大跨度以及素材方面的多元化，也体现出作者的热情、好奇心等。对于这一点，我略有点矛盾，我一方面希望她能聚焦于一类问题，其至是物件，也就是在一定的限定下进行创意和表现，同时获得自己的"符号"。后来觉悟到这其实是一种职业的局限性，并没有实质性的意义，因为设计师的窘境就是所有的创造都在命题和限定之下进行，久而久之我们已经成为习惯于自我限定的高级物种，有几分受虐狂的嫌疑。

但终究张羽的这批作品的起点和建筑绘图有关，它们不是真正意义上的插图或漫画，但这并不是作品的缺陷，反而是一种新的可能的尝试。它们是边缘性的，游走于设计表达和情绪表达之间。这种边缘的属性使它们获得一种左右逢源的境遇，不断吸纳着设计表现方式中的理性和漫画、插图中的感性因素。这些中间产物在一个新的历史时期或许将一鸣惊人，因为专业知识的科普性要求已经是一个公共性的问题，同时科普过程中的艺术性和技巧也被提高到艺术的层面而进行讨论，它们已经成为一个国家和社会的计划。在这种语境之下，科学和艺术的"杂种"将层出不穷。

建筑表现的历史从现代主义开始就已经形成了一套比较固定的模式，围绕着空间布局和形象设计去排布图文并茂的阐释，对于建筑设计教育来说具有双重的作用。其一是理性推导的逻辑训练；其二是概念和图形的转化练习。这方面在大学学习阶段会得到强化，这种语法和词汇应当说是非常有效的。至于张羽把这种模式导入一个无用的境界，也许可以认为是一个大胆的涉足、一个创举。她悄然改变了传统建筑表现图的体例关系。也就是在画面中让文字叙述更加简约，更富调侃意味，让图像的组合更具矛盾和冲突。

从设计的语言来说，这种方式或许是一种倒退，因为我们发现许多地方图说逻辑的线索断裂了，但我们也会惊讶地意识到这些线索并未消失，而是在作者精心布设下发生了错位。空间表达大幅度让位于平面化表达也是张羽作品的一个特点，但我认为，这恰恰是图和画性质转变的重大标识。

张羽本科就读于哈尔滨工业大学建筑学院艺术设计专业，那里也是我的母校，硕士阶段和博士阶段的学习都在建筑设计学科中度过，博士阶段的学习跟随我在清华美院进行了两年的工作。她的工作能力很强，

北京世界园艺博览会 钢笔 A4 漫画纸

浅睡 钢笔 A4 漫画纸

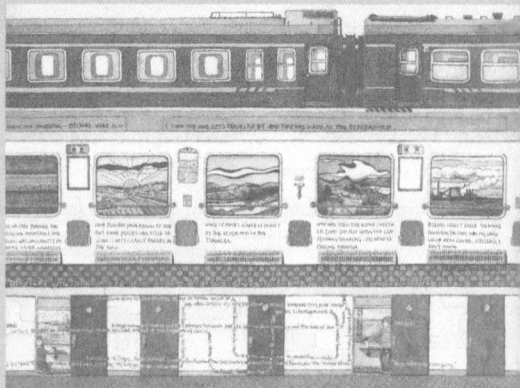

在路上 钢笔淡彩 26cm × 36cm 水彩纸

童年小院儿　钢笔淡彩 26cm×36cm 水彩纸

B367（博士后期间）　钢笔淡彩 A4 水彩纸

是女性设计师中的佼佼者。很早之前我就注意到她开辟了一个建筑环境表现的新领域，并一发不可收拾。我觉得她的尝试很有意义，那么这个意义到底为何呢？那就是说张羽的图画画面本身没有意义，但其中弥漫着淡淡的爱意让人快乐。这个回答也许是令人火冒三丈的，但却是贴切的。

另外，开创新的图示语言本身就是一件很了不起的事情，它的血统独特，以建筑学表现中的渲染、速写、淡彩、图文结合为底色，采用了多种"转基因"手段。看她的这些作品，总觉得有日本浮世绘和当代卡通漫画的影子，后来和张羽聊到这些的时候，她坦承自己的确受这些东西影响很大。早在初中高中阶段，她就喜欢看北条司的《城市猎人》《猫眼三姐妹》、鸟山明的《七龙珠》等动漫书，到后来又深入学习了《纽约客》供稿人索尔·斯坦伯格（Saul Steinberg, 1914—1999）的作品。我猜测这位罗马尼亚建筑师出身的绘者对她启发巨大，让她对城市、空间、环境以及职业建筑师结构、构造语言介入绘画充满了信心。而对藤田嗣治绘画的研究，则影响了她画面的色调和笔触。作品《梦－你们怎么进来的》就有很浓郁的日本绘画风格（图像中蕴含的空、寂之意味）。

建筑学科的综合性，与课程体系中美术教育方面的特定权重，在很多建筑学子的记忆中，成了教育经历中的美好牵绊。其中的一些极端者，潜在地产生了要做一位美术工作者甚至美术家的愿望和志向。这种念头大多被繁重的工程设计任务压制了下来，然而近几年我却突然发现，身边的很多步入中年的建筑师开始重操画笔，颤颤巍巍地在自己家中利用闲暇时间疯狂进行素描、速写这种应试教育下考前班模式的训练，然而从一个建筑师转变成画家，这个路途其实是非常遥远的，我不知道那帮"傻子"能走多远。据我目前了解到的，成功转变的只有两个人，一个是谢小泽（清华大学建筑系本科，中央工艺美院硕士，现在斯坦福大学艺术学院绘画专业教授），另一位是现居住在伦敦的西班牙裔艺术家何塞·玛丽亚·卡诺（Jose Maria Cano）。卡诺的绘画方式保留了建筑学早期教学中的方式，并以此成为其绘画作品的重要特征。在近几年关注张羽图画的过程中，我一直在鼓励她沿着这种既像图又像画的道路走下去。我认为设计出道染指绘画者，一定要保留逻辑和图说的特征，这虽然看起来不够洒脱，但是它有一种复合语言的神秘感和力量，它的纵深感是建构在专业知识体系之中的，就像科幻电影中的魅力来自科学或科学中的哲学一样。但言说城市、建筑、空间、环境的深刻知识又一定要采用轻松一点的方式，用荒诞来为逻辑宽衣解带，用动物的视角来透视人类的空间等。

描绘自己的心境对于设计者来说非常重要，适度地从沉重的专业绘图中挣脱出来，用自己的方式重构一个纸上的空间环境可以说是一种心灵的按摩或灵魂的解放。

我把张羽的这些作品称作"图绘"，个人认为是最为恰当的一种定义，因为这些作品带有鲜明的"图"的特征，同时"绘"是对图的一种改造和附加，它是情绪化的，而精神的把柄依然紧握在"图"中，同时张羽的作品也是细腻的，具有女性艺术家的特征，且具有创新性，它们和作者的职业有关、和性别有关、和个人情绪有关，我认为这样的艺术是属于未来的，既温和又有几分悬疑。

2020 年 7 月 16 日，苏丹写于清华园

何　为

在娱乐中重生

"一个机构的重生——尤伦斯年度慈善晚宴"落下帷幕
之后，一颗新星冉冉升起进入人们的视野，他就是旅
美的年轻艺术家何为。作为本年度该事项的总策划，
他用浸没式剧场的观念完成了一场盛大晚宴，在持续
三个多小时的时间里，不断奉献一道又一道视觉的、
听觉的、仪式的、味觉的"大餐"，惊艳着现场那群可
谓全球最为挑剔的"食客们"。把整个尤伦斯变成一个
剧场，让每一位嘉宾和每一个服务生都成为戏中人物，
正是何为和"咀嚼间"的意图。

当然，空间中的"人看人"并非一个新概念，它在四十多年前就被美
国建筑师兼地产商 John Portman（约翰·波特曼）提出来了。空间中
人与人的相互观望、打量是社交活动的基础，每次在斯卡拉剧院看歌
剧的间歇休息时刻，我就发现人们从剧场涌入大厅，一个个衣着华丽
生机勃勃，大家左顾右盼、频频点头寻找认同，或是相互嘘寒问暖
彼此赞美。把这种陈旧的行为升级为戏剧性的关键是巧妙地安插叙事
主题，周全地营造亦幻亦真的场景，契合地摆布各种道具。

主题很重要，它是归拢每个人散乱思绪、组织各项因素的核心。"一个
机构的重生"是本届尤伦斯年度晚宴的主题，何为由之联想到中国古
典文化中的著名母题"柳暗花明"，希望将"重生的"UCCA 设定为一
座艺术的"理想桃源"。桃花源的古老话题揭示了潜藏在现实社会每一
个个体内心深处的出世欲望，对那个从来都不曾存在过的世界，每一
个时代中的人都不曾停息过自己想象。讲好这个故事，首先要营造一

盛宴

序幕《逢桃》

第一幕《春雨》，耕作中的"桃源仙子"

第二幕《子夜》，昆曲表演《牡丹亭·游园惊梦》

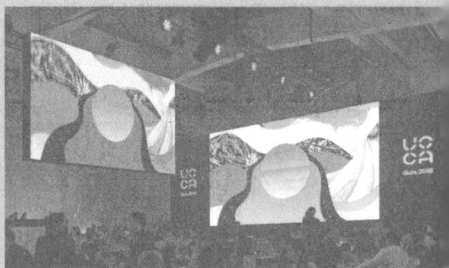
第三幕《破晓》

第四幕《晨沐》

个虚无缥缈的美好世界。《桃花源记》反映了知识分子心目中的理想世界，是介乎天堂和人间的社会，关于自然、田园，然后是关于自由。现实世界和大自然是人们想象的基础，它们在文人笔端流淌着，在艺术家手中塑造着。何为以沉浸式饮食剧场的形式，分《逢桃》《春雨》《子夜》《破晓》《晨沐》五幕展开整场晚宴叙事。田园中一日的轮回间，每位到场嘉宾作为这座室外田园的外访宾客，在"桃源中人"的引导下，参与各环节。

"吃饭"是人类社会最通用的社交媒介，它最具成为戏剧的潜质，因此完美的、创造性的晚宴就是当代艺术。宴会的精彩妙不可言且不胜枚举，历史上许多大事都发生在宴席之间。春秋末期的专诸刺王僚，擅长烧鱼的专诸把锋利的剑藏在烹制鲜美的鱼腹之中，成功刺杀了吴王僚，刺杀工具后被称为"鱼肠剑"，是为勇绝之剑；楚汉相争时的鸿门宴不仅菜肴丰盛、文臣武将济济一堂，而且还有阴柔之美的舞蹈相伴——项庄舞剑意在沛公，更是一场惊心动魄的宴会；三国演义中许多宴席的幕后也都埋伏着杀气腾腾的刀斧手，且总是摔杯为号突然扭转剧情；当下北京，老友黄珂在望京的居室里十几年如一日大排筵宴，席如流水从不停息，十几万客如云烟聚散汹涌、喧闹，黄门内的生活亦是一道社会的风景。宴会是饭局的极端形式，在这种格局里，每一个细节都开始出现美学的踪迹，而每一个宾客也对此充满期待。艺术介入宴会不是高雅的下流，而是其自觉的拓展，是创造力的四溢，它点石成金提升了世俗图景的品相。因此，倾其所有才华于这世相中最具娱乐属性的社会活动中，当属一个绝妙的选择。

何为在纽约的四年时间里坚持以食品作为艺术创作的媒材，以宴会作为艺术的载体，以空间叙事作为艺术的语言。这种方式新颖独特，应当看作艺术介入日常狂奔的末端，最终的结果总是既惊世又骇俗，还能唤醒被遮蔽和压抑的人性，让人洗心革面、如沐春风。当然，这也是受到纽约艺术家 Jennifer Rubell 的重要影响（何为结束美国的学习后曾做过她的助手），这位贵族出身的女性艺术家一直专注于各种宴会，比如一些企业或银行的周年庆典之类。我想这源于一种贵族社交活动，其娱乐属性是与生俱来的。

2014 年何为参与了 Rubell 在纽约布鲁克林区的威廉姆斯伯格储蓄银行

2014 年，晚宴"丰饶女神"第二道菜"橡皮鸡之死"

2016 年，在纽约中央车站首展的《礼（Propriety）》

2016 年，在纽约新当代艺术博物馆首展的《调情酒杯（Flirting Goblets）》

2017 年，在前波画廊首展的《气·生（The Aerial）》

食材为土勺为苗制作的前菜"草色遥看近却无"

旧址策划的名为"丰饶女神"（"Fecunditas"）的晚宴，其中第二道菜"橡皮鸡之死"就出于他之手。所有的宾客喜气洋洋地站在这幅作品前面，不断用一根棍子击打悬在天花上的橡皮鸡，橡皮鸡腹中的胡椒随之播撒下来。

其后，何为进入纽约重要艺术机构 New Museum 做驻留计划，在这个先锋的机构中他专注于新媒体的创作和表现，并将之融入他持续发展的食品创作领域。新媒体的技术应用提升了宴会这种具有明显社交特质活动的敏感性和亲和力，这也是他在对 Rubell 艺术创作方式的传承中形成自己特点的一个重要因素。

之后，何为在纽约陆续策划了一系列项目，包括：在纽约新当代艺术博物馆首展的《调情酒杯》（*Flirting Goblets*），这是一个探究人们社交关系的参与性艺术项目；在纽约中央车站首展的《礼》（*Propriety*），是"Hello! Kongzi（你好！孔子）"纽约文化巡展中的一场瞬时食物互动展览项目；在前波画廊首展的《气·生》（*The Aerial*），是为2017 年纽约亚洲当代艺术周开幕宴会而创作的参与性艺术装置作品；等等。

对于本次尤伦斯慈善晚宴的策划，媒体使用了"浸没式体验"的描述来形容何为和他的"咀嚼间"在本次创作中的观念。这种创作观念来自近几年英美戏剧界的先锋性实验，其中代表性的作品就是《Sleep No More》。2015 年夏天在纽约切尔西区实验剧场中，何为陪我用三个多小时观看了这部剧作。当时我就被这种新派的剧作深深打动了，而感动我的不仅仅是剧情、视觉效果，还有身体实实在在的感知。整个晚上我们两人戴着面具在那由厂房改造的剧场中四处游荡，置身于逼真的场景之中，一切细节近在咫尺，一切声音萦绕耳畔。演员们就在我们身边认真地表演，我们可以听到他们的呼吸，感受到他们的喜怒哀乐和身体的魅力。尤其在最后一幕"最后的审判"中，道貌岸然的法官一个个凶相毕露，丧钟响起，绞刑架上的尸体在我面前沉重地摆动着，令我真切地嗅到了死亡的气息。"浸没"不是符号和影像，而是图像的大数据和空间，我们每一个个体在它们的包围中被深情地吞噬……

浸没式剧场是传统戏剧新的表演模式和空间模式的结合，它打破了舞台和观众席之间的界限，甚至利用平行的空间挑战传统戏剧中叙事所必须遵循的线性时间属性。这种叙事时间结构上的错动带来了许多更加活跃的因素，驱动了观者的主观因素，而主观在修复时间结构的过程中也经常会产生些许创造性的误读。由此，它也对文本的重要性提出了质疑，戏剧表演不再是文本的影子，它可以是一种独立的片段。同时由于极大地拉近了表演者和观众的距离，观众的下意识也被充分调动了起来。

浸没式剧场是个空间概念，在这个概念中，首先要处理好空间的序列和叙事的时间关系。在纽约同何为一起观看《Sleep No More》的时候，我第一次感到空间平行叙事的迷人之处：一方面我们自由地捡拾叙事的碎片，另一方面，我们的身体感受到空间实实在在的刺激。我们身处这种刺激的重重包围之中难以自拔，我也平生第一次在不停的运动中看完了一部戏剧。无疑，这种意识和身体的双重刺激会极大提升观者对对象的认知深度。在一个虚拟技术创造的物像可以以假乱真的时代，我们突然仿佛回到了部落时期的观演方式之中并乐此不疲，这的确是个令人深思的现象。

空间叙事不仅仅是大场面的排布，也需要精致的道具支持。波兰现代历史上最为重要的戏剧舞美大师塔都兹·康托（Tadeusz Kantor）曾说："戏剧是艺术中最美好的一种，因为它处于艺术与生活两者之间。"2014年，我有幸在克拉科夫看到了他的舞台道具展览，展览中每一件道具都是一件艺术装置作品，是空间叙事的精彩细节。在这一方面，何为和他的伙伴们也展示了不俗的实力。浸没式剧场需要海量的细节支撑，因为那些细节就在观众的眼前，它们要不露瑕疵，值得玩味。尤伦斯慈善晚宴活动中，何为和他的团队淋漓尽致地表现了他们把控细节的能力：大厅的签到区的"桃源守门人"不停变换眼睛、抖动全身彩色的毛发四处张望，欢迎各方宾客；预展区里演绎"又摘桃花当酒钱"的调情酒杯摇曳着粉红色羽毛，以含蓄俏皮的方式帮助人们打破沉默；身着古装的"桃源中人"在人群间穿插游走，用羽毛俏皮地招呼宾客进入"桃源"（主会场），准备在那里"设酒杀鸡作食"。主会场舞台上，以食材为土勺为苗制作的前菜"草色遥看近却无"在迷蒙烟雨中生长轻舞；结束前的多媒体演示动画《破晓》，一只凤鸟随着日出完成

2011 年米兰设计周，具有灵活性，展示于街边的三组作品

涅槃，于恢弘的乐曲中宾客们恍然大悟，似乎实实在在见证了"一个机构的重生"的艰辛与广阔未来。

何为的外貌和他内在的精神气质之间有很大的差异，他不高的身躯和娃娃腔很容易给别人形成一种少年轻狂的错误印象，实际上其内心是非常强大的。还在读本科时，他就经常会在课堂上不留情面地发表一些异见，对本人也是如此。大一的时候他曾是美院学生和清华其他院系对抗的一个带头者，从那件事情中我就洞察到他对艺术死心塌地的追随态度。他不能接受在清华这样一个综合性的大学里边，艺术受到其他学科的冒犯。后来硕士阶段他选择了我做他的导师（当然我也选择了他），继续跟着我参与包括艺术和设计在内的一系列活动，足迹遍及北京、上海、首尔、东京、米兰、洛桑等地。在一次次的活动过程中，我总能发现何为出色的执行能力和活跃的思维。因此在很多的项目里他都被我委以重任，包括 2010 年雷姆·库哈斯在清华的演讲活动，以及在 798 四面空间画廊所做的"身体的政治学""戴眼镜的人"等一系列的展览，每一次他都会出色地完成任务。

何为的造型和表现中有一种娱乐精神，而在多年之后的今天，这种娱乐属性不仅未被消除和淘汰，反而演化成为一种作品特质写在文本中，

430

体现在细节里。在和我的每一次沟通中，他总能迅速地理解我的意图，并能把这种意图恰当有力地转化成图像和造型。2011年，我带着包括何为在内的一些学生去米兰参加设计周的活动，当时我突发奇想没有租用展览场地，只带了三口皮箱过去。而每个箱子里边都有一个作品，这三个作品都是关于米兰三个场地未来的设计方案。何为不仅参与了其中一个箱子内容的制作，更重要的是开启了一个关乎他未来的新话题，即新媒体语境之下的艺术空间发展模式，这后来也成为他毕业论文的选题。何为的毕业创作中使用了行为图片、避孕套，还有一个粗糙的建筑模型，当时让师生们很费解，以为他在哗众取宠。一位年长的领导甚至找我专门谈了有关何为的话题，他们认为是我把他带到了一个"不靠谱"的境地。对此，我当时的回答也是很简约的，我告诉他们，何为作品的逻辑性比他们所判断的要强得多。

毕业后，何为选择去美国留学，在选择学校的过程中也反映出他突出的独立意识。他拒绝了很多名校的邀请，最终选择了位于底特律附近由伟大的建筑师沙里宁创办的匡溪艺术大学，体现了中国新一代身上流露出来的"不追求名气大只在意是否适合自己"的难能可贵的品质。这个大学在美国艺术界以及设计职场，都是一个颇具争议的学院，但他们的训练方式的确非同凡响。批判式的教育贯穿所有环节，教师针对学生个体的特质进行培养，而不是用那种简单的、系统性的教育理念和教育方法去塑造每一个不同的个体。来到这个学校以后的第一年何为就显现出他的才华，他在Core 77全球工业设计大赛中获得第三名。在这种尊重个体的教育环境里面，他开始以自己独特的思维方式和造型能力进行发展。至于何为最终选择了"食品"这种媒介，使用"宴会"这种空间载体，我想这其中既包含了时代文化的影响，也有个人的趣味取向。他们这些八零后生性乐观，擅于发明创造翻天覆地的娱乐。

十年前第一次去西西里，最后一站是陶尔米纳，没想到在一处巅峰之上看到了一个始建于古希腊时期的、天人合一、人神共筑的伟大遗址。这个历经两千多年沧桑的历史遗迹，如今虽然已有部分建筑坍塌，但是残垣断壁依然掩盖不住它昔日的辉煌。它虽由人作，宛如神迹，这是我迄今为止看到的最伟大的建筑。因为这个建筑不仅展示了人类的智慧和不可思议的集体力量，还令我看到了一种忘我的精神境界，这种因无私赞美而反映出来的甘于奉献，更是表现了人类灵魂深处所隐藏着的诗性。

这个古剧场历史悠久，依靠它坚挺的结构和坚固耐久的材料得以经受了历史的淘洗，穿越了文明演进的几个重要阶段。最初的剧院由希腊人在西西里殖民时期修建，大概为公元前 3 世纪。这座剧场规模宏大，选址独特。它的平面呈半圆形，直径达 109 米，演奏区的直径为 35 米，总共用料超过 10 万方石材，原本就可以容纳 5400 人，改造之后可容纳的观众人数达到了 10000 人。根据考古方面的研究，古希腊时期的建筑风格是轻盈华丽的，主体建筑使用了浅色的石材。在罗马时期进行过大规模的重修，重修中使用了一部分红砖。这也就是我们今天在遗址上看到的情况，它混合了华丽和雄浑两种风格的建造痕迹。

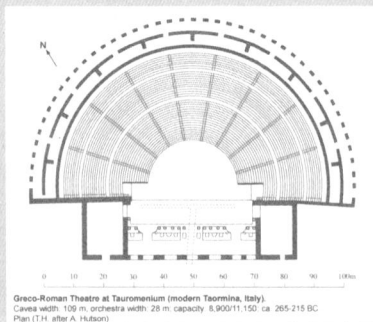

Greco-Roman Theatre at Tauromenium (modern Taormina, Italy).
Cavea width: 109 m; orchestra width: 28 m; capacity: 8,900/11,150; ca 265-215 BC
Plan (T.H. after A. Hutson)

的

环

境

艺

术

陶尔米纳古希腊剧院建筑遗存　拍摄：苏丹

陶尔米纳古希腊剧院建筑遗存　拍摄：苏丹

剧院第一次重建是在大约奥古斯都时期，公元 2 世纪中叶做了一次大型的扩建。罗马人在对其进行翻修和扩建的时候，增设了柱子（现场有六根圆柱底座和四根科林斯圆柱的遗迹），也就是我们今天可以看到的样子。这个气势恢弘的剧场在历史上命运多舛，其神圣、高雅的属性曾屡遭颠覆和亵渎。罗马帝国后期，剧院一度变成了血腥的角斗场；之后，在汪达尔王国以北非为根据地继续向北扩张的过程中，西西里岛与其他几个西地中海岛屿被汪达尔人占领，剧院也因之进一步衰落，后来建筑的部分被改作私人住宅。但是我们今天看到，这个历史悠久、承载着文明之辉煌记忆的剧场又恢复了它最初的功能。尽管其中上演的内容从歌颂、赞美神灵，拓展到咏叹人性，但是功能的复活终于使得海市蜃楼一般的景象在此地重现。剧场功能的恢复影响了审美视角的变化，唤醒了神圣的场景，令一种神圣的场所精神满血复活，再一次呈现出把建筑、艺术、风景、神话共铸于一体的鬼斧神工作品之精髓，令所有的访客、观众、膜拜者为之倾倒。

我想，在遍布历史保护建筑的意大利，这座古老的剧场因其独特的构思和神奇的建造具有无可替代的价值。而其中最突出的意义在于，其通过奇思妙想所建构的环境关系，不仅包含了建筑学体系中的空间美学和工程美学，还有明显的环境美学特征。这些美学的意义体现在剧场各部分的空间组织上，也表达在"胆大妄为"的选址上：这个剧场依山面海建于绝壁之上，绝壁之下沧海横流、波澜壮阔，自然美景尽收眼底；左边是建在山腰的千年小镇陶尔米纳，那里是白天熙熙攘攘，夜晚灯火阑珊的繁华人间。陶尔米纳是人间天堂，或是离天堂最近的人间。吕克·贝松曾在此拍摄电影《碧海蓝天》；法国作家莫泊桑说过："如果有人只能在西西里呆上一天，他问道：我该去参观哪里？我会毫不犹豫地回答他：陶尔米纳。"自然美景和人类社会图景兼容并蓄，在剧场的环境体验中是一个了不起的构想，它足以让这个宏大的人工景观流芳千古。

但这并非它精彩的全部，最值得称道之处在于其景观意象的经营上，大胆地摄取了远方埃特纳火山壮丽的身影。那是一座几千年来不甘平庸的火山，它吞云吐雾，电光火石间永不停息地生发着奇幻的视觉图景，使得剧场在气质上集威严、愤怒、激情于一体，视觉上在浓烈、恢弘、绚烂、迷幻之间轮换，展现了人类非凡的想象力，造就了人类在环境创造历史上的不朽名篇。人们被它感动之处首先在于其建筑艺术和环境的美妙融合，相信所有到过现场的朋友都会和我有同感。坐在剧场逐渐抬升的扇形边缘，我们会发现它精彩绝伦的美妙之处。这种美妙之处是抽象的，它是一种气质之美的体察，一种高贵灵魂的领略；同时这种美妙之处也是含混的，结构、废墟、灯火这些物质属性交织着历史、人文这些非物质因素。

陶尔米纳古希腊剧场的遗址让我看到了一种独特的美学叙事方式，体现了人类环境意识生成过程中的思辨和沉淀。这种意识中具有非常明确的层次感，它既是格局性的，比如我们可以感受到它在规划和设计上关照的不同尺度，比如宏观的、中观的、微观的，均得到了恰当的表现；另一方面则是纵深性的，有内核、有外延、兼具人、社会、神性方面的叙述。因此置身其中，我们的感动是来自全方位的观念的刺激，不仅有大自然的绝美瑰丽暗示的无以复加，也有浩大工程反映出的社会结构，还有世俗生活的活色生香。这种美学的形态不止是物质的，也是非物质的，它所具有的空间能量来自对环境的摄取与整合。因此完全有别于单独的建造对建成环境所表现出来的那种明确的限定性，而是开放的、变幻的、复合的。

无疑，地域环境是培育这种意识的母体，埃特纳火山就是地域环境中最重要的因素。它海拔超过 3200 米，是欧洲最高的活火山。这是一座令人望而生畏的火山，它喜怒无常且威力巨大，历史上它的爆发累计夺去了超过 100 万人类的生命。有文献可证明的第一次喷发发生在公元前 475 年，之后在不同的历史时期数次喷发。18 世纪后，火山活动更为频繁，1852 年 8 月的喷发是较大规模的一次，火山连续喷发 372天，喷出的熔岩达 100 万立方米，摧毁了附近几座市镇。1979 年起，火山喷发活动持续了 3 年，其中 1981 年 3 月 17 日的喷发是最为猛烈的一次。此后火山在 1987 年、1989 年、1990 年、1991 年、1992 年和 1998 年又多次爆发。进入 21 世纪后，火山又在 2001 年、2002 年、2011 年、2012 年、2013 年、2017 年、2018 年爆发。另一方面埃特纳火山的爆发也为当地带来肥沃的土壤，因而恩泽一方。埃特纳火山对于周边地区的影响绝非是物理层面的，更是心理的，漫长的岁月会将这种心理镌刻成为一种潜意识。埃特纳火山喷发时候产生的炽热可以威逼太阳的光芒，它喷吐的浓烟可以像浓云一样笼罩天宇。它的存在

卡塔尼亚地标加里波第门
图片提供：唐汉霄

陶尔米纳古希腊剧场遗址上的音乐会设备搭建
拍摄：王琼

陶尔米纳古希腊剧场遗址上的晚间音乐会
拍摄：王琼

首先源于它不可抗拒的威望，我想这是神话诞生的缘由。

赫淮斯托斯（希腊语：Ἥφαιστος、拉丁语：Hephaestus），古希腊神话中的火神和匠神，与罗马神话的武尔坎努斯（拉丁语：Vulcānus）对应。他是阿佛洛狄忒的丈夫，西方语言中的"火山"一词来源于他的罗马名字。他是奥林波斯十二主神之一，是宙斯和赫拉的儿子，或是赫拉自己的孩子。这位火神既不高大魁梧，也不英俊潇洒。他并不留恋奥林匹斯山的安逸生活，反而更喜欢埃特纳山上的工匠铺，与他的助手独眼巨人为伴。火神的塑造揭示了隐藏在此地人们心中的一个秘密，一切始于一种无奈，始于一种畏惧。神话的产生对于营造活动具有典籍性的指导作用，这是一个看不见的结构。

事实上人类和神的关系一直处于一种恩威并重、爱怨交加的纠葛中。赞美和祭祀需要仪式，仪式则需要艺术，雅典最早的戏剧传统就是起源于祭祀酒神狄俄尼索斯的宗教活动。西西里的文化中到处都有火的影子，火山既是灾难的起源也是恩赐与馈赠。距离埃特纳火山 29 公里的城市卡塔尼亚是个美丽的城市，拥有完整的巴洛克建筑风貌。但这个城市历史上被埃特纳火山毁过九次，每一次劫难之后都顽强地重建，犹如凤凰涅槃。卡塔尼亚地标加里波第门门上的装饰是个凤凰，下面的铭文写着"我从灰烬中再生，而且变得更好"。人类像神的宠儿，但又自强不息，人类在神面前展示出来的能力，既出于敬重，又出于显摆。这座古老的剧院就是如此，它一直在寻找和建立一种和神沟通的新型方式。从谷歌地图上我们可以看到剧院和埃特纳火山存在着明确的轴线关系，我想这绝对不是巧合，而是建筑选址时用心良苦的谋划。

20 世纪 50 年代之后，这个剧院被用以承担歌剧、音乐会、芭蕾舞剧、甚至颁奖典礼等各种活动。那一次在这个剧院的观众席上我看到了工人们正在安装舞台灯光，就意识到这个古剧场当下还在发挥着功效。这就是一个国家和地区历史连续性的生动体现，它得益于文化遗产的活态保护观念和措施。这座剧场给我的启发太多也太深刻了，以至于我和它仿佛一见如故。

在之后的很多时候我会突然想到这个地方，比如教学过程中的例举，比如讲座过程中的煽情……我一直渴望在这样的环境里听一场歌剧，也许只有身临其境才能领会它的意匠之美妙，我想那绝不只是视听方面的饕餮盛宴，还有浓缩了情感和理智的诗性，那种感受一定是无与伦比终生难忘的。

2017年去威尼斯出差，晚上在圣马可广场独自小酌的时候接到了在意大利的歌剧演员田卉的电话，她告诉我此时正在西西里演出歌剧《费加罗的婚礼》，我突然预感到她的演出活动就是在那个剧场。当我询问此事的时候，她很诧异，问我："你怎么知道这里？"去年老朋友王琼和我谈到暑假将去西西里看《图兰朵》，后来了解到他也是在这个我心仪许久的古老剧场。我羡慕这种奢侈的生活方式，觉得这其实是一种代价高昂的启蒙，因为启发环境意识的最佳教育方式，就是投身于环境之中，在内容中沉湎、静思，在形式之中浸染、陶醉，以解放束缚中的心灵，等待顿悟的降临。

苏丹
2020/3/17
写于北京中间建筑

"没

环艺

中

的

计"

环艺中的设计

环艺拥有合法性身份——艺术设计，这是学科对它的接纳和定义。这个定义确立了它的学科内容主体和方法的主流特征，即符合现代教育基本特征的艺术设计训练方法。这也决定了环艺实践的基本过程，一种计划性先行，强调技术直接作用的、可以对结果进行评价的科学性方法。造型能力的培养，工程设计语言的学习，专业知识的学习和运用是环艺人才培养的主要内容，具有鲜明的工程设计特征。环艺是一项从设计到实施的以实践为目标的任务，其中设计是首要的工作。

环艺在设计的学科组群里具有特殊的地位，因为它着眼于整体，既是系统性的也是统领性的。系统性表现在它由外而内寻找问题到由内而外解决问题，全面性处理决定环境良好存在状态的各个环节，环艺是制定环境计划的统帅，是安排各种艺术形式的导演。环艺工作的成功与否在于艺术的创造性和诗意，更在于设计的谋划和技术解决问题的能力支持。

对象和问题

环艺的对象是环境，它是以环境中的问题为导向的工作。由于环境的宽泛，环艺的环境对象就有很大的不确定性，这个对象有可能是实体主导的空间，也许是听从于环境的一整套实物，还有可能是具有社会学意义的社区。对象的多元化必然会引发问题的多样化，而多样化的问题需要采取多种方法来应对。于是作为提供解决方案的环艺设计常常需要跨学科的知识和手段。比如自然生态的修复需要生物学方面的知识和方法；社区治理需要社会学方面的工作方法予以应对；人工环境的品质提升需要建筑科学的视角，和一系列物理公式和物质材料构造手段。

环境是制造问题的自然生态和社会生态的"复合体"，具有永不枯竭的生产能力。对于人类而言，有环境就会有困惑，环境会逼迫人类面对问题和解决问题。历史证明人类取得的进步，就是在不断解决环境问题中完成的。历史还证明了环境永远是个命题者，人类永远是个被动的答题者。

环艺是解决环境问题的专业方向，永远在路上。

理性与科学

环境是一种客观存在，它产生的问题是相对于人类的生存而言的，有多种多样的条件和理由。无论是思考还是行动，作为解决问题的环艺都拥有自己独特的方法。这些方法来自对问题来源的反复推演、假设、实践和修正，最终凭借应用的有效性而得以确认。这个思考过程是高度理性的，方法形成的过程是科学的。

环艺人在环境中发现问题是从现象到本质的认知过程，包含着采样、筛选、比较、分析、归纳和总结。这个阶段是设计工作的开始和准备阶段，需要采样的数量要求，筛选和比较是为了确认问题，以便进行针对性的分析。归纳是要在分析中逐渐把握事物的规律性，最后采取针对性措施进行干预。

跨学科的设计

环艺是艺术设计体系组成中诸多方向之一，面对不同的环境对象，研究问题所采用的方式方法需要借助许多学科的视角去透视。此外在解决问题的行动中，整体过程的每个环节也需要众多学科的支持，比如工程性的、科学性的和人文社科方面的。

跨学科的特点并不意味着环艺的学科内容要包罗万象，事实上它的组成无法囊括如此复杂多样的学科知识，教育过程也无法涵盖如此广阔的多学科领域。摆脱这个困境的方法，还是要通过具有跨学科属性的课题训练来解决，并将其作为一个重要的环节去强调，以此形成一种意识——跨学科意识，达到具备举一反三的能力。掌握一种擅于综合不同学科去解决问题的方法，必须反复训练，要在专项课题中强调这种结合。

实际上艺术和设计相结合的思维，就是始终贯彻环艺课程和解决现实问题的根本性方法，只不过面对大多数问题，这还远远不够！

开放性的学科系统

环艺的学科系统像个底部带孔的大罐子，它既是一个容器，又不是一个封闭的容器。它永远具有变化的可能，与时俱进。但我们也应该认识到，环艺这个大罐子并非为了储备而存在，而是为了输出，即将不同的学科知识和方法融汇之后再输出。在这个容器中，"容"既是永恒的、绝对的，又是暂时的、相对的。融会的知识始终处于缓慢的流动之中。

常言道："流水不腐，户枢不蠹"，环艺学科的空腔和内容的流动虽然是个悖论，但构造方面的设计是最为关键的，可以令其自身保持良好的自我更新能力，永续发展。

事实发展也证明了以上的观点，20世纪八九十年代，环艺仰仗着造型能力（装饰），有效地结合了建筑设计的空间思维和建筑工程设计中的装修知识，成功应对了时代需求并壮大了自己；90年代末至21世纪的第一个十年中，环艺继续向地景和园艺、植物等知识体系开放，形成了富有特色的景观设计方法；那么从现在到下一个十年、二十年，环艺又将如何呢？让我们拭目以待吧……

设计主体的结构问题

观念：环境意识是环艺设计的基本观念，它包含着本学科对环境的定义，也表现了设计主体对环境对象的确认。环境的观念在于甄别和研究环境中组成因素之间的关系，并试图用科学的、艺术的、工程的、社会学的方法介入去影响既有环境，从而接近设计主体理想中的模型。
方法：环艺的方法具有明显的综合性特征，它是理性与感性交织的，是具有艺术感染力的设计工作。环艺的方法中注重用艺术的创造、科学的知识和工程的手段来重塑环境，注重参与者身体的感受。环艺教育也是对思维和身体的双重训练，是形而上与形而下的双重考验。
知识：环艺的知识体系丰富庞杂，涉及艺术、工程、科学几方面内容，而基础的知识仍然是关于造型方面的美学知识以及训练体系。

程序

环艺设计工作有基本的程序，这是科学性的自然表现，是经过反复实践优化而来的。

第一个环节是对设计对象的研究，要考察环境、分析环境，通过现场踏勘、田野调查了解这个场域内的地理信息和社会信息；
第二个环节是对现场获取信息的筛选，从中选出关键的（也就是问题的表现）进行讨论，研究它形成的脉络，寻找破解方法；
第三个环节要寻找破解之道、在各种途径中选择、在各种方法中尝试，最终形成方案；
第四个环节是将方案置于不同语境中进行讨论，然后逐一修正，最终投放实践。

可持续性

环境的可持续性是环艺的目标，环艺介入既有环境，并进行重塑，也启动了生态、社会、审美方面的可持续发展的模式。

当 代

设

现代设计针对的是工业的能力，它的作用是疏导，当代设计则是对工业制造能力的优化、制衡和诗性化。制衡不是单纯的限制，而是通过与具体因素，比如手工的、艺术的形式结合而消除它因抽象性所产生的冷漠和单调。事实上抽象性的消除非但没有使产品文化传播受损、销售迟滞，反而促进了它的认知度提升。当代设计是现代设计的延展，是触及人性和文化最后一段距离的努力。这一段距离虽然近在咫尺，却又鞭长驾远，需要设计界和制造企业付出时间和情感的成本。在市场规律的调解下，品牌在努力，设计师也在努力。唯利是图并不是产品升级换代的唯一的动力，对文化的依恋、对文化表达的冲动依然是创新的原动力。

Natuzzi 是一个有着 60 年历史的意大利品牌，拥有现代设计的底色，它的立足之本在于卓越的皮革处理和加工工艺，以及富有层次的设计制作流程。该品牌的文化在发展过程中，通过和许多著名独立设计师的合作，不断吸纳富有个性的创造力，使之成为其内涵不断生长的驱动力。几十年来，Natuzzi 的产品一直保持着自己鲜明的特色，在众多的家居产品品类中独树一帜。我在其发展历史中看到的，是永不停息的对地域文化的咏叹。

地域文化是具体环境的产物。历史地看，环境不仅有独特的物产，也生产独特的文化。和特定环境下动植物生产（物理性的）不同，文化的生产是综合性和流动性的。在物产和文化之间还有一种东西就是人造的事物，它恰恰就是文化的载体或文化本身，如建筑、人造景观、生活用品、

计 与

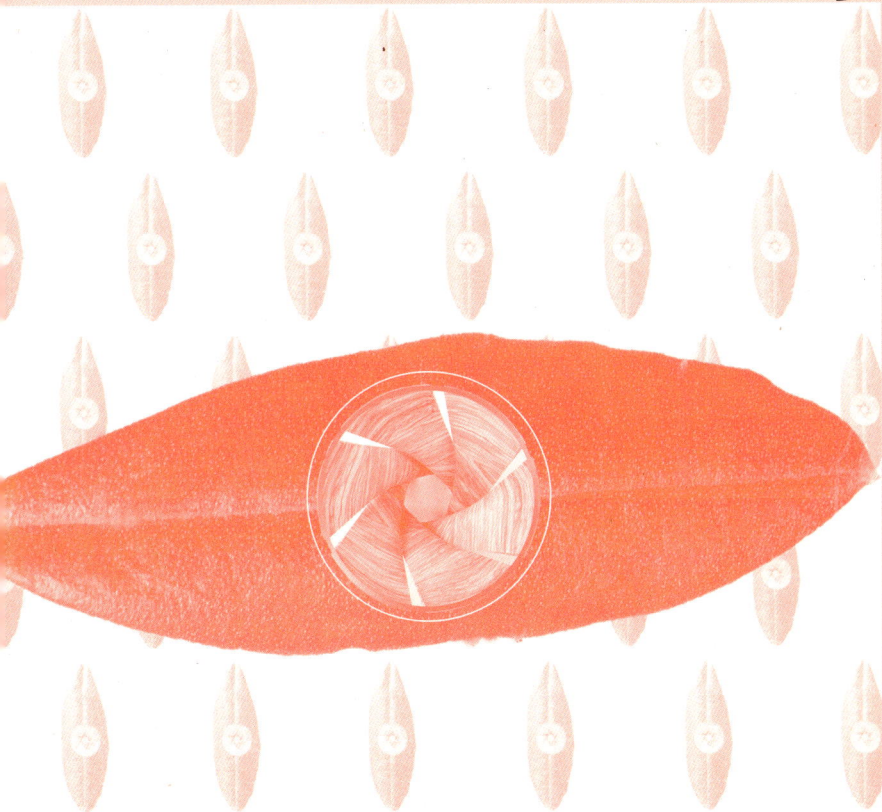

环境意识

图案等。这些物质呈现体现了文化的特质和文明的程度。环境的生产是一个重要的问题，它是一个具体环境持续发展的动力，不断地吸纳、不断地搅拌才能生产出有品质又有文脉的产品。

工艺传统是环境的非物质文化遗产之一，体现了一个地区所具有的创造品质的能力，这个因素是地方性家居品牌崛起至关重要的基础。工业时代的文明都不是横空出世的，尽管工业文明一直在全球范围内快速流动，但唯有良好地结合了当地的资源才有可能成为可持续发展的种子。普利亚地区（Puglia）有皮革处理和加工工艺的传统，而木材加工技术甚至悠久的建造业也对于形成当地生活美学特色功不可没。有两件事情值得关注，其一是当地的古老建造形式，阿尔贝罗贝洛（Alberobello）是意大利普利亚大区巴里省（Bari）的一个小城，城内的楚利建筑（Trulli）世界知名。这种圆形的建筑全部由石头砌成，锥形的屋顶由页岩拼合叠摞而成。据说这是古时候为了应付罗马来的税务官，而发明创造的一种灵活机动的建造形式。其二是当地的土壤和火山岩，意大利南部是多火山地区，土壤中有大量火山岩的碎块，不利于耕种。但顽强的普利亚人经过了数百年的土地整理，愣是把不利于耕作的土地整理成肥沃平坦的牧场。火山石的碎块垒砌而成的墙体分割了大地，形成了当地风景重要的特色之一，这是普利亚人长期与自然环境抗争的结果，也反映了当地人坚韧不拔的精神和工作生活中缜密的计划性。

现代社会中材料的发明和技术手段的进步日新月异，但创造新生活的精神是永恒的。Natuzzi将普利亚地区优秀的皮革处理和木材加工工艺精心应用于自己的产品，同时积极吸收新材料新技术。它们的每一件产品在面市之前都会经历无数次的耐磨、承重等多项产品质量测试。从鞣革到框架和填料，从裁剪到缝线，所有的工序都由集团工厂严格控制以确保上乘的产品质量，凸显纯正意式风格。它们与新西兰Formway设计公司合作研发的RE-VIVE座椅，更是将传统工艺与现代生活美学完美契合，通过探寻"坐"的历史，总结身体运动的自然规律并加以利用，结合实际生产中扎实的工艺加工基础，最终实现产品本身与使用者"意见一致"的夙愿，并由此引领尖端科学设计与意大利精致工艺的统一。

材料和工艺的密切配合是实现设计师方案构想的基本保障，而设计师的灵感与创意总是比基础工艺的发展来得更加瞬息万变。因此，在打造产品并将之无限向设计师理想靠近的过程中，对于材料属性以及加工方式的研究与不断优化就成为设计目标实现的必然要求，同时也是品牌持续发展的不竭动力。Natuzzi 的每件产品从一个优秀的设计方案到一件理想的成品之间，是材料与工艺的反复打磨和打样师在无数次调试过程中精益求精的摸索探寻。当然，在一定时空下社会技术条件终究会面临难以突破的边界，这时候设计师的理想蓝图也不得不与现实达成妥协。Claudio Bellini 是马里奥·贝里尼（Mario Bellini）之子，他曾经为 Natuzzi 设计了一款名为 La Scala 的沙发椅，力图表现歌剧院场景中的优雅品质和辉煌的印象。在他的理想成果中，干净利落的对接边线当是其高贵气质的重要塑造元素，势必透出一股刚柔相济的力量感，大气沉静犹如一部戏剧中的旷世杰作。然而，在无数次的制作改进之后，即便是最顶尖的意大利手工工艺缝制的精致车线依旧难以还原设计师心中理想线条笔挺优雅的精致模样。这诚然是一种遗憾，但或许也是契机，打开未来的一扇窗，设计引领生活的价值也往往在于此。

Natuzzi 品牌的历史中不乏体现灵活机动的组合式家具，并且家居产品总是蕴含了普利亚地区景观环境的某种意象。如建筑师 Mauro Lipparini 在 2016 年为其设计的 IDO 系列沙发，优雅的金属脚茶几可以灵活地嵌入沙发整体框架，成为其极富功能性的配套家具；而沙发本身垂直的棱角和四四方方的表面不仅成就了其经典的现代设计轮廓，更隐喻了莱切城主教堂巴洛克风格的立面构件处理，意韵深远。2018年，Mauro 设计另一个 Colosseo 系列产品继续采用了模块化系统，通过多种形式的组合调节躺靠的功能。此外其制造过程应用了新材料和技术，如坐垫和靠背使用了高密度聚亚胺酯、记忆棉填充，底部则采用 100% 鹅毛。材料的构造层次复杂，但有科学依据和实验数据支撑，体现了该品牌追求卓越品质的耐心和定力。

如果说意大利北部极富时尚与现代生活理念的环境让人们的思维趋于抽象，那么，南部丰富浓烈的地域风情则似乎涵养出一种富于叙事风格的形象思维模式。马塞尔·万德斯（Marcel Wanders）在农学家系列（Agronomist）中设计的手推车茶几（BARROW），灵感直接来源于生活中的双轮手推车。具象的造型使其透出一股俏皮鲜活的味道；轮子边缘圆润的倒角处理、手柄处小段深色胡桃木和与之搭配的用骑马

Natuzzi 创始人 Pasquale Natuzzi 先生

Natuzzi 家具 1

Natuzzi 家具 2

Natuzzi 家具 3

钉装饰的皮革，又在细枝末节之间展示出设计师和 Natuzzi 工艺师们的匠心独思。由 Maurizio Manzoni 与 Roberto Tapinassi 联合操刀设计的 Herman 系列沙发更是 Natuzzi 形象叙事风格产品的典范，作品的初衷便是致敬《白鲸》的作者赫尔曼·麦尔维尔（Herman Melville）。其类似鱼鳍外形的金属外部支撑则无愧于整件作品的点睛之笔，沙发似乎变成白鲸在茫茫大海上为人类托举出的一方陆地，影射着人和动物终将达成和解。

非常巧合的是从 2008 年开始，我就和普利亚结缘，每年都会去那里的乡村、小镇、农场和滨海的餐厅。我了解那里的风景和人文，也熟悉此地的美食和美酒。在巴里地区散落着许多古老精致的小镇，这些迷人的小镇都蕴含了当地人自古以来秉承的美学理念和传统。有一次当地朋友带我到一个叫 Trani 的小镇，指着主教堂在蓝天和大海背景下的剪影对我说，这就是自古以来简约美学的证明。这种美学思想和现代主义的精神不谋而合，也许根本上就是一脉相承。在滨海景区 Monapli，既有古朴的渔村建筑，也有那种透着时髦冷酷的玻璃盒子。玻璃盒子居然是品尝海鲜等美食和品味鸡尾酒的新派酒吧，味道精致而又绵长。当地的餐厅一般都九点之后开始营业，十点钟开始，各种衣着的宾朋纷纷现身，然后觥筹交错。

Natuzzi 一直在塑造一种源于地域文化深处的气质，普利亚的自然景观和历史建筑以及农业生产，折射到产品上就表现为天然、质朴和精致。具有创造性的表现形式就需要艺术的手段，而一个个优秀的设计师的出色表现每一次都会给我们带来惊喜。如何提升和拓展地方文化主题的表现力，是这个品牌永远的命题。因此他们每一年都会在世界范围内聘请名手来寻求答案。这个答案显然没有标准，只有更多的可能性。这是智者之间的游戏，就像中国古代文人的曲水流觞，随着时间的流逝，你不断地在丢掉一种可能，但一定会寻找到一种新的可能。2018 年 Natuzzi 聘请了荷兰设计师马塞尔·万德斯为其设计了一系列以田园风和航海生活为主题的家居产品，这位以创造奢侈和飘逸形象著称的设计师，此次却沉浸在田园牧歌的诗意之中。材质的选择和色彩的搭配有色彩地理学的意味，反映了当地的土壤、岩石和橄榄树叶的色彩关系。像是 Furrow 系列沙发以及 Agronomist 系列中的 SILO & PIF PAF 茶几脚蹬，深沉的棕色皮革仿佛让人不自觉嗅到普利亚某个农场中肥沃土地的温暖气味；航海系列中的 CAPE 沙发则展现了沉稳内敛的阳刚气质，恰如狂风大浪上沉着的舵手，其灰色的皮质表面让人联想到楚利房屋圆锥屋顶上的灰色石片，仿佛是在倾吐勇敢水手刚毅外表下渴望回家的柔软心声。

全球化的时代里，品牌的发展经营和环境的关系是密切的。创造中适度表达在地性作为一种价值观不仅属于智识阶层，也已逐渐在市场中得到检验，在大众审美趣味里得到回馈。地域文化也可以作为一种商业因子对产品的营销发挥作用，在功能得到保证的前提下，文化的标示性会极大地促进产品的销售。商品之间的竞争在某种程度上来说就是信息之间的相互遮蔽或覆盖，但是它们说到底是文明的竞争，比较的是文化转化和诠释的方式。

马里奥·贝里尼（Mario Bellini）

Torsion 餐桌，设计师：马里奥·贝里尼

普利亚区种植的橄榄树
照片提供：Francesco D' Aprile

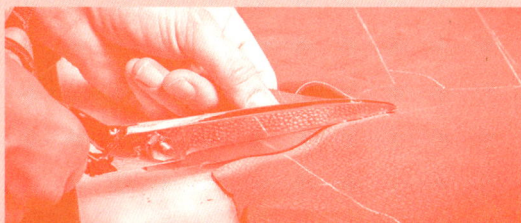

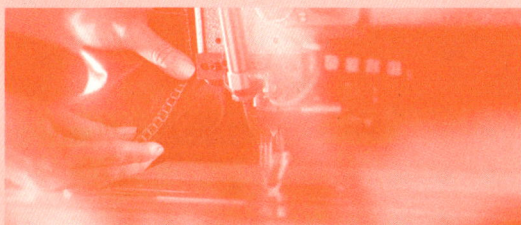

意大利传统手工制作工艺

普利亚地区的楚利建筑

设计师绘制草图

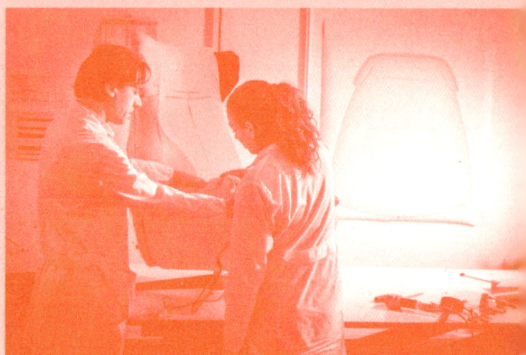

设计师与打样师细心打磨调试产品

Claudio Bellini

Claudio Bellini 设计作品

Aura chair

苏丹与 Claudio Bellini 的合影

Mauro Lipparini

Mauro Lipparini 设计作品

Maurizio Manzoni/Roberto Tapinassi

Maurizio & Tapinassi 设计作品

马塞尔·万德斯（Marcel Wanders）

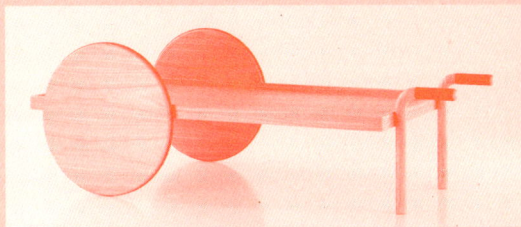

农学家系列（Agronomist）中设计的手推车茶几（BARROW）

Agronomist 系列中的 SILO & PIF PAF 茶几脚蹬

CAPE 系列沙发

好 大

一 场 �

常言道:"重奖之下必有勇夫",对于空间设计类别而言,未必!另外设计这种事物真的不需要勇夫,需要的是智慧、技术、情怀,甚至定力。所以索性把巨奖变成一场陨石雨才会体现物质奖励的价值,不是有他山之石可以攻玉之说么?当陨石雨铺天盖地而来的时候,击碎的是成见,荡起的是希望。当尘埃落定时,展开的是新天新地。

环球奖和室内设计

自古以来有"建筑是艺术的母体"之说,如果大家认同这样的观点,那么我以为"室内设计是设计的母体"这样的比喻或许更为恰当。室内设计既是一个空间概念,又是一个使用器物的系统概念。它的空间属性决定了它对存在的影响,也体现了存在对其形态的决定作用,之于人、之于社会都是如此;它的系统概念表明它执行的天道,有赖于一个一个的器物功能的支撑,它是整体的,对细节具有统帅作用,既在于空间,也在于时间。因此在特定的历史阶段,室内设计会扮演孕育其他门类设计的母体角色。而在相对较长的时间里看,室内设计对于带动各门类设计的发展有不可忽视的影响。

深圳设计周环球设计大奖是深圳市政府全额资助的国际专业设计奖项,奖励金额高达 1000 万元人民币。该奖励覆盖工业产品设计、视觉传达设计、时尚设计、建筑设计和室内设计五个专业领域,迄今为止举办过两届。作为本次大赛室内设计部分的终评评委,我与其他四位评委经过认真协商、比较,最终从三百七十余份参赛作品中遴选出了一金、三银、五铜、十优共计十九个获奖作品。

石　雨

评审现场，苏丹

FREE Co., Limited. GUANGZHOU 得闲饮茶公司（铜奖）

评审现场

本次参赛作品遍及全球，类型涉及公共服务、居住、商业、办公、医疗、教育多个领域。绝大多数是已建成的室内工程设计，图文并茂既生动形象地表现了设计手法，又言简意赅地表达了设计基本信息和设计理念。从现象来看，全球化的时代里区域之间设计文化的表现形式依然多元，甚至于我们仅凭图片就能很容易辨识出本土和他乡之作的差异。正因为如此，本次大赛获奖结果的比例分配就显得更加扎眼，需要做一点分析方能在感觉和情感上略微平衡一些。

理念和评审

来自全球不同地区的评委面对近四百件参赛作品先是一筹莫展，因为我们面对的是如此高涨的设计热情，如此多的风格和类型，还有每一个参赛项目背后如此多元的文化背景。比拼技法的时代早已过去，聚焦于消费时代多元文化表现的评价面临着诸多困难。负责任的评委们担心选票分散，且忧虑最终获得优胜的作品会产生误导作用。另一方面，学者和知识分子看待钱的态度总是非常严肃的，面对如此重奖大家都很审慎。我们一致认为这个奖的结果理应物有所值，也就是说应当首先确立通过评奖来推崇理念的理想，让获奖作品的风采成为传播先进理念的旗帜。那么应当推举的理念是什么呢？这是一个需要讨论和推理的问题，需要建构一个逻辑。

显然大赛奖金的出处就是个重要的线索，因为从赞助类型上分析，公共财政支出应当扶持的，首先是具有公共精神的项目。这些项目必须关照当下社会的福祉，同时还应对作为社会载体的城市历史和当下的文化发展具有良好的作用。而对于室内设计这种相对较为私人化或阶级化的类别，甄别和遴选需要一种包容性和预见性，执行批判的同时还要表达善意。

室内设计项目的公共性不仅在于个别项目的空间类型上，更可能表现在对待地域文化的态度方面。通过材料、色彩、造型的调配来表达共同的历史记忆和情感，也是这种所谓公共性的具体表现形式，它既是一种对整体精神的慰藉，又是一种对现实缺失的补偿。而对于室内设计而言，它总是着眼于整体环境中的一个局部，用空间设计和艺术手段来扶助文化的传承和空间历史记忆的延续，这也是其有所作为的另一个方面。美学的意义在于人文的关怀，对在地性文化的深度挖掘和表达是室内设计创造力的重要表现方式。因此对于单件作品文化表现方式的评价，非常有必要置于整体的社会环境中进行考量，通过对文化语境和作品的语言进行比较进而判断它的贴合度和概括能力。

经过一番讨论，评委们达成了基本共识，决定将本届评审的标准侧重于社会建设和社会关怀，同时在作品美学表现方面着力评判作品和文化语境的关联度。希望通过对一些优秀作品探索的褒奖，来展现室内设计的社会价值和文化意义。

香港设计文化的复兴

五位评委采用讨论结合自主投票的方式进行评选，从结果来看，大家在基本问题上具有高度的共识。评委们的评价反映在两个方面，其一是室内设计界对重塑地域文化的渴望，其二是社区文化建设中的积极努力。

本次获奖项目中非常突出的一点，是来自中国香港特别行政区参赛项目的出色表现。它们不论是在获奖率方面，还是所获奖项的成色方面都非常引人注目，甚至令人艳羡。比如获金奖的项目是来自中国香港地区的 Gingko House，获得银奖的三个项目也全部来自中国香港地区。此外东南亚的新加坡和西亚伊朗的参赛作品，也在地方性和现代性相结合的实验探索上获得了不错的成绩。除了对他们的成绩表现惊诧之外，这些获奖作品反映出的创作态度和表现手法也令人深受启发。文化内容上的本土意识和社会环境意识，是这些参展作品整体上最为突出的特点。积极糅合国际性设计语言和地方文化语言，既体现了后殖民时代的文化自觉在现实生活中的具体转化，也反映出全球化发展过程中文化形态的发展变化趋势。

香港设计在本次大赛中的表现还反衬出一个令人幡然悔悟的事实，也就是这些年来内地的室内设计进步并非我们局内人自以为的那样巨大。至少在设计师对社会的理解深度，社会实践的扎实性方面，内地设计师整体的觉悟尚有很大的差距。而在美学体系方面，香港的设计俨然

大赛评委

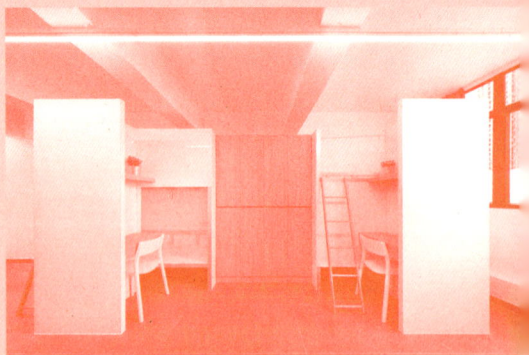

So Uk Project 香港甦屋计划（银奖）

已进入当代美学的语境之中，而内地室内设计尚沿用着现代主义之后消费文化主导的伪后现代美学。此番比拼，香港设计胜在社会关怀的态度上，也胜在人文日新的文化理念方面。

全球化中的"在地性"

全球化的另一个效应就是多中心化，原本边缘的地区迎来了快速转化的机会，许多新的中心将脱颖而出。近些年以来东、南亚地理区域的文化艺术被世界所关注，如印度、印度尼西亚、泰国还有中国香港地区等。同时艺术市场活跃度也显著提高，比如香港巴塞尔艺术展和新加坡的狮城双年展等。艺术市场的活力产生的积极作用是开放和交融，促进了本土文化和国际化主流的对话。其中一些地区由于积淀深厚并准备充分，就极有可能实现华丽转身的梦想。2019 年轰动世界当代艺术界的一个事件是，德国卡塞尔文献展委员会宣布，已选定印度尼西亚艺术团体 ruangrupa 为 2022 年第十五届文献展策展，并担任艺术总监。这一殊荣不仅反映了世界先锋艺术和文化群体对东南亚文化与艺术发展的重视，更是对该地理范围内艺术成就的肯定。

文化发展方面良好的态势对设计风格和理念的影响是直接的，文化的自觉会催生出设计理念的多元性和包容性，从而在文化基因的改变和美学系统的重建、拓展两个方向对设计的表现形式给予供给。经过简单的统计我们不难发现，一个新兴的文化中心已经渐渐形成。除了香港的繁荣兴盛之外，深圳、广州、新加坡、曼谷的表现也很有活力，看得出来一个设计文化生态圈已经粗具规模。

本次中国香港特别行政区参赛作品大规模获奖反映出如下几个特点：（1）具有社会学研究的性质，设计回归关注社会民生、促进社会建设的出发点。比如获得银奖的作品《香港的甦屋计划》，其旧建筑改造设计着眼于对社会边缘群体的帮扶，其背后更是隐藏着一种来自民间自发组织的社会积极力量。（2）对后殖民文化发展的未来进行实践和探索，本着理性客观的原则对本土文化和殖民文化的底色重新建构并风化成习。在这一点上获金奖、银奖、铜奖的作品都表达了这种理念，并体现出付出这种努力后的成就。

The Mahjong School Philanthropists; A Father to Son Legacy（银奖）

TUVE（银奖）

重塑设计的社会学价值

中国建筑学会室内设计分会每一年年会均有一个"设计为人民服务"论坛，这个话题也是最热门的话题之一，参与者甚众，现场氛围热烈。尽管室内设计群体高度商业化已经是一个不争的事实，但它边界的开放性和每一个个体的教育经历，使得社会主义的理想一直作为一种集体的潜意识存在着。在这种理想主义情怀的影响下，部分设计师被直接导流到近几年轰轰烈烈的城市复兴和中国乡建的热潮之中。相比较而言，城市复兴似乎更接地气，它直面了城市化和现代化中更复杂的人文诉求。

几年前我曾提出过"设计为个人服务"的话题，并带着这个讲义走过不少于二十个城市进行演讲。一次在成都设计周论坛上演讲之后，我的主题遭到主持人的一些质疑。主持人认为时下个人主义已经泛滥了，再提设计为个人服务的议题似乎有冒天下之大不韪的风险。而我觉得他的质疑倒是反映了两个存在于他观念中的问题：第一是他不懂设计，混淆了设计的具体性和设计的抽象性之间的差异和语境，从而把设计作为一个整体事物的社会意义，和设计作为一个个具体个案的客观事实相对立起来，用所谓的道德来压制人性的关怀。第二他不了解设计历史的发展趋势，设计的诞生是一个突然而又复杂的过程，但它的复杂性主要是指类型的多样性。相比城市规划和建筑设计而言，设计中的政治学意味则在逐一衰减。它在意的是生产、生活、消费，而不是权利、权力。

从现象来看建筑是设计的母体，它的基因形成则来自启蒙运动和工业精神的彼此纠缠。而启蒙运动的最大功绩不就是揭示了个体的存在价值么？因此设计本体就像一把刀，刀背承受着人类社会整体的压力，刀把拿捏在个体的手中，刀锋则直指个案的问题。每一个设计都将是精准的，它必然是针对差异性而去展示理性的力道。

显然，和艺术相比，设计活动带有浓郁的社会学意味。设计者和委托方的关系就构成了一个微观社会学的格局，双方各自诉求的背后也影射着更加广阔的社会利益。当下非常有必要去努力争取的事情是，通过批评、示范、奖励和宣传推广把设计师从过度商业化和个人主义的

Gingko House: The Power of Social Architecture（金奖）

沉溺中解放出来，让越来越多的人积极投身于社会建设的领域中去。这就是本次大赛我们评奖的初衷。

为了社会的设计与为了设计的社会

设计通过解决环境的命题而服务于社会，但它和社会的关系绝非线性的，而是双向互动的。尽管是一个年轻的城市，但深圳在设计之都的建设上不仅有良好的基础，近几年也做了许多卓有成效的工作，包括设立自己的设计双年展、设计周、文博会，引进人才，建设新型的设计学院等。这一点甚至应当是北京、上海这样的城市学习的榜样。设计之都究竟是什么？我觉得它不仅是指一个城市的设计能力的强大，更是强调一个城市良好的设计文化氛围。设计之都应当是一个孕育设计思维的社会母体，它由都市空间和街道美学、设计教育、生活美学、评价机制、奖励机制、服务体系共同构成，它既是生产创造力的母体，也是得益于此的城市。

毫无疑问，为了设计的社会是一个好社会，因为良好的设计氛围反映着一个社会的综合素质，它具体表现在精致、理性、智慧、诗意等方面。设计尽管是一个新生事物，但它的哲学、美学几乎可以代表未来人类生存、生活的原则和理想。

苏丹

2019 年 4 月 16 日完稿于清华园

"无有"

就 是

2013 年以来青年设计师顾畅和华雍致力于用精湛的工艺和高尚的美学，另辟蹊径打造那些游离于刚需和趣味之间的系列生活用品，让它们成为生活空间中的精灵，点染润色平淡的生活。同时由于优越的品质，它们又独立于生活之外，成为生活空间中一个个妙趣横生的话题，让主人们在一遍遍的把玩中度过美好的时光。那些朴拙的方凳、恬静的靠椅、干练的笔架、内含锦绣的木盒，还有其中风景变幻莫测的、用于人们凝视发呆的流沙屏……都给乏味的生活带来了无穷的乐趣，令人"玩物丧志"，神游忘归。五年以来，他们勤勉地工作，又不断走访观摩、求教于四海之内，日积月累后完成了诸多令人惊叹的作品。这些器物因其卓越的品质和体现的美学特征，形成了良好的认同。这些过去在生活中稀松平常的事物在经历美学的历练和工艺的琢磨之后，无不超凡脱俗，在生活庸常的时间中熠熠发光，以精微的光芒刺透浮尘，照亮沉闷的岁月。

"无"和"有"

"无有"是他们对产品品牌的命名，表达了他们对造物的看法和对待生活的态度，试图开创一种具有精微细致又博大从容文化气象的造物观念。"无"在创造过程中的解释有很多，比如"平常""简洁""极简""舍弃""低调""不争"等，指涉一种美学态度和审美境界。而与"无"对立的则是"有"，"有"即是存在的代名词，它具体表现为"明显""强调""表现力"等，又是一种现象的表达，如"丰富""突

"无" + "有"

圆因系列

473

时间之周

圆因系列衣架与镜子

无有与奥地利艺术家克莱斯·世博合作流沙屏

紫檀螭凤纹罗锅枨圈椅三件套

八方新气系列之八边禅椅

组合：八方新气系列

组合：无限柜、八边几、流沙屏

组合：明韵系列

出""明确"等。所以我们乍一看，无有品牌中绝大多数产品的外观都有似曾相识的感觉，或多或少承袭了一些传统器物的形制或风格。如明韵系列中的条案、矮凳、方桌和书架的基本形式，都取自明式家具的经典样式。在这方面，"无有"的产品是低调的，它们放弃了在视觉上的"争宠"和"开天辟地"的雄心，而是关注使用过程的贴切和近距离审美下的美学表现，并通过细节的处理来达到这样的效果。比如圆因系列中桌几椅凳丝滑温润的线脚处理，明韵系列中山石搁架上由白铜翻制而成的精致灵巧的太湖石造型把手，以及无限系列中柜门上纵横严谨、棱角分明的格栅线条等，这种极致于细节而心无旁骛的态度就是一种"无"的表现。

"无"的另一种表现形式是对形态创造欲望的控制，其方法就是"藏"，其结果就是内敛。这个"藏"又如何理解呢？我想是一种含蓄，即把机能的复杂性和技艺的精彩集成并隐藏在简约的外形之内，然后让这种复杂在和使用者的互动中转化为一种丰富感。于是我们可以看到这种美学不是静态的图像而是伴随着使用行为在变化中的认知，那些被藏起来的美逐一释放才是一个连续的完整的审美过程，是器物和人在一个时空互动下的自然流露。"无有"产品中许多高尚的品质是通过触摸和使用来感受，再通过感受去认知的。我认为这超越视觉美学追逐的方式，倒是更接近现代设计的本体。

"无"加"有"

"无有"产品的"无"和"有"不是相互排斥，而是均衡的、兼容的。"有"是一种能力，比如木工艺方面所达到的水准，手工艺和机加工完美的结合，以及机制处理方面的巧思。顾家的木作早在"无有"品牌诞生之前，就已经在材料处理和木加工工艺方面创造了多项本土之最，这种工艺的传承就是"有"的基础。"有"亦指其产品所包容的丰富多彩的文化内涵，如宋明造物风格表象背后的哲思，细节处理体现的对世俗生活推崇的文化境界。除了明式家具风格的传承之外，更有"宋式"风格的禅椅这样注重精神、心象的家具。此外，"无有"品牌注重和著名艺术家、设计师的合作，极大拓展了品牌的文化内涵。艺术家冷冰川、建筑师张永和都和"无有"建立了稳定的合作机制。他们相得益彰，使得艺术创作精神和工艺美学得到了完美的融合。"有"的内涵即是造物所追求的文化目标，此乃一切文玩的核心价值，拥有"有"才是自信的底气。

但"有"的表现形式常常需要"无"的境界，"无"首先是形态上的简素，追求功能和形式的统一。"无有"品牌产品体现了含蓄内敛的美学观，这种适度的控制恰恰弥补了传统习俗对形式执念的弊端。因此，当我们看到"无有"的设计，在造型方面对文化样式做适当的减法，细节处理对技术的能力做微妙的融解的时候，一个圆融的形态生成了，这才是至高至尚的生活美学。

"无有"不是拒绝"有"的存在，而是希望用"无"的态度表现"有"的内涵，这也是东方美学特有的价值取向。由于"有"和"无"的结合，我们看到并体悟到了精神和身体的存在。对于一个品牌，其对形式的克制、对机能的提升、对功能的集成都是方方面面的考量，"无有"在此处理得非常出众，让我们既看到了历史，又感受到了自我。

传承

"无有"品牌虽然创立时间不长，但它在业内已经形成了自己明确的特质。这里面既有美学态度方面的，也有工艺方面的，可谓刚柔并济。能在这么短的时间里形成独具特色的品牌文化并非易事，而是厚积薄发的自然结果。顾畅的父亲是南通永琦紫檀的创始人顾永琦，是一位业绩卓著的开创了硬木工艺诸多先河的巨匠。顾畅自幼跟随父亲，耳濡目染，对做事的规矩、美学的取向方面经历了漫长的认知过程，随后在青少年阶段便进入木工艺行当进行学习、实践，由此奠定了扎实的工艺基础。

我和顾家的交流由来已久，早在 2002 年杨耀先生诞辰一百周年纪念活动——明式家具学术研讨会上，我就结识了顾永琦先生，并为他的作品和其秉承的理念所深深打动。后来在每一次的交流活动中不仅能看到老顾（顾永琦），还能看到小顾（顾畅）。当时年纪轻轻的顾畅同样令我吃惊，从他对工艺的津津乐道上可看到他对工艺的痴迷，这在中国社会是极为罕见的现象。同时我发现小顾在思想观念的开放度上如长江后浪之于前浪，他的好奇心更重、探索的领域更广。后来我的学

生华雍和顾畅结为连理，他们志同道合去共创当代木作的新天地，经过反复斟酌和市场调研，把目光更广阔地投射于从家具到文玩器物领域。于是在他们两代人之间的争论中，我也时常力挺顾畅和华雍。因为在这两位年轻人身上，我看到了更为立体的思维方式，他们总是同时关照着技术、工艺、文化、人性、市场、品牌文化多种因素，他们更积极地拥抱新的生活方式、新的技术发明和应用。"无有"虽然是个年轻的品牌，但是我看到他们已经在文化理念、技术以及市场之间构建了一个清晰的闭环，因而对他们的未来充满期待。

后 记

瞧，这些十三不靠的环艺人！

出一本关于"环艺人"集子的想法源自 2021 年的一个忧心忡忡的夜晚，彼时病毒肆虐，人心惶惶。这个令人备感焦虑时期的唯一优点是，自己终于拥有了无限充足的思考时间，可以对所有曾经存在的忧虑进行一轮详细盘点，并针对个别问题进行深入的思考。"环艺"的是是非非即是该类问题之一，甚至是首当其冲的。自己多年以来对专业的忧患更是在此时借题发挥，搅得我心潮汹涌，夜不能寐。于是在一个深夜电话至王国彬、刘冠等热血同党，展开了一场激烈的讨论。

*

话题从专业初现端倪的颓败开始进入实质，并最终聚焦到应该立马做一件有助于解决困惑的事情上来。问题的深重和思考的绵长是对称的，它们足以支撑一场盛大的讨论，足以牵动驿动的人心。我们都有一种紧迫感想要行动，为这个专业和庞大的群体做点什么，以此化解焦虑，以此振奋人心。突然一个想法闪现了出来，就是找一些具有启发性的个案来以身说法，让人们从这些不屈的个体和他们开创的事业中重拾信心。我直接提出了一个"环艺人"的编写计划，并获得他们的支持。其实这个想法一直存在在我的潜意识中，只不过时局的剧变把它逼出了水面，于是我想既然出水了索性就咕嘟咕嘟冒个大泡，让它变成一个应景的景象、一套当头棒喝的话语。

*

《环艺人》就是一本值得大书特书的英雄谱，其中每一个个人的特立独行事迹，都一一对应着我对环艺未来的构想。人永远都是支撑一个事业发展的主体，人在青山在。环艺人的素质和他们的思考与实践决定着环艺事业，对他们的描摹是重要的，或许可以归入人类学研究的范畴。但对于身在其中的我来说，并不是历史研究和专业考古，我想通过记录他们的行动、分析他们的方法来表现这个专业的核心价值，以此让我辈重拾自信并怀揣着这样的自信去开拓新的领域。对环艺人的描摹是这个事业发展状态的一种特别的呈现，自 1994 年留校任教以来，我就一直追踪那些曾经教过的学生们的动态，因为他们的表现是最为客观的专业教育思想和训练方法的反射。30 多年以来，每逢校庆之际校友返校，我就特别关注那些我不曾有过交往的校友们的音容笑貌，我发现不同的专业校友依然形成了他们独特的气质。当带有这种气质的面孔和身体聚集在一起的时候，可以塑造出一类人的面孔。环艺这个专业的校友还是有许多共同的特点。他们一个个仿佛是艺术家与工程师还有项目经理的合体，带有一种知性和社会性相混合的气质。

*

而进一步深入观察环艺人的工作状况非常有意义，借此可以了解他们的职业状态和价值取向。许多年以来我和自己所教过的学生中的相当一部分人都保持着密切的联系，常为他们取得的成绩而欣喜，为他们的疑惑作答。他们的疑惑往往也是我的疑惑，代表了这个专业的心声。早期的交流中话题是单一的，因为环艺人面对的问题是明确的，基本上聚焦在工程设计和实用美术的结合方式上，集中在个人事业发展和积累程度上。但近十年以来我发现这些校友和学生的工作方向开始发生变化，环艺人的问题意识增强了，忧虑增加了。一些人开始离开主流另辟蹊径，他们有的寻找到了遗世独立的桃花源，有的成了成功的拓荒者，有的在各学科的边缘游走施展环艺人的才艺，左右逢源。

*

本书描摹的主要就是这类环艺人的面孔，他们是主流环艺人中的出走者，其中不少人自读书的时候就满脸写着不驯和好奇。毕业后的职业道路也是筚路蓝缕，在各自的思想和情感的鼓动之下左冲右突，直至找到安身立命之地。事业道路上的非主流或职业模式的非环艺是他们的共性，但这些环艺人彼此又各不相同，他们之间职业性质跨越之大甚至到了令人瞠目结舌的地步。比如刘冠进入了历史学研究的领域，何为从事着媒体空间的新兴事业，施宇峰成了热衷于田野考察的人类学研究者……令我感到欣慰的是这几位不安分的环艺人，在他们新涉足的领域都获得了阶段性的成果。这些成就背后自然都隐藏着一些偶然因素和动人故事，在他们各自的叙述中会时不时流露出来，这让我意识到环艺人首先是活生生的人，都会邂逅独特的人生境遇，都会经历迷惘、觉悟和偏执直至成为事业的翘楚、人生的赢家；同时"环艺人"都是曾经被环境意识启发和规训过的职业人，他们懂得平等、擅于综合，一个个"可上九天揽月，可下五洋捉鳖"……他们的行动也带来许多启发，我觉得书中罗列的这十几位环艺人虽叛道但没离经，他们认同环艺的理念和环艺艺术设计学习中所形成的方法。

*

这本即将出版的新书所描述的有关个人的事件，以及收录于其中的个人并不是为时代画像那样的主旋律工作。其实这本书的意义更加深远，其真正的目的是想通过这些叛逆者的行动和突围者的思想，以及他们的作品来表达环艺专业的价值和环艺未来的可能性。这样的记录和传播工作应该说是非常有必要，因为此时我们这个庞大的专业群体需要思考自己的未来，需要寻找更多的突破点。更需要以身说法给后辈指点迷津，让他们相信我们，相信这个伟大的专业。环艺是具有现代性和当代性双重属性的专业，它汲取了现代性中的平等也关照了当代性中的均衡和开放。它让被异化的人格复位到自然人的使命形态之中，让人们用态度去迎接形式的挑战。这本关于"环艺人"的书的阅读者应该是另一群环艺人，即那些只是把环艺看作技能并在巨变时代里灰心丧气的人们；更应该是那些在各种类型的学校里学习环艺专业的学生，以及正在秣马厉兵中的广大考生。因为在这个历史时期，职业人需要思考，教育者需要反思，被教育者需要背影。

*

看来从数以百万计的环艺人中寻找到一些不俗的个体，并不是一件多难的事情。本书推出的十四位均是从我熟识的环艺人中挑选出来的，并且都曾经做过我的学生。其中有两位基本上还出色地守着环艺的"本业"，马踏飞、韩文文都在室内设计领域勤勉工作，但二者所走的职业道路与传承的文脉截然不同：马踏飞跟随父亲马怡西先生从事国家礼仪空间的设计，他们的业务主要来自国家高层管理部门的委托，颇有点当代"样式雷"家族传承的味道；韩文文则据守国企大设计院，在设计的现代生产方式中尽情发挥。他们都做得风生水起，成绩斐然。在我眼中此二者可以算作一类，而其余十二位则是五花八门的各自东西。这样算下来十四人正好代表十三种不同类型的职业，走了十三条不尽相同的道路。于是我想到麻将桌上的一种大和（hu）——十三不靠，它们之间不停地间断反而成就了一种蔚然大观，这也是一种景观异相，预示着这个专业无限的潜能。

*

古往今来但凡立传，都是通过特别且生动的叙述树立一些榜样，建立一些标准。但这一次则不然，十三不靠的环艺群英谱展现出的变化如此多元，必定会激起人们的另一种好奇心：环艺人究竟能走多远，能有多不靠谱？的确，我们要去寻找的标准就是那种貌似没有标准，但在不断突破中逐渐显现出来的新标准。这实际上是在为一个专业寻找更多的可能性，寻找它的未来！环艺人职业跨度看起来虽大但思维的构造相同，他们好像是一群游牧者、狩猎者，在广袤无垠的林草间巡游，天涯何处无芳草。

*

一个萝卜一个坑，但萝卜即使排列成巨大的阵列，拔出每一个萝卜仔细端详也不尽相同，然而萝卜究竟还是萝卜。而浩瀚的天宇中的每一颗恒星就是一个世界，每一颗恒星都会拥有许多拱卫周围的卫星。我希望我们树立的榜样就如一颗颗闪耀的星辰，它们出走得如此遥远，但又如此亲近，它们散布在环艺的天空，在深邃的夜空里发出幽幽的微光。它们是坐标，是指南……
我为这样的发现和察觉感到欣慰，我爱他们！

苏丹

2025 年 5 月 20 日

图书在版编目（CIP）数据

环艺人 / 苏丹编著 . -- 北京：中国建筑工业出版

社，2025.6. -- ISBN 978-7-112-31348-8

Ⅰ . TU-856

中国国家版本馆 CIP 数据核字第 20255V3B85 号

责任编辑：费海玲　张幼平
书籍设计：张悟静
责任校对：王　烨

环艺人

苏 丹　编著

*

中国建筑工业出版社出版、发行（北京海淀三里河路 9 号）

各地新华书店、建筑书店经销

北京雅盈中佳图文设计公司制版

北京富诚彩色印刷有限公司印刷

*

开本：880 毫米 ×1230 毫米　1/32　印张：15¼　插页：8　字数：512 千字

2025 年 7 月第一版　2025 年 7 月第一次印刷

定价：98.00 元

ISBN 978-7-112-31348-8

　　（45369）